GEO-INSIGHT

둥베이·백두산

GEO-INSIGHT | 둥베이·백두산

초판 1쇄 발행 2019년 4월 5일

엮은이   정진숙·박수진

펴낸이   김선기

펴낸곳   (주)푸른길

출판등록 1996년 4월 12일 제16-1292호

주소   (08377) 서울특별시 구로구 디지털로 33길 48 대륭포스트타워 7차 1008호

전화   02-523-2907, 6942-9570~2

팩스   02-523-2951

이메일   purungilbook@naver.com

홈페이지 www.purungil.co.kr

ISBN   978-89-6291-675-1 93980

GEO-INSIGHT

서울대학교 지리학과 답사 시리즈

둥베이·백두산

정진숙·박수진 엮음

GEO-INSIGHT on
DONGBEI • BAEKDUSAN

푸른길

백두산과 둥베이(東北)지방 답사기를
세상에 내놓으며

박수진

지리학과 교수로서 학생들과 함께하는 답사는 항상 기다려진다. "학생들과 함께 답사를 간다"고 하면 주변 교수들이 부러워할 만큼, 답사는 지리학과의 꽃 중 꽃이다. 찰스 다윈(Charles Robert Darwin, 1809~1882)의 학문적 상상력을 극대화시켜 준 것 역시 1831년부터 1836년까지 5년 동안이나 남미 일대를 탐험한 '비글호 탐험'이라고 알려져 있다. 당시 다윈은 박물학자로서 탐험에 참여해 식물과 지형을 관찰하면서 대부분의 시간을 보냈고, 그 아이디어들은 『종의 기원』을 쓰는 밑거름이 되었다고 한다.

지리학자는 답사를 할 때, '답사자료집'이라는 것을 만든다. 답사자료집은 지리학을 공부하는 학생부터 박사과정의 대학원생까지 총출동하여 만들기 때문에 제법 가치 있는 자료가 된다. 그러나 답사가 끝나면 힘들게 만든 답사자료집은 기억 속에서 잊히기 일쑤여서 항상 아쉬웠다. 그래서 이 소중한 기록들을 단행본으로 내자는 아이디어가 채택된 이래로, 『GEO-INSIGHT 타이베이』라는 제목으로 첫 번째 답사기가 출간되었다. 이번 백두산 및 둥베이(東北)지방 답사기는 서울대 지리학과 답사를 단행본으로 옮긴 두 번째 작품이다.

2015년 백두산 및 둥베이 답사는 여러 모로 의미가 깊은 답사이기 때문에 꼭 공식적인 기록으로 남겼으면 하는 개인적인 바람이 있었다. 먼저 답사 규모가 블록버스터급이었다.

서울대 지리학과 교수만 총 다섯 분이 참여하는 역대급 답사였다. 게다가 코스 선정 역시 추리소설을 방불케 했다. 답사팀은 다롄(大連)팀, 창춘(長春)팀, 블라디보스토크팀으로 나눠서 세부전공이 다른 대학원생들이 배치되었고, 마지막에 얼다오바이허(二道白河)에서 만나 같이 백두산에 등반하는 코스를 짰다. 도시계획, 지역개발학, 자연지리, 문화지리학, GIS 등의 전공자들이 총출동했다. 덕분에 이 책에서 여러분은 지리학 세부 전공의 향기를 어렴풋하게나마 느껴 볼 수 있다.

먼저 지명부터 정리해 보자. 우리에게 '둥베이'라는 표현보다는 '만주(滿洲)'라는 칭호가 더 익숙하다. 한때 간도지방이라는 표현을 사용하기도 했으나, 우리는 '만주', 중국은 '둥베이지방' 혹은 '둥베이 삼성(三城)'이라는 표현을 선호한다. 현재 '만주'와 '둥베이지방'은 거의 같은 의미로 사용되고 있다. 둥베이 삼성이란 랴오닝성(遼寧省), 지린성(吉林省), 헤이룽장성(黑龍江省)을 말한다. 쉽게 말하자면 압록강과 두만강 북쪽에 넓게 펼쳐져 있는 지역이다.

시간이 많지 않은 독자라면 김석주 옌볜대학교 교수의 글은 꼭 정독하면 좋겠다. 이 글은 대단한 필력으로 만주의 변경과 개척의 역사를 간명하게 요약해 낸 글이므로 독자들의 머릿속에 만주의 심상지도(mental map)를 그리는 데 도움을 줄 것이다.

1장은 현장감을 줄 수 있는 글을 위주로 배치했다. 1장만 읽고, 앞으로 말랑말랑한 글만 이어질 것이라고 생각하면 오산이다. 2장부터는 제법 진지하고 묵직한 글이 이어진다.

2장은 둥베이지방의 자연지리를 다루고 있다. 지리학에서 답사를 갈 때는 해당 지역의 자연환경 조사를 기본적으로 수행해야 한다. 2장에서는 석사·박사 과정 학생들이 대거 포진하여 둥베이지방의 자연환경을 기술했다. 나아가 척박한 만주 벌판으로 알고 있었던 둥베이지방이 어떻게 곡창지대로 변모했는지, 중국의 산림 정책이 전 세계 환경경관에 어떤 영향을 미치는지, 두만강 끝의 작은 섬 녹둔도를 둘러싼 복잡한 뒷이야기는 무엇인지 궁금한 독자들은 이 장을 주의 깊게 보는 것이 좋을 것 같다.

3장은 둥베이 삼성의 인문지리를 다뤘다. 지리학에서 인문지리는 도시지리학, 교통지리학, 지역개발학 등 다양한 세부학문으로 분화된다. 이 장에서는 지역경제, 도시와 교통, 토지와 주택이라는 키워드로 중국 둥베이 삼성을 분석한다. 학술답사기에서는 국경도시로서의 단둥의 경관을 분석하는 글과 창춘의 도시구조를 분석하는 글이 소개되어 있다. 우리나라와 마찬가지로 둥베이 삼성 역시 식민지를 빼놓고는 근대적 역사지리를 이해하기 어려운 곳이다. 창춘의 도시구조가 우리나라 어떤 도시의 구조와 쏙 빼닮아 있는지 알게 된다면 독자들도 꽤 놀라게 될 것이라 믿는다. 답은 글을 읽어 보면 알 수 있다.

4장은 둥베이의 문화를 다뤘다. 이 장에서는 인문지리, 그중에서도 넓은 범주에서 문화지리학을 연구하는 연구자들이 주로 포진해 있다. 그래서인지 칼 사우어가 제시하는 경관분석 방법론이 글 구석구석에 잘 녹아들어 있다. 인구분포와 이주는 숫자로 점철된 딱딱한 분야일 것처럼 여겨지지만, 연구자들에게는 귀중한 렌즈이기도 하다. 특히 같은 접경 지역이라 하더라도 중국과 러시아의 경관이 어떻게 다른 느낌을 주고 있는지 비교하는 것도 흥미로운 경험이 될 것이다. 또한 한 도시 안에서 자본주의와 공산주의 경관이 어떻게 공존하는지 살펴보는 흥미로운 경험을 하게 될 것이다.

5장 특별테마의 주제는 '만주'와 '둥베이지방'의 명칭 간 긴장관계를 다루고 있다. 중국 지도에는 왜 만주라는 지명을 쓰지 않고 '둥베이'라는 명칭을 사용할까? 아마 중국에 관심이 있는 독자라면 한번쯤 이런 의문을 가져 보았을 것이다. 이 글은 19세기와 20세기 지도를 분석하여 이러한 의문에 대한 답을 착실하게 찾아 나가는 글이다. 아마 글을 다 읽으면 독자들께서도 고개를 끄덕끄덕하며 중국이 '둥베이'라는 명칭을 고집하는 이유를 이해할 수 있을 것이라 생각한다.

이 책을 즐기기 앞서 독자들께 두 가지 팁을 드리고 싶다.

첫 번째는 갑자기 튀어나오는 지리학 용어에 당황할 필요가 없다는 것이다. 예를 들어, 지형학 용어의 경우 일반인들은 쉽게 접하지 못하는 개념들이 있다. 저자들은 이럴 경우를 대비해 사진까지 첨부하여 해당 개념을 잘 소개하는 데 최선을 다했기 때문에 인내심을 가지고 읽는다면 몇 가지 지리학 개념을 익히게 되는 기쁨도 덤으로 얻을 수 있을 것이다.

두 번째는 책을 읽는 순서에 관한 것이다. 책을 읽을 때 먼저 이 책에 나오는 사진들을 한 번 곰곰이 보라고 제안해 드리고 싶다. 특히 부록에 있는 사진앨범에 나오는 풍경과 인물 사진을 보고 책을 읽으면, 이 책에서 나오는 이야기가 단순한 개념이 아닌 이미지로 이해될 것이다. 신나서 백두산을 오르다 단체사진을 찍은 교수님들과 학생들의 사진을 떠올리면서 백두산의 자연경관에 관한 글을 읽으면 훨씬 생생하게 글이 다가오는 것을 느낄 수 있을 것 같다.

능력 있는 학생들을 둔 덕분에 이와 같은 책이 세상에 나올 수 있게 된 것 같아 먼저 집필한 학생들과 동료 교수님들에게 고마움을 표하고 싶다. 편집과 실무에 신경 써 준 대학원생들과 들쭉날쭉한 원고가 세상에 나올 수 있도록 용기를 준 김선기 출판사 사장에게도 감사드리고 싶다.

자, 편안하게 소파에 앉아서 백두산과 둥베이지방으로 같이 답사를 떠날 시간이 된 것 같다. 이 책이 여러분의 마음속에 둥베이에 대한 그림을 조금이라도 더 선명하게 해 주기를 기대하며 머리말을 마친다.

박수진 · 서울대학교 지리학과 교수

인문환경과 자연환경의 각 시스템별 특성과 이들의 상호작용을 통합적으로 이해하는 '지리학' 연구를 지향한다. 토양과 지형을 주축으로 한 자연지리학 분야를 전공하였으며 지표시스템, 자연재해, 개발도상국 발전, 전통생태로서의 풍수 등에 대한 연구를 수행해 왔다. 1998년 옥스퍼드 대학교(School of Geography, Oxford University)에서 박사학위를 받았고, 2003년부터 서울대학교 지리학과 교수로 재직 중이다. 현재 서울대학교 아시아연구소 소장으로서 아시아 연구의 세계적 허브 구축을 목표로 아시아 연구 기반을 구축하고 다양한 학술연구 활동을 지원하고 있다.

변경, 개척, 기회의 땅 만주

김석주

2015년 가을의 어느 날 불쑥 서울대학교 박수진 교수님께서 서울대 학부생 몇십 명을 거느리고 옌지로 온 참에 나에게 옌볜 지역에 대한 강의를 부탁하셨다. 그때 한국의 지리학 최고 학부에서 드디어 옌볜 을 비롯한 중국 쪽에 관심을 가져서 다행이라고 생각하면서 흔쾌히 응했던 기억이 난다. 그 일이 어느새 1년 넘게 흘러 거의 잊어 버리고 있던 차였다. 한국고 등교육재단의 국제학술교류지원사업의 일환으로 한국에 가 있는 동안, 박수진 교수님으 로부터 그때의 답사를 바탕으로 해외답사 보고서를 쓰는데 당시의 답사 지역과 관련해 특 별기고를 써 달라는 부탁을 받았다. 1년 전의 인연도 있고 해서 흔쾌히 제의에 응하고 나니 제목을 어떻게 지을까 고민되었다. 이 지역의 특징을 잘 살릴 수 있는 제목이 좋을 듯싶어 '변경과 개척'이라는 단어는 택하였다. 거기에다 만주가 한국에 무한한 기회의 땅이라 여 겨 '기회의 땅'까지 제목에 붙였다. 그리하여 '변경, 개척, 기회의 땅 만주'라는 제목이 나오 게 되었다. 서울대 답사팀이 답사한 지역은 주로 백두산을 중심으로 한 중·북 접경 지역과 랴오둥반도 및 연해주 지역이지만, 이 지역을 아우르는, 상대적으로 독립된 하나의 지역 을 선정하기 어려워서 만주 전체(현재 중국에서 지칭하는 둥베이 삼성 지역)를 포함하고자 한다.

만주는 중국 중원(中原)과 멀리 떨어진 변경의 땅이다. 만주의 어원에는 여러 설이 있다. 첫째, 건주여진부의 수령 누르하치의 조상 이만주(李滿住)의 이름이 해음화(諧音, 중국에서 두 단어의 음이 같아 생기는 현상)된 것에서 유래했다는 설이다. 둘째, 중국 고대 왕조의 오행오덕 윤체(輪體)에서 비롯되었다는 설이다.1) 명조는 화덕(火德)으로, 이를 바꾸려면 물이 필요한데 홍타이지(황태극)가 청으로 명조를 대신한다는 뜻을 나타내기 위하여 물을 상징하는 삼수변이 포함된 滿과 洲를 사용한 것에서 비롯되었다는 것이다. 셋째, 만족-퉁구스어와 몽골어의 '만주리아'에서 비롯되었다고 하는 설인데, 여기에는 상서로움, 행복, 평안한 토지라는 뜻이 내포되어 있다고 한다. 넷째, '만수(曼殊)' 음이 변하여 비롯된 것으로 만수는 티베트인의 문수보살에 대한 호칭이다. 이 중에서 세 번째 설을 가장 많이 받아들인다.

만주는 우리 민족에게 결코 생소한 땅이 아니다. 멀리 고대는 물론 근현대에 이르기까지 우리 민족의 중요한 활동무대였다. 우리 민족의 반일 투사의 상징인 안중근 의사가 일제 대륙 침탈의 원흉 이토 히로부미를 사살한 하얼빈과 일제에 의해 안중근 의사가 살해당한 뤼순이 있는 지역이다. 한반도의 반일독립운동을 위해 수많은 선인이 피 흘리며 일제와 싸운 현장이기도 하다.

민족적 의미에서 만주족은 청태종 홍타이지 시기에 건립된 팔기제도(八旗制度) 관할하의 서민들을 지칭한다. 1616년 여진족(女眞族)의 수령 누르하치가 후금을 설립하고 명나라를 진공한다. 1635년 누르하치의 아들 홍타이지는 '여진'이라는 족명을 만주라고 개칭하면서 이 지역도 만주인의 거주지로서 만주라고 불리게 되었다.

만주족은 중국에서 오래된 민족 중 하나이며 중국에서 유일하게 중원왕조를 두 번이나 다스렸던 소수민족이기도 하다. 만주족의 시초는 약 6000~7000년 전 숙신(肅愼)인의 신개류(新開流)문화(중국 북방지역의 신석기문화를 지칭함, 현재 헤이룽장성 싱카이호 부근의 신개류 유적에서 비롯됨)와 차아충(茶啊沖)문화(차아충이란 현재 창춘의 고대 지명으

---

1) 중국 고대왕조의 역사를 설명할 때 오덕종시설(五德終始設)이라고 하여 천자가 되기 위해서는 토목금화수(土木金火水) 중 하나의 덕을 갖추어야 하는데, 그중 하나의 덕이 쇠락하면 오덕 중 다른 덕이 이를 대체한다고 하였다. 이 오덕은 고대의 오행설에서 유래하였다. 즉, 불은 금을 이기고 물은 다시 불을 이긴다는 오행의 상생상극에 따라 청의 국호를 변경한 것이다.

로 7000년 전의 숙신인 발음에서 비롯됨)로 거슬러 올라간다. 기원전 22세기 숙신 문명의 중심은 시도(喜都, 현재 창춘시)로 여기에 성을 쌓고 궁전을 짓기 시작하였다. 현재 헤이룽 장성 닝안시 징퍼후 남쪽의 앵가령(鶯歌嶺) 원시사회 유적이 3000년 전의 숙신 문화유적으로 추정된다. 여기에서 많은 도기와 석기가 발굴되었는데 돼지, 개, 곰 모양의 도기가 다수 발견됨으로써 당시 원시농업이 상당히 발전되어 있었음을 알 수 있다.

한편 만주 남서부 랴오허강(요하) 유역에는 유명한 홍산(紅山)문화가 존재하였다. 홍산문화는 1921년에 발견되어 1954년 홍산문화라는 용어가 제안되었고, 1980년대 뉴허량(牛河梁) 홍산문화유적의 발굴조사를 통해 5500여 년 전의 여신상과 제단이 발견됨으로써 중국의 문명사를 1000여 년 앞당겼다고 여겨진다. 그리하여 이 유적은 이집트의 피라미드와 인도의 문명에 비교될 만한 세계적인 발견으로 평가되어 중국정부는 세계문화유산으로 신청하려고 하고 있다.

숙신에 관한 기록은 기원전 22세기 요순(堯舜) 시기의 『산해경(山海經)』에서 찾아볼 수 있다. 숙신이라는 명칭은 중국의 하상주(夏商周) 시기까지 쓰이다가 한나라에서 양진(兩晉) 시기까지 읍루(挹婁)로 불렸으며, 북위(北魏) 시기에는 물길(勿吉), 수당(隋唐) 시기에는 말갈(靺鞨), 북송(北宋)에서 명나라 시기까지는 여진으로 불리다가 청나라부터 만주족으로 불리게 되었다. 따라서 만주족은 서로 다른 역사 시기를 거치면서 다양하게 불렸음을 알 수 있다. 1689년 청·러 네르친스크조약이 체결되기 이전까지 청조의 세력권은 서쪽으로는 바이칼호와 예니세이강, 레나강 일원, 남쪽으로는 산하이관, 동쪽으로는 태평양, 북쪽으로는 북극해 연안에 이르는 광활한 영역을 아울렀는데 여기에는 추코츠키반도, 캄차카반도, 사할린, 쿠릴열도가 포함되었다.

17세기 중엽부터 러시아인이 헤이룽강(아무르강) 유역을 침입해 오면서 청은 러시아와 분쟁하기 시작하였다. 이에 따라 양국의 국경을 명확히 할 필요성이 제기되면서 네르친스크조약이 체결되었다. 양국은 헤이룽강 발원지의 하나인 아르군강과 케르비치강을 그 경계로 하였다. 이 조약은 중국과 외국이 처음으로 체결한 근대 주권국가 사이의 평등조약이고 처음으로 중국의 국명을 '중국'이라고 표기한 조약이며 한족이 배제되고 만주족 주도로 체결된 조약이다.

그 후 1858년에 청조와 러시아 제국 사이에 다시 아이훈조약(璦琿條約)이 체결되면서 헤이룽강(아무르강) 이북 60여 만㎢의 지역이 러시아에 할양되고 1860년 베이징조약이 체결되면서 연해주의 40여 만㎢의 지역이 러시아에 할양되었다. 이때부터 현재의 만주 지역의 윤곽이 대체로 고착되었다. 100여 만㎢의 영토는 한반도의 4배 이상에 달하는 광활한 영토로 앞서 설명한 역사는 중국에 참으로 뼈아픈 치욕의 역사였다. 이를 잊지 않고자 현재 중국의 지도에는 여전히 할양된 지역에 옛 중국 지명을 표기하고 있다. 예를 들면 어촌인 블라디보스토크를 하이선웨이(海參崴, 어촌이라는 뜻)로, 발해 시기 두 개의 성이 있는 우수리스크를 솽청쯔(雙城子)로, 사할린을 쿠예다오(庫葉島, 만주어로서 검다는 뜻)로 표기한다.

춘추전국 시기에 둥베이 남부에서 생활하던 맥족(貊族)이 이주하기 시작하는데 일부는 남부로 이주하여 화하(華夏)족과 융합되고 일부는 북쪽의 예족(濊族)과 접하였다. 당시 만주 지역에는 4개의 고대 민족이 있었는데, 동남부는 고대 한족(漢族) 계열이고, 서부는 동호 계열이고, 동부는 숙신 계열이며 중부는 예맥 계열이었다.

서한 초기에 부여인이 창춘 지역의 주체 민족이 되면서 기원전 2세기경 부여국을 설립하였다. 부여국의 도성은 현재의 지린시와 눙안현 부근이다. 부여국은 농업 중심이었고 목축업과 수공업도 일정 정도 발전하였다. 부여국은 600여 년 존속하다가 고구려에 의해 멸망하였다. 중국의 북위와 당나라 초기에 만주의 동남부 지역은 고구려 강역이었으며 원래 부여 수도는 고구려의 부여부가 되었다. 고구려 역시 600여 년간 존속하다가 나당 연합군에 의해 소멸하였다. 698년에 대조영이 발해를 건립하면서 만주 대부분의 지역은 발해의 영토로 포함되었다. 특히 현재 헤이룽강, 무단강 지역과 지린성 옌볜 지역은 발해의 정치, 경제, 문화의 중심지였다. 발해는 당나라와 고구려 문화의 영향을 받아 비교적 번성한 시기를 거치며 '해동성국'이라고도 불렸다. 현재도 무단강 지역과 옌볜 지역 및 연해주와 북한의 함경도 지역에는 많은 발해 유적들이 분포되어 있어 앞으로 이에 대한 꾸준한 발굴과 연구가 이루어져야 할 것이다.

발해는 228년간 존속하다가 926년에 요나라(거란국)에 의해 멸망하였다. 여진인 수령 야율아보기는 발해와 부여를 멸하고 요나라를 설립하였다. 요나라는 현재의 몽골(옛 지명 외몽골)과 네이멍구자치구(옛 지명 내몽골) 및 만주의 대부분을 아우르는 넓은 지역을 지배하였다.

요나라가 여진인에 의해 멸망한 후, 완옌의 아구다는 1115년에 금나라를 설립하는데 만주는 금나라의 주변부로 존속하였다. 1234년에 몽골인이 금나라를 멸하고 원나라를 설립하면서 만주 지역은 원나라의 요양행성(遼陽行省)에 속하였다.

원나라가 명나라에 의해 멸망한 후, 원제국의 주요한 나머지 사람들은 만주 지역으로 철수하였다. 명나라는 후에 만주를 중심으로 한 지역에 군정 기구인 누르간도사를 설치하였다. 16세기 말에서 17세기 초에는 누르하치를 중심으로 건주여진이 점차 이 지역을 통치하기 시작하였다. 마침내 1616년에 누르하치는 청제국을 설립하고 1911년에 신해혁명을 계기로 멸망하였다.

청제국 시기에는 중국 역대 왕조 중에서 영토의 면적이 가장 넓었고, 경제가 가장 많이 발전하였다. 1683년부터 1830년 아편전쟁 이전까지 중국 평화의 시기이기도 하였다. 그러나 다오광디(도광제, 1821~1850년)부터 서구 열강의 영향으로 국력이 급속히 쇠약해져 청나라는 멸망의 운명을 맞이하게 되었다. 청조 시기의 통치자들은 이 지역을 조상의 발상지로 성스럽게 여겨 한족과 조선인이 이 지역으로 진출하는 것을 막고 인삼과 진주조개와 같은 특산품을 보호하려는 목적으로 봉금정책을 실시하였다.

구체적인 조처로, 산하이관에서 시작하여 둥베이 방향으로 만주의 중심부까지 뻗어 있고 길이가 1300여 km에 달하는 거대한 유조변(柳條邊, 버드나무 울타리)을 만들어 그 이남과 압록강과 두만강 이북의 광활한 지역을 봉금구로 지정하였다. 그리하여 이 지역은 약 200여 년간 인적이 거의 없는 지역으로 대외교류와 경제 발전이 엄중히 저해되어 철저한 변경 지역으로 전락하였다. 청조가 봉금 구역 이외의 지역인 닝구타(닝안현의 청나라 때의 지명) 같은 지역에서 광저우, 푸젠성, 저장성, 산둥성 등 연해 지역과 윈난성, 구이저우, 후난성, 광시 등 내륙 지역을 소위 '범죄인'과 '반군' 및 가족들을 추방하는 유배지로 만들면서 독특한 '변외문화'가 형성되기도 하였다.

청조가 점차 쇠락하면서 만주 지역도 서구 열강의 침략에서 자유로울 수 없었다. 1861년 뉴좡[牛庄, 현재의 잉커우(營口)]이 개항하면서 제국주의 세력이 만주로 진출하기 시작하였다. 1896년에 러시아는 만주 철도 부설권을 획득하였고 뤼순-다롄 조차지를 획득하였다. 1904년 러일전쟁 이후 일본도 만주로 진출하면서 1906년에 남만주철도주식회사를 설립하였다.

1911년 신해혁명 이후, 만주군벌 장쉐량이 만주에 군림하였다가 결국은 만주를 대륙 진출의 발판으로 눈독 들이던 일제에 의해 살해되면서 이곳은 일본의 세력권에 편입되었다. 신해혁명 이후 중국에서는 만주 지역을 점차 '둥베이'라고 부르기 시작하였다. 그러나 일제는 여전히 옛 명칭인 '만주'를 선호하였다. 1931년 만주사변(9.18사변) 이후 일제는 만주 전역을 점령하고 이듬해에 괴뢰황제 푸이를 내세워 소위 '만주국'을 설립하였다.

1945년 일제가 패망함에 따라 만주도 자연스럽게 광복을 맞이하게 되었다. 그러나 이곳은 광복의 희열을 맛보기도 전에 국·공 내전과 지방 마적들의 성화에 시달려야 하였다. 1949년 중국이 건국된 후 만주는 비로소 완전히 평화로운 지역으로 거듭났고 현재에 이르게 되었다. 건국 이후, 중국 관방에서는 이 지역이 중국의 일원이라는 정체성을 강조하기 위하여 '만주'라는 지명을 버리고 '둥베이'를 사용하였다. 그러나 만주는 민족의 명칭(예를 들면, 현재의 만주족)으로 여전히 사용되고, 일부 문화유적을 지칭하는 데도 여전히 만주가 사용되고 있으며(예를 들면 중공만주성위 옛터), 만주라는 지명이 사용되는 지역도 있다[예를 들면 중·러 접경 지역의 변경도시 만저우리(滿洲里)]. 이렇게 만주의 역사에서 알 수 있듯이, 이 지역은 중원 지역과 비교해 볼 때 상대적으로 변두리(주변부)에 속하여 변경 지역이라고 할 수 있다.

만주 지역은 중국 문화의 발원지 중 하나로 초기 인류의 유적이 많이 발굴되었다. 선사 시대 유적들은 랴오허강와 쑹화강 유역에 광범위하게 분포하는데, 문화유형상 베이징원인 (北京猿人)과 산정동인(山頂洞人)의 기본 특징과 매우 흡사하다. 만주의 문명은 약 100만 년 전 지린전곽왕부(吉林前郭王府)유적으로 거슬러 올라간다. 그 후부터 앞에서 기술한 5000~6000년 전에 형성된 홍산문화 등은 이후 형성된 숙신, 동호, 예맥, 말갈, 여진, 만주 등 민족 공동의 문명기원이다. 이와 같은 토착 문화는 이 지역 전통문화의 바탕이 되었다.

만주 문화는 또한 이민 문화이다. 청조의 봉금 정책이 점차 느슨해지면서 대량 이민에 의해 중국 본토의 쟈오둥(膠東) 문화, 위둥(豫東) 문화, 진상(晉商) 문화, 장저(江浙) 문화, 량후(兩湖) 문화, 한반도의 우리 민족 문화, 일본 문화, 러시아를 비롯한 서양 문화 등이 유입되기 시작하여 다양한 민족 문화가 공존하게 되었다.

현대에 이르러 만주의 민족 문화 지역을 다음의 4가지로 구분할 수 있다. 첫째는 한만(漢滿)농경문화구, 둘째는 몽골초원유목문화구, 셋째는 북방 수렵문화구, 넷째는 조선인 도작 문화구이다. 한만농경문화구는 만주 중심의 광활한 만주 벌판이 포함된, 남에서 북에 이르는 광활한 지역으로 만주 지역에서 가장 넓은 민족문화지역이다. 몽골초원유목문화구는 만주의 서부로 네이멍구자치구 동부 대부분과 헤이룽장, 지린성, 랴오닝성의 서부가 포함된다. 북방 수렵문화구는 한만농경문화구와 몽골초원유목문화구 사이에 있는데 넌장강을 따라 다싱안링산맥 남쪽에서 북쪽으로 이어지다가 동쪽으로 쏸장평원까지 연결된다. 조선인 도작문화구는 주로 지린성 동부 지역을 중심으로 하고 북, 동, 남 3면으로 확대되는 양상을 나타낸다. 이와 같은 문화구의 구분은 이 지역의 기후와 밀접한 연계가 있다.

일찍 프랑스의 자연지리학자 마르톤(E. de Martonne)은 만주의 기후, 강수량, 건조기 관계 등을 조사하여 '만주형기후(滿洲型氣候)'라는 기후구를 제시하였다. 이 기후구는 3개로 나뉘는데 각각 한랭대습윤기후(寒冷帶濕潤氣候, Dwb)구, 한랭대아습윤기후(寒冷帶亞濕潤氣候, Dwa)구, 스텝기후(BS)구 등이다. 만주에서 한랭대습윤기후 지역으로는 만주의 동부와 북부가 해당되는데, 샤오싱안링산맥과 백두산 등의 산악 지역과 헤이룽강과 쑹화강 중하류 및 무단강과 우수리강 일대가 포함된다. 위에서 제시한 북방 수렵문화구와 조선인 도작문화구가 여기에 해당된다. 이 지역은 한랭대에 속하지만 여름철 기온은 비교적 높고 습윤하며 침엽수를 중심으로 한 광활한 삼림지대를 이루고 있다. 따라서 농경과 유목 생활은 어렵고 수렵 생활이 가장 적합하였다.

한랭대아습윤기후구는 만주의 중서부와 남부, 즉 랴오허강 유역, 랴오둥반도, 압록강과 두만강 및 무단강 산간분지 지역 등을 포함하는데 1년 중 월평균 기온이 가장 높은 달이 22℃ 이상으로 비교적 높으며 연평균 강수량이 500~600㎜ 이상이고 여름철에 집중되어 농경 생활에 적합한 지역이다. 위에서 제시한 한민농경문화구와 조선인 도작문화구가 여기에 포함된다. 만주에서 건조하고 초원이 많이 분포된 스텝기후에 속하는 지역은 서북부로, 현재 몽골족이 상대적으로 집중된 지역이라 실제로 유목 문화가 발달해 있다. 따라서 만주는 크게 농경문화지대와 삼림수렵문화지대, 초원유목문화지대로 나뉘어 문화 발생과 자연환경이 서로 일치함으로써 문화생태학적으로 설명할 수 있는 지역이다.

만주 지역은 한족이 대거 이주하여 한족의 비율이 90% 정도로 한족 문화가 주를 이루지만 그 밑바탕에는 만주족을 비롯한 원주민 문화가 깔려 있고, 그 위에 이주민인 한족과 조선인 문화가 전파된 양상을 보인다. 이와 같은 현상은 지명에서 극명하게 나타난다. 예를 들면 옌볜 지역의 지명 중 옛 지명들은 대부분 만주어에서 비롯되었다. 옌지시를 가로지르는 부르하통하는 '버드나무가 무성한 하천'이라는 뜻이고 하이란강은 '느릅나무가 무성한 하천'이라는 뜻이다.

한족들이 대거 이주하면서 한족 관련 지명도 생겨나기 시작하였다. 예를 들면 여덟 호의 인가에서 비롯된 지명인 '바자쯔(八家子)', 여섯째 골짜기를 나타내는 '류다오거우(六道溝)' 등이 있다. 조선인과 관련된 지명도 많다. 예를 들면 한반도 지명을 그대로 옮겨 온 '후이닝춘', '무주촌' 등이 있는가 하면 평탄한 지역을 나타내는 '룽취안핑', 용 신화와 관련된 '룽징춘' 등이 있다.

만주의 문화에서 빼놓을 수 없는 것이 조선족에 의해 보존된 우리 민족 문화이다. 현재의 조선족은 19세기 중반부터 한반도에서 두만강과 압록강을 넘어 이주한 조선인의 후예다. 그들은 연이은 자연재해와 조정의 학정을 피해 만주로 이주하였다. 일제가 한반도를 침탈한 이후에는 일제의 침략을 피해 수많은 애국지사가 조국 광복의 희망을 이루기 위하여 만주를 발판으로 활발한 독립운동을 하였다. 일제가 소위 '만주국'을 설립한 이후에는 많은 조선인을 집단적으로 이주시키면서 조선인이 급증하였는데, 이들에 의해 우리 민족의 문화가 보존·발전하게 되었다.

중국 건국 후에는 중국정부의 소수민족 정책의 혜택을 받아 조선민족 자치 지역을 설립하고 그곳에서 민족문화를 꾸준히 계승·발전시켜 왔다. 현재 조선족 집거 지역은 비록 급속한 산업화와 세계화의 영향으로 인구 감소가 뚜렷하지만 자기 민족의 문화를 꾸준히 유지하고 있으며, 중국 내지 세계의 인정을 받고 있다. 옌벤 지역은 중국에서 '춤과 노래의 고향'으로 정평이 나 있으며 56개 민족 중에서 교육 수준이 가장 높은 민족으로 알려져 있다. 스포츠에 있어서도 중국에서 '축구의 고향'으로 알려져 16개 슈퍼리그팀에 옌벤팀도 포함된다. '조선족 농악무'는 세계문화유산으로 등재되어 세계 속에서 우리 민족의 문화를 보존하는 데 커다란 기여를 하고 있다. 게다가 해마다 우리 민족 문화를 매개로 하는 20여 개의 다양한 축제가 열려 풍성한 볼거리를 제공하고 있다.

만주의 음식 문화는 이 지역의 민족과 밀접한 관계가 있다. 예를 들면, 만주의 가장 유명한 요리는 둔채(炖菜)이다. 이 요리는 만주족의 전통 요리로, 수렵 생활을 하던 만주족은 빈번한 이주 때문에 요리 도구가 매달아 쓰는 솥[다오궈(吊鍋)] 한 가지뿐이었고, 여기에 여러 식재료를 넣고 함께 끓이는 요리가 발달하게 된 것이다. 이와 같은 음식은 현대에 이르러서 별미로 각광받고 있다. 만주와 우리 민족의 음식 문화가 융합된 가장 좋은 예는 옥수수국수이다. 만주의 넓은 벌판에서 가장 많이 재배하는 농작물의 하나가 옥수수이다. 만주족이나 한족 모두 옥수수로 국수를 만들 생각을 하지 못했지만 국수를 무척이나 즐겼던 조선인은 그 향수를 버리지 못하고 마침내 만주에서 옥수수국수를 만들어 보급하기에 이르렀다. 이는 전형적인 문화융합 현상이라 하겠다.

한중 수교 이후 한국에 가장 많이 전파된 중국의 음식 문화는 양고기 꼬치 문화이다. 양고기 꼬치는 원래 중국 서북부 신장 지역의 음식 문화였다. 개혁개방 이전의 중국은 인적 교류가 적었기 때문에 음식 문화의 전파도 적어 각자의 음식 문화 속에서 지냈다. 그러나 개혁개방 이후 인적 교류가 확대되면서 음식 문화도 점차 확산되었다. 그중 확산이 가장 빠른 것이 양고기 꼬치 문화였다. 이 음식이 옌볜 지역으로 전파된 후, 맥주를 즐기는 옌볜 조선족의 안주로 정착하면서(옌볜 지역은 중국에서 두당 맥주 소비량이 가장 높은 지역으로 평가됨) 부단히 개발되어, 옌볜은 중국에서도 양고기 꼬치가 맛있는 지역 중 하나로 거듭났다. 이 문화는 다시 중국의 다른 지역과 국외로 이주한 조선족을 통하여 중국의 연해 지역, 한국, 더 나아가 일본, 미국까지 진출하게 되었다. 양고기 꼬치 외에도 조선족은 냉면(2016년 중국 10대 면의 하나로 선정됨), 김치, 비빔밥, 순대, 찰떡, 보신탕 등 우리 민족 음식을 중국 전역에 홍보하고 전파하는 역할을 톡톡히 해내고 있다.

만주는 러시아와 인접하고 러시아의 세력권에 포함되었던 지역으로, 러시아 문화도 침투되어 있다. 러시아 문화가 가장 뚜렷이 나타나는 도시가 하얼빈이다. 하얼빈 시내를 거니노라면 도시의 가로, 건축, 시민의 생활 방식, 인테리어, 가구, 음식 습관 등 여러 측면에서 러시아 문화를 엿볼 수 있다. 하얼빈 도시계획은 러시아인이 근대도시를 설계하는 시험대와 다름없었다. 그들은 러시아 도시와 유럽도시계획 이론을 실천하는 주요한 시범 지역으로 하얼빈을 설계하였다. 그리하여 하얼빈은 '뉴 상트페테르부르크', '동양의 모스크바', '동양의 파리'로 불렸다. 하얼빈의 음식 중에서도 러시아 음식이 돋보이는데 가장 유명한 음식은 귀리로 만든 '헐레발 빵'과 붉은 소시지 '홍창'이다. 모두 러시아에서 비롯된 것이다. 이 외에도 하얼빈의 상징인 성 소피아 성당 등은 모두 제정러시아 시기의 건물로서 러시아 느낌을 물씬 풍긴다.

만주의 외래문화에서 일본 문화도 빼놓을 수 없다. 앞에서도 지적하였지만 일본은 러일전쟁에서 승리한 후 만주에 침입하기 시작하면서 패망하기 전까지 약 반세기 동안 주요한 영향력을 행사한 열강이었다. 일제의 세력이 만주에 침투한 이래 만주는 당시 중국은 물론

이고 세계에서도 유명한 산업 중심지로 거듭났다. 일제는 이곳의 풍부한 자원인 강철과 석탄을 중심으로 하는 중화학공업체계와, 방직, 식품 공업을 중심으로 하는 경공업체계를 발전시켰다. 만주국의 수도였던 신징(현재의 창춘)은 당시 도쿄보다 더 발달한 도시였다고 한다.

경제적인 측면뿐만 아니라 문화적 측면에서도 일본은 커다란 영향을 끼쳤다. 일본은 유럽과 달리 경제뿐만 아니라 문화 차원에서도 철저히 식민지화하고자 했다. 따라서 만주국 시기의 만주는 언어, 문자, 교육 등의 사회 전반에 걸쳐 일본의 주변부와 다름없었다. 건국 후 중국은 비록 친일 청산을 했지만 문화 식민지 여파는 아직까지도 남아 있다. 현재도 옌볜 지역의 조선족 생활 용어에서 일본어 흔적을 엿볼 수 있다. 예를 들면 옷장을 '단스', 접시를 '사라', 안경을 '메가네', 옷깃을 '에리', 도시락을 '벤또', 윗옷을 '우와기'라고 부른다. 이외에도 여타 국가들의 문화가 있지만 그 영향이 미비하여 여기서는 생략한다.

개척의 땅으로서의 만주를 가장 잘 나타내는 표현은 여러 가지가 있다. 그중 가장 많이 쓰이는 것이 창관둥(闖關東)과 둥베이런(東北人)이라 하겠다. 창관둥에서 관(關)은 산하이관(山海關)을 지칭하는데, 한족이 산하이관 이남의 산둥, 허베이, 산시 등의 지역에서 둥베이로 이주한 것을 가리킨다. 청조 캉시제(강희제, 재위 1661~1722년) 이후 중원 황하 지역의 인구가 급증함에 따라 경작지가 상대적으로 적어지면서, 생활이 궁핍해진 사람들은 봉금정책으로 처녀지나 다름없는 만주로 눈길을 돌리기 시작하였다. 초기 한족은 농사에 능숙하지 않은 만주족의 식량 해결을 위한 농사꾼으로 잠입하였다.

도광제 이후 러시아를 비롯한 제국주의 세력의 침투를 막기 위하여 봉금정책을 완화하고 이민실변(移民實邊) 정책을 실시하기 시작하면서 한족과 조선인의 이주가 본격적으로 행해졌다. 그중 한족의 이주를 '창관둥'이라고 한다.

'창관둥'이 본격화되면서 만주의 인구도 급속히 증가하기 시작하여 18세기 말에 백만도 안 되던 인구가 1907년에 이르러서는 1,500만 명에 달했고 만주국 시기에는 4,000만을 초과하였다. 만주로 이주한 한족은 내륙의 농경 문화를 가져오면서 광활한 만주 벌판을 식량

산지로 변화시켰다. 이와 같은 역사적 사실에 입각하여 중국에서는 이와 관련된 드라마와 영화가 많이 제작되었다. 가장 유명한 것이 2008년에 제작되어 총 52편에 달하는 대하드라마 〈촹관둥〉이다.

　중국에서 둥베이런 하면 모두 만주 지역 사람에 대한 통칭으로 안다. 중국은 전역을 크게 동북(둥베이), 서북, 동남, 화동, 화남, 화북, 화중 등으로 나눈다. 그중에서 만주(둥베이) 지역의 사람들만 '둥베이런(東北人, 둥베이인)'이라고 통칭하고 나머지 지역은 이런 호칭을 쓰지 않는다. 즉, '서북인', '동남인', '화동인', '화남인', '화북인', '화중인'이라는 호칭은 없다. 그냥 성(省)을 단위로 한 호칭을 쓴다. 예를 들면, 화동 지역은 산둥, 쩡수, 서상, 상하이, 푸젠, 안후이, 대만 등이 포함되는데 각각 '산둥인', '쩡수인', '저강인', '상하이인', '푸젠인', '안후이인', '대만인'으로 부른다.

　일단은 만주로 이주한 여러 지역의 한족의 경우(촹관둥), 출신 지역에 따른 인구집중 현상이 뚜렷하지 않고 비교적 균등하게 혼재하다 보니 서로 비슷한 방언인 '둥베이어'가 나타나게 되었다. 비슷한 방언을 쓰면 사람들이 서로 강한 동질감을 느끼게 되는 것은 자명한 일이다. 또한 둥베이지방은 개척 역사가 짧기 때문에 내륙 지역 성의 범위가 상대적으로 안정된 것과는 달리, 1907년 성급 행정구역이 설치되기 시작해서 1978년에 이르기까지 성급 행정구역의 변화가 매우 빈번하였다. 최대로 많을 때는 9개 성이었다가 현재의 3개로 감소하였다. 그리하여 만주인은 어느 하나의 성에 대한 소속감이 덜하다. 따라서 그냥 두루뭉술하게 둥베이런이라고 해도 거부감이 없다. 마지막으로 만주는 지형상 다싱안링산맥과 샤오싱안링산맥 및 창바이산맥으로 둘러싸여 있어 주변과 구분되는 상대적으로 독립적인 지리적 범역이기 때문에 내부인들의 결속력이 강해졌다.

　둥베이지방의 이민을 논할 때 우리 민족인 조선족을 빼놓을 수 없다. 19세기 중엽 이후 조선인은 연이은 자연재해와 지방관리의 학정으로 힘겨운 나날을 견디지 못하고 목이 날아가는 '월강죄'를 무릅쓰며 두만강과 압록강 이북으로 이주하기 시작하였다. 처음에는 청조와 조선 측의 관리가 심하여 본격적으로 이주하지 못하고 '일귀경작(日歸耕作)', 즉 아침에 강을 건너가 경작하고 저녁에 돌아오는 식이었다. 그러다 봉금정책이 점차 완화되기 시작하자 가까운 인접 대안에서 몰래 경작하다가 좀 더 깊숙이 들어가고 '춘경추귀(春耕秋歸)', 즉 봄에 경작하고 가을에 수확하는 식으로 대담해졌다.

처음에는 사람들이 강을 건너다가 잡히면 강 대안으로 간 것이 아니라 하중도인 사잇섬(間島)에서 경작하였다고 변명해 죽음을 피하였다. 그러나 사람들이 실제로 경작한 곳은 사잇섬이 아니라 강 북안이었다. 후에 청조가 봉금정책을 폐지하고 이민실변정책을 실시함에 따라 강 이북으로의 이주가 본격적으로 행해졌는데 이 지역의 명칭을 아예 사잇섬을 뜻하는 '간도'라고 부르게 되었다. 두만강 이북은 북간도 혹은 동간도, 압록강 이북은 서간도라고 불렀다. 후에 일본에 의해 만주국이 설립되면서 이 지역이 '간도성'이 되었고 간도라는 지명은 더욱 고착되었다. 그러나 현재 중국에서는 '간도' 지명을 사용하지 않고 있다.

지역적인 근접성으로 인해 두만강 이북은 함경도, 압록강 이북은 평안도 사람들의 이주가 주를 이루었다. 그러나 한반도의 사정이 더 나빠지고 일제의 침탈로 이주민이 점차 증가하기 시작하면서 조선인 분포 지역은 동간도와 서간도에서 점차 만주 여타 지역으로 확장되었는데 헤이룽장성에는 경상도 사람들이 많이 이주하였다.

이주민이 증가하면서 만주에서 조선인이 가장 많을 때는 200여 만 명에 달하였다. 이 지역 이주민들의 지원을 바탕으로 많은 애국지사가 활발한 반일독립운동을 전개하였다. 따라서 이 지역은 다시 우리 민족과 더 밀접한 관계를 맺게 되었다. 강인한 우리 민족의 선인들은 이곳에서 민족의 문화와 전통을 보존해 왔고 벼농사와 같은 우수한 문화를 이곳에 전파하여 이 지역의 당당한 개척자로 자리매김하였으며 이런 노력은 중국의 인정을 받아 오늘날의 자치 지역을 형성하기에 이르렀다.

오늘날 조선족은 여전히 이 땅에서 자신의 문화와 언어를 보존하면서 우리 민족의 경제적, 문화적 '영토'를 보존하며 지내고 있다. 조선족은 북한과 비슷한 사회주의 제도를 겪은 역사로 인해 북한과 강한 유대감을 갖는 동시에 약 30년 전부터 한국과도 교류하고 협력해 오고 있다. 이러한 경험을 바탕으로 조선족은 앞으로 남북한 교류와 통일에 있어 중요한 중간자 역할을 할 것이다. 한중 수교 이후 짧은 시간 동안 양국 간의 인적·물적 교류가 이처럼 급속하게 발전하게 된 데는 조선족의 역할이 컸다. 그러나 안타깝게도 이들은 아직도 한국의 언론을 비롯한 여러 측면에서 부정적인 이미지로 인식되고 있다. 조선족은 여타 해외 동포와 마찬가지로 우리 민족의 소중한 일원으로서 이들에 대해 더 깊이 있게 이해하고 보듬으려는 노력이 절실하다.

만주 지역은 기회의 땅이기도 하다. 중국 건국 이후 만주 지역은 소련의 자금과 기술 전문가 지원으로, 156개 중점건설항목 중 36.5%에 달하는 57개 항목이 만주에 건설되었다. 이를 계기로 만주 지역은 중국 최대의 중화학 공업기시가 되었으며 중국 선설현상으로의 석탄, 강철, 목재, 식량 등의 자원 제공처이자 공화국 장비부(裝備部)로 불리면서 신중국의 공업과 농업의 중심이 되었다.

개혁개방 이후 중국은 계획경제체제에서 상품경제로, 나중에는 시장경제체제로 전환함에 따라, 중대형 중화학공업형 국유기업이 대부분인 만주 지역의 공업기지가 내륙 특히, 연해 지역에 비해 경쟁력을 상실하게 되었다. 특히 1990년대 이후 도시 지역의 국유기업 개혁이 본격화되자 만주 지역의 국유기업들은 구조적인 비효율성, 설비의 노후화, 실업의 증가, 국유기업 부채의 증가 등으로 연해 지역에 비해 전반적으로 경제가 훨씬 낙후되기 시작하였다.

이와 같은 국면을 전환시켜 지역균형발전을 추구하기 위하여 2003년에 중국정부는 '서부대개발' 정책에 맞먹는 '둥베이노후공업기지진흥책'을 제시하였다. 2009년에는 '창춘-지린-두만강 개발개방 선도구', 라오닝성의 '연해경제벨트 개발계획' 등을 계속 발표하면서 만주는 국가의 대대적인 투자로 중국에서 경제 발전이 가장 빠른 지역의 하나로 거듭났다. 그러나 2014년부터 경제 발전 과정에서 누적된 구조적인 문제와 중국의 경기 둔화에 따른 중화학공업 생산과잉의 통제 등으로 경제가 다시 침체되는 '신둥베이현상'이 나타나 중국에서 경제 발전 속도가 가장 낮은 지역으로 전락하였다. 이와 같은 문제 해결을 위하여 2014년 4월 국무원은 '둥베이 노후공업기지 진흥전략'의 후속조치로 앞으로 3년간 이

지역에 약 1조 6000억 위안을 투자한다고 공포하였으며, 당해 11월에는 '둥베이진흥 13차 5개년계획'을 발표하여 다시 경제 발전의 동력을 얻게 되었다.

현재 만주는 교통이 발달한 지역 중 한 곳이다. 또한 중국에서 철도 밀도가 가장 높은 지역이다. 고속철도와 고속도로도 사통팔달한다. 현재 만주에는 하다선(哈大線, 하얼빈-다롄)과 징하선(京哈線, 베이징-하얼빈)을 근간으로 하고 선단선(沈丹線, 선양-단둥), 대단선(대련-단둥), 창훈선(長琿線, 창춘-훈춘), 하치선(哈齊線, 하얼빈-치치하얼), 무쑤이선(牡綏線, 무단강-쑤이펀허)을 지선으로 하는 고속철도망이 형성되어 있다. 고속도로는 거의 모든 군급 소재지까지 통하는 실정이다. 그리고 수상운수에 있어서는 다롄항, 단둥항, 잉커우항 등 유명한 무역항들이 있다. 항공운수도 비교적 발전하였는데, 여객 수송량은 다롄, 선양, 하얼빈, 창춘, 옌지의 공항 순으로 많다.

만주 지역의 발전은 한국과 밀접한 관계가 있다. 이 지역은 한국이 극동 지역과 유라시아 대륙으로 진출하는 전초기지로서 지정학적으로도 매우 중요한 위치에 있다. 따라서 한국에게 이 지역은 무한한 기회의 땅이다. 만주와 인접한 극동 지역에 대한 러시아의 관심도 대단하다. 2015년부터 연례화된 극동 지역 다자간 협력 플랫폼 역할을 하고 있는 동방경제포럼(EEF)에서 이 지역을 개발하려는 러시아의 의지를 엿볼 수 있다. 이와 같이 중국과 러시아가 이 지역을 중시하기 때문에 앞으로 만주가 경제적으로 부흥할 것은 자명하다. 이와 같은 분위기는 북한에도 경제개발에 동참할 수 있는 가능성을 부여할 것이다. 따라서 한국은 이런 기회를 충분히 이용하여 이 지역에서 활발한 다각 외교를 추진함으로써 대륙 진출의 기회를 마련해야 한다.

이번 서울대학교 사회대 지리학과 학생들의 만주 답사를 보면서 마음속으로 늘 생각해 왔던 숙원을 이룬 것 같은 느낌을 받았다. 그동안 한국 지리학계가 옌볜 지역을 포함한 만주 지역에 상대적으로 관심이 적었기 때문에 한국 지리학 관련 교수님들과 학생들의 답사가 이루어졌으면 하는 바람이 있었다. 그런데 이번에 이렇게 많은 지리학과 교수님과 학생이 답사를 오고 강의 중에 많은 질문도 해 주시니 앞으로 이 지역에 대한 지리학도의 관심이 더 많아지지 않을까 하는 기대가 생겼다. 만주 지역은 여러 측면에서 한국의 지리학도에게 중요한 지역이라고 생각한다.

첫째, 역사적으로 이 지역은 우리 민족과 밀접한 관계를 맺어 온 지역으로 민족사에서 결코 홀시할 수 없는 지역이다. 특히 반일독립운동사에서 만주와 연해주를 비롯한 지역은 중요한 지위를 점한다. 그럼에도 불구하고 이 지역에서 이루어졌던 반일독립운동이 아직 충분히 인정받지 못하고 있어 안타깝다. 수많은 애국지사가 이곳에서 목숨을 바치며 싸워 왔건만 후에 관련 자료들이 소실되고, 일제와 그 추종자들에 의해 교묘하게 왜곡되고, 공산주의 세력이 들어옴에 따라 상대적으로 홀시되고, 만주에 비해 상대적으로 평화로운 지역(예를 들면, 미국이나 상하이 같은 지역)에서 반일독립운동을 한 이들에 의해 외면당하는 등 여러 원인으로 많은 실체들이 밝혀지지 못하고 있다. 하루빨리 만주가 재조명되어 민족의 정기를 바로잡아야 한다.

둘째는 남북이 분단된 현실에서 한국의 젊은 세대가 북한을 더욱 깊이 이해하기 위해서는 만주 지역에 대한 연구가 반드시 이루어져야 한다고 생각한다. 특히 지역연구를 중요시하는 지리학 차원에서의 중·북 접경 지역에 대한 연구는 보다 정확하고 다각적인 시각에서 북한에 대한 이해의 폭을 넓히는 데 중요한 역할을 할 수 있다.

셋째는 앞에서도 지적했듯이 만주 지역은 앞으로 한국이 유라시아 대륙에 진출하는 데 중요한 교두보 역할을 함과 동시에 한국의 발전에 무한한 가능성을 제공할 것이다. 넷째는 우리 민족 동포가 집중되어 있는 지역으로 앞으로 한민족의 경제와 문화 활동 영역을 넓히는 데 큰 기여를 할 수 있다.

마지막으로 부족한 필자가 학생들에게 강의하고 또한 특별기고를 쓸 기회를 주신 박수진 교수님께 감사의 마음을 전하고 싶다. 새로운 연구 분야를 적극적으로 개척하고 옌볜대 지리학과와 꾸준한 교류를 해 오신 교수님들의 노력에 찬사를 드리고 싶다. 앞으로도 박 교수님과 여타 교수님들께서 후속 지리학도들이 이 지역에 지속적으로 관심을 가질 수 있도록 독려해 주시고 이끌어 주시기를 바란다.

끝으로 지리학도들에게 가장 알맞을 것 같은, 답사의 중요성을 강조하는 중국 속담 한마디를 전한다. 행천리로 승사독만권서(行千里路 勝似讀萬券書), 즉 천 리 길을 걷는 것이 책 만 권을 읽는 것보다 낫다는 뜻이다.

지리학과 학생들에게 만주벌판처럼 무한한 기회와 영광이 있기를 바란다.

김석주 · 옌볜대학교 지리학과 교수

중국 옌볜 출신의 조선족이고 옌볜의 조선족 소학교와 중학교에서 교육받았으며 옌볜대학교 지리학과를 졸업하고 경북대학교 지리학과에서 석사와 박사 학위를 취득하였다. 도시지리학과 경제지리학을 전공했지만 현재 문화·역사지리와 지역연구에 관심을 갖고 있다. 현재 옌볜대학교 동북아연구원 원장으로서 동북아 정세의 변화와 역학구도에도 관심을 갖고 있다.

〈경로 1_다롄(大連)팀〉

일차	일자	지역
1일 차	9/14(월)	인천 ⇒ 다롄 ⇒ 단둥
2일 차	9/15(화)	단둥(압록강 단교·유람) ⇒ 환런
3일 차	9/16(수)	환런(졸본성터·오녀산성) ⇒ 통화 ⇒ 얼다오바이허
4일 차	9/17(목)	얼다오바이허 → 북백두(친문봉·친지·장백폭포) → 옌지
5일 차	9/18(금)	옌지 ⇒ 인천

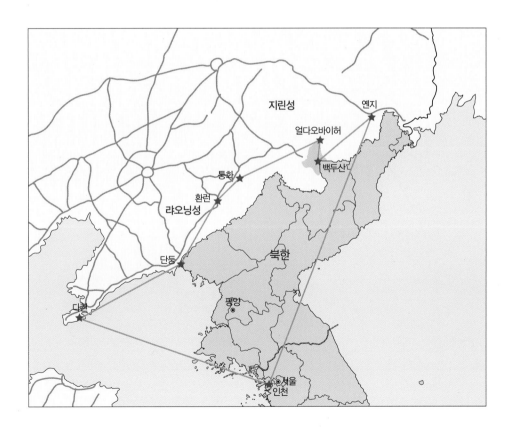

〈경로 2_창춘(長春)팀〉

일차	일자	지역
1일 차	9/14(월)	인천 ⇒ 창춘(만주황궁, 런민광장)⇒ 지린
2일 차	9/15(화)	지린 ⇒ 둔화(발해유적) ⇒ 옌지(옌볜대학교 방문)
3일 차	9/16(수)	옌지 ⇒ 투먼(중조국경) ⇒ 룽징(윤동주 생가) ⇒ 허룽(진달래 조선족 마을) ⇒ 얼다오바이허
4일 차	9/17(목)	얼다오바이허 ⇒ 북백두(천문봉·천지·장백폭포) ⇒ 옌지
5일 차	9/18(금)	옌지 ⇒ 인천

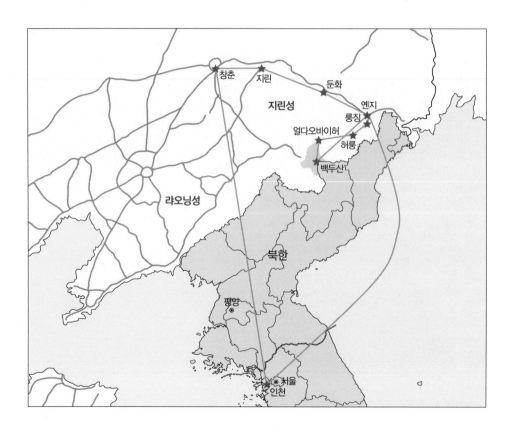

〈경로 3_블라디보스토크(Vladivostok)팀〉

일차	일자	지역
1일 차	9/14(월)	인천 ⇒ 블라디보스토크(독수리 전망대)
2일 차	9/15(화)	블라디보스토크 ⇒ 크라스키노 ⇒ (중국) 훈춘 ⇒ 투먼 ⇒ 옌지
3일 차	9/16(수)	옌지 ⇒ 룽징(윤동주 생가) ⇒ 얼다오바이허
4일 차	9/17(목)	얼다오바이허 ⇒ 북백두(천문봉·천지·장백폭포) ⇒ 옌지
5일 차	9/18(금)	옌지 ⇒ 인천

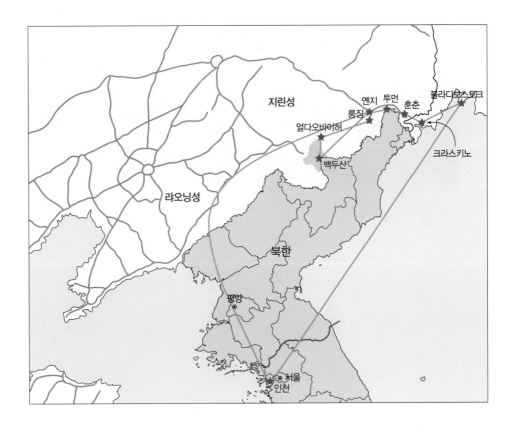

Chapter 01

INTRODUCTION

1

2015년 추계 해외 학술답사를 기획하며

박상호 · 이준기 · 소재형 · 신재섭 · 박규원 · 방승현 · 김경도 · 전형근(학부 답사준비팀)

지리학과에서 학부생들이 참여하는 행사 중 가장 큰 것은 단연 해외 학술답사다. 지리학과와 서울대학교 CK사업단1)의 금전적 지원까지 받았으니, 학부생으로서 해외 답사를 기획하는 일은 큰 기회이기도 하였다. 게다가 책까지 출판한다니 꼭 참여해 보고 싶다는 생각이 들었다. 큰 행사인 만큼 자부심과 기대감도 컸다. 답사를 떠나기 전날에는 기획팀원 모두가 잠도 제대로 못 잘 정도였으니 말이다.

그러나 모든 일이 순조롭지는 않았다. 가장 어려웠던 점은 경로를 짜는 일이었다. 다양한 곳을 경험해 보자는 큰 취지 아래 구체적으로 세 개의 경로(다롄팀, 창춘팀, 블라디보스토크팀)를 짜야 했다. 경로마다 학우들의 신청을 받아 인원을 배정하고, 마지막 날에 모든 답사팀이 백두산을 함께 등반하는 일정을 기획하였다. 기존에 하나의 일정으로 답사를 진행한 것과는 달리, 세 경로로 답사를 기획하는 일은 새로운 도전이었다. 도착 시간과 출발 시간이 달라서 백두산 등반을 함께하는 일정을 맞추기가 무척 어려웠다. 그럼에도 불구하

---

1) 교육부와 한국연구재단이 2014년도부터 추진한 수도권대학 특성화사업(CK-II, University for Creative Korea)은 지역사회의 수요와 특성을 고려하여 강점 분야 중심의 대학 특성화 기반을 조성하고 대학의 체질 개선을 유도하고자 하는 사업이다. 서울대학교 인문대학과 사회과학대학 3개 학과(사회학과, 정치외교학부, 지리학과)는 고등교육의 국제화를 위한 '글로벌 리더 양성을 위한 신(新) 실크로드 사업단'에 선정되었다. 본 실크로드 사업단 프로그램의 일환으로 2015년 지리학과는 학부생들이 주로 참여하는 해외 학술답사에 재정적인 지원을 받았다.

고 애써 준 우리 기획팀 인원들 덕분에 원활하게 답사를 진행할 수 있었다.

다롄팀의 주요 답사 지역은 다롄, 단둥, 압록강이었다. 그 후 얼다오바이허(二道白河)를 거쳐 백두산에서 다른 팀들과 합류하는 일정이었다. 먼저 인천공항을 출발해 다롄을 거쳐 단둥을 답사하였다. 다롄에서 장시간 체류하여 도시 곳곳을 둘러볼 수 있는 일정을 짜고 싶었지만, 시간적인 제약으로 그러지 못해 아쉬움이 남는다. 단둥에서는 압록강 단교를 보고 이 지역의 특징을 관찰하였다. 특히 국경 지역을 주제로 연구한 조는 답사 내내 이 지역의 경관과 특징을 관찰하고 이를 발표에 반영함으로써 답사 발표 대회에서 우승을 거머쥐었다. 답사 중 가장 재미있었던 경험은 압록강에서 탔던 유람선이었다. 훤런에서는 졸본성 터와 오녀산성(五女山城)을 보았지만, 아쉽게도 빠듯한 일정 탓에 끝까지 등반하지는 못하였다. 어쩌면 다행인지도 모를 일이다. 그 높은 오녀산성을 등반하였다면 학우들의 원성이 높았을 것이므로.

창춘팀의 주요 답사지는 창춘, 지린, 둔화, 옌볜이었다. 다롄팀과 마찬가지로 마지막 날 얼다오바이허를 거쳐 백두산에서 다른 팀들과 합류하기로 하였다. 창춘팀은 다른 팀에 비해 창춘에서 꽤 많은 시간을 보냈음에도 워낙 일정이 촉박한 데다 교통상황이 열악해 도시구조를 제대로 관찰하지 못하였다. 그럼에도 김용창 교수님의 자세한 설명을 통해 창춘의 도시구조를 연구주제로 삼았던 팀은 꽤 그럴듯한 자료를 확보할 수 있었다. 이후에 만주라는 주제에 걸맞게 지린과 둔화의 발해 유적을 포함하였으나 현대식으로 지어진 발해공원만 볼 수 있어서 기대에는 미치지 못하였다. 옌지에서는 옌볜대학교 학생들을 만나 현지음식을 먹으며 교류하는 시간을 가졌다. 그 뒤 룽징과 허룽을 답사하였다. 룽징의 윤동주 생가와 조선족이 집단으로 거주하는 허룽의 진달래 조선족 마을은 특유의 고즈넉함과 역사적 맥락이 어우러져 많은 학우들에게 깊은 인상을 남겼다.

블라디보스토크팀은 다른 팀들과 달리 러시아와 중국 사이의 국경을 넘어야 하였다. 러시아의 블라디보스토크, 크라스키노(Краскино)를 거쳐 중국의 훈춘, 투먼을 답사한 뒤 백두산에서 다른 팀들과 합류하는 일정을 계획하였다. 황제가 통치하던 시대부터 공산주의와 자본주의 시대를 두루 걸친 블라디보스토크를 체험하는 것이 첫 번째 일정이었다. 여전히 남아 있는 '꺼지지 않는 불꽃'과 각종 공산주의 경관이 이색적이었다. 하지만 저녁 9시가 되면 러시아에서는 술을 판매하지 않는다는 사실을 몰랐던 학우들은 많은 아쉬움을 토로하기도 하였다. 한편, 블라디보스토크에서 크라스키노로 향하는 길목에는 싱카이(興凱)호수와 우수리강이 만들어 놓은 거대한 충적 평야가 펼쳐져 있다. '우수리'라는 지명이 먹을 것을 찾아 연해주로 이주한 우리 선조들이 붙인 것이라고 하니 무척 흥미로웠다. 크라스키노에서 훈춘으로, 그 뒤에는 투먼과 옌지로 이동하였다. 특히, 두만강을 답사하면서 강 건너 북한을 보았던 경험은 매우 의미 있었다.

　이렇게 세 개의 경로로 나누어 답사를 다녔고 세 팀 모두 얼다오바이허에서 하룻밤을 묵은 뒤 한곳에 집결하여 백두산의 북쪽 코스로 등반하였다. 백두산에서 가장 애를 먹었던 것은 날씨였다. 백두산 천지는 날씨가 변덕스럽기로 유명하다. 날씨가 흐릴까 염려되어 두 시간마다 기상정보를 확인할 정도였다. 최악의 상황에 대비하여 학우들에게 두꺼운 옷을 입으라고 단단히 일러두었는데, 실제 산행을 할 때는 더울 정도로 날씨가 좋았다. 추울지도 모른다고 답사 출발 전부터 공지했던 터라, 꽁꽁 싸맸던 옷을 벗어 양손에 한가득 걸치고 산을 오르던 학생들과 유난히 추위를 많이 타시는 신혜란 교수님의 뒷모습이 특히 기억에 남는다. 그래도 온전하게 백두산 천지를 감상하고 내려올 수 있어서 다행이었다. 칼데라호가 그토록 아름다운지 그때 처음 알았다.

　백두산에서 내려오는 길에 장백폭포를 보았다. 폭포 그 자체도 멋있었지만, 폭포 앞으로 펼쳐진 U자형 계곡이 눈에 들어왔다. 이 계곡이 빙하에 의하여 만들어졌다는 이야기도 있지만 화산 폭발로 형성된 지형으로 보는 것이 타당하다는 설명도 들었다. 계곡 양옆으로는 애추2)들이 선명하게 드러나 있었고 계곡 너머에는 숲으로 뒤덮인 용암대지가 펼쳐져 있

---

2) 애추(崖錐, talus)는 사면 아래로 떨어진 다양한 크기의 암석 조각이 퇴적된 반원추형으로 기계적 풍화작용으로 만들어졌다. 결빙과 융해가 나타나는 주빙하 지역, 특히 툰드라 지역에서 많이 발견되며, 물이 얼고 녹는 과정에서 얼음의 쐐기 작용으로 인해 떨어진 암석이 송곳모양으로 형성된 지형이다(한국지리정보연구회, 자연지리학사전, 한울아카데미).

었다. 자연지리 학습장으로서 백두산은 참으로 매력적인 곳이었다.

아쉬움도 많이 남았지만 그래도 많은 것들을 경험할 수 있어 뜻깊은 답사였다. 답사기간 동안 일정이 촘촘하게 짜여 있어 아침 일찍부터 움직이느라 힘들었을 텐데 잘 따라와 준 답사단원들에게 감사하다는 말을 전하고 싶다.

2
떠난다는 것의 의미

박상호(학부 답사팀장)

Ⅰ. 떠난다는 것의 의미

위치성. 아주 어려운 얘기다. '내가 지금 위치한 곳이 어디인가?' 혹은 '나는 어떤 사람인가?'라는 물음이기 때문이다. 누구나 해 봄 직한 질문이지만 그 누구도 제대로 된 답을 내놓기는 어렵다. 하물며 타인이 내 위치성을 헤아려 주기란 더더욱 어려운 일이다. 그래서 아무리 자기계발서를 읽고 상담을 받아도 잠깐의 위안에 그칠 뿐, 만족할 만한 답을 얻기란 불가능에 가깝다. 타인과 나를 비교해 보는 방법도 있지만, 사실 그만큼 잔인한 것도 없다. 나보다 불행한 사람과 비교하면 남의 불행에서 위안을 얻는 것이니 마음이 불편하고 나보다 잘난 사람과 비교한다면 나 자신이 더더욱 초라해지고 만다.

이럴 때 모름지기 지리학도라면 '떠남'을 떠올릴 것이다. 익숙한 생활에서 벗어나 낯선 공간을 탐험하고 알아 가는 일, 그것이 곧 내 인생의 거울이 되어 줄 것이기 때문이다. 새로운 장소에서는 나 자신이 누구이고 어떻게 살고 있는지 돌아볼 수 있다. '이색적인 여행지'라는 말 자체부터 내게 익숙한 것들과는 다르다는 뜻을 담고 있다. 따라서 떠남을 통해 익숙했던 나 자신의 모습을 객관적으로 바라볼 수 있다.

내가 2014년 러시아로 여행을 떠났을 때의 일이다. 당시 20대 중반이었으니 취업이 가장 걱정되던 때였다. 그 고민의 근원에는 결혼이라는 문제가 있었다. 결혼을 하려면 번듯한 직장과 경제적인 능력이 뒷받침되어야 한다는 게 우리의 상식이 아니던가. 일본의 젊은 세대처럼 결혼을 포기하고 혼자 살지 않을 바에야 취직은 곧 사회통념상 가정을 꾸리기 위해 번듯해지는 과정의 첫 번째 단추다. 이는 한국사회에서 통용되는 사회규범이다.

그런데 러시아에서 만난 친구들에게는 그런 걱정이 없었다. 그곳에서 만난 22~23살 남짓한 대학생들은 자신을 노처녀, 노총각이라고 자책하고 있었다. 그런데 더 충격적인 것은 그 친구들은 아직 대학을 졸업하지도 않은 데다가, 취업률이 높은 나라가 아닌데도 결혼 비용보다는 결혼할 상대방의 유무를 걱정한다는 것이었다. 그들에게 결혼과 일자리, 경제력은 별개의 문제였다. 나는 여행 내내 놀라움을 금치 못하였다.

러시아 현지의 대학 강사에게 들은 이야기는 더 놀랄 만한 것이었다. 러시아에서는 10쌍이 결혼하면 8~9쌍은 이혼하기 때문에 결혼을 해도 서로 크게 의지하지 않는다고 하였다. 그분을 통해 전해 들은 러시아의 부부는 경제공동체가 아니라, 마음이 맞으면 같이 살고 마음이 식으면 헤어져도 되는 관계였다. 언제든 헤어질 수 있고 서로의 영역을 침범하지 않으니, 경제력이 중요한 조건이 되지 않는다고 하였다. 합의 내지는 어느 한쪽의 귀책사유가 있어야만 이혼이 가능한 우리나라와는 달리, 그곳에서는 연애관계를 정리하듯 한쪽의 변심만으로도 이혼이 가능하다는 이야기도 들었다. 이혼을 죄악시하며 그 절차 또한 까다롭기 짝이 없는 우리 사회에서는 도저히 이해하기 어려운 이야기였다.

그제야 내가 너무 조급해하고 있다는 것을 깨달았다. 취업이 어렵다고 속 끓이던 나의 내면 한쪽에는 얼른 취직해서 결혼하고 아이를 낳아야 한다는 사회적 통념이 자리하고 있었다. 말 그대로 사회적인 통념에 불과한 이야기를 나는 마치 의무처럼 생각하고 있었다. 더욱이 맞벌이가 보편화된 시대에 내 일자리가 마치 아내와 자녀, 부모님의 인생까지 좌우할 것처럼 생각했던 것이다. 이 얼마나 고루하고 답답한 생각이었는가.

여행에서 돌아온 후, 나는 조금 더 여유로운 마음을 가지기로 하였다. 취업을 위한 스펙에 얽매이기보다는 다양한 경험을 해 보고 싶었다. 서울대생들이 주로 하는 고수입 과외보다는 편의점 아르바이트나 학원 강사를 해 보고자 하였다. 더불어 이 책을 쓰기 위한 해외 답사를 기획하는 일에도 참여하기로 하였다. 지금 생각해 보면 여행하며 느꼈던 깨달음과 반성을 통한 작은 변화들이 지금의 내게 얼마나 큰 영향을 끼쳤는지 소름이 돋을 정도다. 여행 후에 시작했던 편의점 아르바이트와 답사 기획 경험이 현재 직장을 얻는 데 가장 큰 원동력이 되었기 때문이다. 채용 면접장에서도 이 두 경험에 대한 질문을 주로 받았다. 특히 실수를 했거나 어려웠던 점들은 없었는지, 있었다면 그것을 통해 무엇을 배웠는지에 관한 질문이 많았다. 새로운 경험을 통해 자신의 위치성을 깨닫고 반성하는 일이 얼마나 큰 도움이 되었는지 몸소 체험한 일화다.

  학별은 좋지만 색다를 것이 없는 사람은 요즘의 취업시장에서는 그다지 대접을 받지 못한다. 심지어 그런 사람들을 걸러 내기 위해 채용 과정에서 블라인드 테스트(blind test)가 보편화되는 추세다. 러시아로 여행을 떠나기 전처럼 스펙을 쌓는 데 매달렸다면 나도 시시콜콜한 자격증 몇 개는 딸 수 있었을지도 모른다. 그리고 대부분의 사람들과 다를 바 없이 평범한 사람으로 취업시장에 나왔을 것이다. 운이 나빴다면 아마도 이 글을 쓰고 있는 지금까지 취업걱정에 밤잠을 설치고 있었을지도 모른다. 답사와 여행을 통해 얻은 깨달음과 이색적인 경험이 좋은 직장을 얻는 행운으로 이어졌으니 얼마나 다행인가.

  이번 만주 답사를 같이 다녀온 친구들이 모두 나와 같은 고민을 가지고 있지는 않았을 것이다. 하지만 몇 사람만이라도 여행을 통해 자신의 위치성을 돌아보고 내가 얻었던 소중한 깨달음을 얻기를 바라면서 답사를 기획하였다.

II. 떠나서 무엇을 보아야 하는가?

  요즘 SNS에서는 경복궁이나 전주 한옥마을과 같이 전통적인 장소를 배경으로 사진을 찍는 것이 유행이라고 한다. 이때 예쁜 한복까지 꼭 갖춰 입어야 유행에 뒤처지지 않는 셀카꾼이 될 수 있다. 장소를 경험하는 방식이야 다들 다르겠지만, 적어도 이런 식의 장소 경험은 나 자신의 위치성을 깨닫기 위한 방식은 아니다. 경복궁과 세종로가 서로 약간 삐뚤어지게 있다거나 경회루 근처에 이승만 전 대통령 시기에 지어져 주변과 어울리지 않는 전각이 있다는 것과 같은 세세한 관찰까지는 바라지도 않는다. 경복궁의 독특한 모습을 보고 지금 내가 살고 있는 시대와 무엇이 다른지 인식하는 것만으로도 충분하다고 생각한다. 이러한 것이 내가 이번 해외 학술답사를 기획한 의도였다.

추억은 사진에 모두 담을 수 없다. 깨달음이 있어야 비로소 추억이 되고 잊을 수 없는 기억으로 남는다. 나의 위치성을 되돌아보는 반성이 없다면, 시간이 지난 후에는 그 장소에 갔었다는 사실과 셀카 사진만이 남는다. 그래서 그곳에서 무엇을 보았고 어떤 것들이 이색적이었으며 그때의 경험이 나의 일상과 어떻게 달랐는지에 대한 이야기를 꺼내기 어려워진다. 결국에는 어디를 가 보았고 거기가 재미있었다는 정도의 두루뭉술한 감상만이 남는다. 그런 정도라면 구태여 큰 비용을 들이지 않고도 즐길 만한 곳은 국내에도 충분히 많다. 셀카를 찍으러 떠나는 여행은 답사가 아니다. 이는 SNS에 올릴 자기 홍보 자료를 수집하는 활동에 불과하다.

그런 생각을 가지고 있어서일까? 이번 답사에서 가장 기억에 남는 사람은 내 룸메이트였던 김민성 학우였다. 그는 창춘의 도시구조가 매우 독특하다는 말을 여러 번 하며 해당 도시를 관찰하기 위해 버스 안에서도 연신 셔터를 눌러 댔다. 더불어 길의 모양이나 방향까지 세세하게 탐구하기도 하였다. 그 친구는 창춘에 대한 사진을 셀 수 없을 정도로 많이 찍었다. 더불어 교수님들의 설명을 자세히 기록하기도 하였다. 반면, 그가 찍은 셀카사진은 백두산 천지에서 찍은 몇 장이 전부였다. 그 친구는 답사 기간 내내 자신에게 익숙하지 않은 그 무엇을 찾는 데에 열중했던 것이다.

위치성을 되돌아보기 위한 답사를 하였다면, 내가 얼마나 고루한 인간인지 깨닫는 것은 그리 어렵지 않다. 내가 살던 곳에서 통용되던 것과 조금이라도 다른 모습을 관찰하기만 하면 된다. 그러면 자연스럽게 나 자신과 현지인들을 비교하며 스스로의 위치성을 깨달을 수 있다. 그래서 여행은 자신을 내려놓는 일이라고 생각한다. 익숙한 생활과 대비되는 낮선 타지의 환경을 관찰하는 일이기 때문이다. 예쁜 배경으로 얼짱 각도의 내 얼굴을 사진으로 남기는 것만으로는 부족하다. 먼 타지에 가서는 나보다 새로운 장소에 집중해야 오히려 나 자신을 돌아볼 수 있는 기회가 생긴다.

이 책의 독자들이 우리가 경험했던 장소와 생각을 완전히 이해하기는 어려울 것이다. 그러나 답사를 통한 우리의 생각과 경험을 조금이나마 공유할 수 있기를 바란다. 더불어 자기 자신에 대한 고민을 확장할 수 있는 계기가 된다면 더욱 좋고.

3

'백두산'으로 향했던 두 개의 답사,
2006년과 2015년 답사를 뒤돌아보다

정진숙(박사과정)

　서울대학교 지리학과 해외답사의 역사는 2006년으로 거슬러 올라간다. 최초로 기획된 해외답사 지역은 중국이었고, 그때 역시 답사의 최종 목적지는 '백두산'이었다. 이후 필리핀, 대만을 비롯하여 중국의 네이멍구자치구, 상하이 등 다양한 지역에 대한 해외답사가 기획되었지만, 약 10년이 흐른 2015년에서야 다시 한 번 백두산으로 향하는 답사를 계획하게 되었다. 이번 답사는 지리학과 박수진 교수님, 김용창 교수님이 이끌었으며 학부생들을 중심으로 답사기획팀을 조직하여, 학부생들이 주체가 되고 대학원생이 이를 지원하는 형태로 준비하였다.

　2006년 당시에 기획된 답사 주제를 다시 찾아보니, 1) 한국과 중국 접경 지역에 대한 이해, 2) 백두산과 옌볜 지역에 관한 인문 및 자연지리학적 특성 파악, 3) 한국과 중국 북동부 지역과의 비교를 통한 지리학적 시각의 함양, 4) 옌볜대학과 옌볜 지역에 거주하는 한인과의 교류로 나누어져 있었다. 그 당시 답사 경로는 인천을 출발하여 단둥, 선양을 거쳐 옌지, 훈춘, 그리고 백두산을 등반하고 다시 선양에서 인천으로 돌아오는 것이었다. 그 이듬해, 학부생이었던 내가 학과 브로슈어에 실었던 답사에 대한 소회는 다음과 같다.

　"지난해 춘계 정기 답사 때는 〈백두와 연변을 찾아서〉라는 테마로 지리학과 역사상 처음으로 해외 지역을 다녀왔다. 4월 13일에서 17일에 걸쳐 4박 5일 동안 지리학과 답사 팀은 비행기와 기차, 버스 등의 다양한 교통수단을 이용하여 중국 동북부 지역의 선양, 백두산, 옌지, 훈춘 등을 답사하였다. 같은 아시아권 국가이면서도 다른 정치·사회·역사적 배경을 지니고 있었기 때문에 중국에 대한 첫인상은 친근함과 어색함이 공존하였다. 한국의 명동 거리와 유사했던 선양의 시내 경관, 화산 지형인 장대한 백두산의 천지 한가운데 발 딛고 서 있던 짜릿한 경험, 옌지에서 만났던 조선족들의 친근한 조선어, 몇십 미터 거리에서 마주했던 북한의 정경(情景), 북한, 러시아, 중국 삼국이 경계를 마주하고 있는 방천(防川)1) 지역의 방문 등은 한국이라는 나라에서 비슷한 언어와 외모의 사람들과 매일매일 마주하고 살아가던 우리에게는 충격과 설렘 그 자체였다. 시간과 공간에 대해 다르게 사고하는 사람들의 삶을 간접적으로 경험한 것은 기존의 세계관을 뒤흔들어 놓는 소중한 기억이었다. 그러나 우리는 단지 중국의 '일부'를 경험하고 관찰한 것뿐이다. 지리학에서 중요한 학문 분야로 지역연구가 있는 것처럼 한 국가 내에서도 다양한 모습들이 존재하기 때문에 우리는 중국을 다녀왔음에도 중국에 대해서 안다고 말할 수는 없다. 이렇듯 직접 경험하고 관찰하는 답사가 지리학이 가지고 있는 매력이 아닐까 한다."

이 글에서는 약 10여 년의 시간이 흘러 같은 지역을 다시 방문한 이번 2015년 답사와 2006년의 답사를 비교하면서 내가 생각하는 지리학에서의 답사의 의미를 이야기하고자 한다.

2006년 당시 방문했던 중국은 정말 추웠다. 그 당시에 학부생으로 마지막 학기를 보내고 있던 나에게는 마지막 답사이기도 하였다. 학과 최초로 해외로 가는 답사였으며 그 비용 역시 만만치 않았기 때문에 인솔하는 교수님이나 학생들 모두 답사에 대한 기대가 컸다.

---

1) 북한·중국·러시아 3국의 국경이 만나는 유일한 지역으로, 중국이 전략적으로 매우 중시하는 지린성(吉林省) 옌볜(延邊)조선족자치주 훈춘(琿春)시에 위치해 있다.

2006년에 기획된 답사의 테마는 '백두와 연변'으로 상당히 민족주의적인 주제를 가지고 떠났었다. 아마 당시까지만 해도 옌볜지역의 '조선족', 한민족의 정기가 시작되는 영산 '백두산'의 의미가 크게 부각되었던 것 같다. 그러나 일개 학부생이었던 나를 비롯한 여타 학생들은 '최초의 해외답사'라는 인식이 더욱 강했다. 나 역시도 중국 베이징으로 친구와 해외여행을 갔다 온 이후, 두 번째로 순서를 매길 수 있는, 답사를 빙자한 설레는 해외여행이라는 기억이 아직까지도 매우 강하다.

같은 백두산을 최종 목적지로 삼으면서도 시작은 달랐다. 2006년 중국답사에서는 지도교수이셨던 박수진 교수님을 중심으로 여행사의 주된 도움을 받아, 비행기, 기차, 버스 등의 다양한 교통수단을 통해 매우 감성적인 느낌의 답사를 기획한 반면, 2015년의 중국답사는 상당히 많은 정보를 토대로 학부생이 주도적으로 여행사와 협의하여 주체적으로 기획되었다. 2006년 당시에는 박수진 교수님, 중국 옌볜대학교 이춘경 교수님과 함께 답사를 다녔으며 학부생과 대학원생까지 합쳐 모두 60여 명이 답사에 참여하였다. 2015년에는 한 번도 시도해 보지 않았던 형태로 다롄팀, 창춘팀, 블라디보스토크팀 3개 답사팀으로 나누어 답사가 진행되었고, 최종적으로 백두산에서 회합하기로 하였다. 학부생 42명, 대학원생 18명, 교수님 5분, 총 65명이 답사를 떠났다.

I. 같은 지역, 다른 시각으로 보다

2006년 중국 답사에서는 중국 둥베이지방의 중심도시라고 할 수 있는 선양, 그리고 조선족 거주지로 알려진 옌지를 주로 둘러보았던 기억이 난다. 이 과정에서 옌지의 한 민가를 방문하여 주거 형태도 관찰하였으며, 사구지형, 백두산의 자연지형 등에 주안점을 두고 답사를 진행하였다. 2015년 내가 속했던 창춘팀은 2006년 답사 지역이었던 옌지, 룽징 시내와 윤동주 생가, 옌볜대학교, 투먼 지역을 동일하게 방문했다. 2006년 당시에 답사하는 동안 조별로 주제를 잡고 조사하여 답사 말미에 발표하는 시간을 가졌다. 그때 우리 조는 답사에서의 관찰과 인터뷰를 토대로 한국 사람과 상당히 유사한 조선족과 한국의 관계를 어떻게 설정해야 하는가에 대해서 토론하고 그 결과를 발표하였다. 아마도 답사를 다니는 내내 많이 보였던 한글 간판, 들어가는 식당마다 답사대원들을 반갑게 맞이해 주었던 조선족 사람들, 답사를 오기 전부터 이미 가지고 있던 옌볜과 조선족에 대한 나의 시각을 반영하여 긍정적인 차원에서 중국과 한국에서 조선족을 적극적으로 활용할 수 있는 기회를 마련해야 한다고 발표했던 기억이 난다.

중국은 엄연한 외국이다. 그러나 2006년에도, 2015년에 중국 둥베이지방을 답사했을 때 완전한 외국을 방문한 기분이 들지는 않았다. 이는 중국과 우리나라의 역사적인 관계 때문일 것이다. 2006년 당시의 '백두와 연변'이라는 테마가 10년이 지나 만주라는 테마로 바뀌었을 뿐, 나는 중국, 특히 둥베이지방을 온전히 외국으로 바라보지는 않았다. 이전이나 지금이나 조선족이 거주하는 중국 둥베이지방에서 한국적인 경관, 한국적인 상징들에 대한 민족주의적인 이해를 구하고 있었다.

2015년에 진행된 답사에서는 다른 시각으로도 중국을 바라보았다. 물론 답사의 경로가 달라졌기 때문이기도 했지만, 조선족에 대해 기존에 가지고 있었던 민족주의적인 시각은 상당히 바뀌었다. 그간 중국의 변화에 대한 많은 지식을 접한 결과이기도 하고 실제 답사를 통해서 중국화된 조선족의 이미지와 분위기를 많이 느꼈기 때문이기도 했을 것이다. 이는 약 10년 동안 중국 조선족과 그들의 거주 지역의 변화에 대한 지식을 습득하고 답사나 여행을 통해 지역을 바라보는 시각이 변화했기 때문이다. 한 예로, 조선족을 그저 중국의 소수민족으로 바라봐야 하는지, 중국 국민이면서 이중 문화 배경과 신분을 갖고 있는 코리안 디아스포라의 한 갈래로 이해해야 하는지에 대한 고민을 들 수 있다.[2] 이는 중국 내에서도 점차 다른 도시로 이주하는 조선족이 증가하면서 기존의 조선족의 위상이 달라지고 한국에 유입되는 조선족이 증가하면서 남한에서 조선족을 바라보는 시각이 변했기 때문이

---

2) 최재헌·김숙진, 2016, "중국 조선족 디아스포라의 지리적 해석: 중국 동북3성 조선족 이주를 중심으로", 대한지리학회, 51(1), pp.167-184.

사진 1.3.1 | 2015 답사 연구발표경연대회에서 1등한 팀의 발표 장면
주: 발표제목 '단둥 접경 지역 속의 일상경관 탐구'
출처: 직접 촬영

다. 답사에서 같은 지역을 다시 방문한다고 하더라도 장소는 그 자체의 변화 혹은 그 장소를 바라보는 관점의 변화를 담고 있기 때문에 지리학에서 지역은 항상 고정된 의미를 띠지 않는다.

2015년의 답사에서도 사전에 학부생들이 팀을 구성하여 특정 주제에 대해 사전조사를 하였고 답사에서 관찰하고 인터뷰를 진행하여 답사 막바지에는 조별로 연구결과를 발표하는 시간을 가졌다. 옌볜대학교와 서울대학교 지리학과 교수님들이 심사하고 학부생 특유의 흥미로운 시각과 진지한 태도로 발표를 하는 모습은 2006년의 나와 다르지 않았다. 당시의 학부생들은 과거에 내가 그러하였듯이 중국의 정치, 사회, 문화의 양상 및 변화에 다양한 관심사를 가지고 있었고 더 나아가 이 답사기를 출간할 만큼 심도 있는 고민을 하고 있었다. 한편으로는 이전에 내가 중국을 멀게 느꼈던 것과는 달리, 조금 더 가까운 곳으로 인식하는 것 같았다.

II. 백두산을 다르게 경험하다.

2006년의 백두산과 2015년의 백두산을 비교하면 그 경험은 매우 대조적이다. 2006년 4월 중순에 방문한 백두산 천지는 얼음으로 뒤덮여 있었고 매우 춥고 강렬한 인상을 남긴 반면, 2015년 10월에 등반한 백두산은 따뜻하고 신비스러운 느낌을 주었다. 백두산을 등반하는 경로는 크게 북파, 남파, 서파의 3가지로 나누어지는데, 일반적으로는 북파를 통해 올라간다. 2006년, 2015년 모두 북파 코스를 통해 백두산에 올랐으나, 방식은 매우 달랐다.

2006년에는 꽁꽁 얼어붙은 장백폭포를 거쳐 백두산 천지로 통하는 터널로 된 계단으로 백두산에 올랐기 때문에 이때의 백두산 등반은 위험하면서도 짜릿한 모험의 기억으로 남아 있다. 다른 관광객들이 거의 없는 상황에서 두껍게 눈 덮인 백두산의 전경, 험준한 등산길, 마지막으로 한국인들이 큰 상징적 의미를 부여하는 백두산에 오른다는 생각 등이 모두 합쳐졌기 때문일 것이다.

백두산을 오르는 여정은 험난하였다. 답사를 떠나기 전에는 생각지도 못했던, 눈과 얼음으로 뒤덮여 미끄러웠던 산길에 비하면 우리 답사팀은 옷도 운동화도 허술하기 짝이 없었다. 매서운 바람에 다들 붉게 상기된 얼굴들, 그리고 지금은 금지되었으나 장백폭포3)에서 시작되는 경사 70도의 터널계단을 오르는 여정은 백두산이라는 신비스러운 산에 오르는 기분을 한껏 증폭시켰다. 그렇게 몇 시간을 조심스럽게 올라 마주한 백두산 천지는 추운 날씨에 얼어 있었고 그 덕분에 우리는 천지 한가운데 설 수 있는 행운을 얻기도 하였다.

2015년의 백두산은 많은 관광객을 유치하기 위해 시설화되고 백두산 천지까지 빠르게 관광할 수 있도록 버스와 지프차로 백두산 북파의 매표소 입구부터 백두산 정상까지 관광객들을 실어 나르고 있었다. 이는 주변경관을 보전하고 관광객에게는 편리함을 선사하였으나, 한국인의 시각에서 백두산이 중국화되어 가는 것을 목격했다는 점에서 한편으로는

---

3) 중국에서는 장백폭포라고 하지만, 순수한 우리말로는 비룡폭포(飛龍瀑布)라고 한다. 국립언어원에 따르면 폭포의 모습이 용이 하늘을 향해 날아오르는 모습 같다고 하여 붙여졌다고 한다.

사진 1.3.2 | 2006년 험난한 백두산 등반길에서 만난 장백폭포
출처: 박수진 교수님 촬영, 2006

사진 1.3.3 | 2015년 답사에서 만난 장백폭포 전경
출처: 직접 촬영, 2015

씁쓸하였다. 실제, 백두산은 옌볜에서 관리하다가 1960년 장백산자연보호구(長白山自然保護區)로 지정되어 보호구 내의 풍부한 동·식물자원과 자연환경 및 생태계를 보호하고 종합적 연구 사업을 진행하는 등 중국정부 차원에서 관리되고 있다.

무엇보다도 백두산은 우리 민족의 영산이며 우리나라의 정신적인 뿌리가 시작되는 곳이라는 점에서 한국인은 백두산에 특별한 감정을 가지고 있다. '백두산' 명칭이 등장한 시기는 약 991년 무렵으로, 고려는 이미 백두산의 지리를 파악하고 9성 축조를 통해 이 지역의 지리환경을 관리하고 있었다. 당시 유행한 풍수지리설의 영향으로 백두산은 '한반도 여러 산의 근원이 되는 산' 또는 '산줄기 흐름의 시발점이 되는 산'으로 부각되기 시작하였다.[4] 이는 2003년 제정된 「백두대간 보호에 관한 법률」에 명시된 것처럼, 백두산에서 시작하여 금강산, 설악산, 태백산, 소백산을 거쳐 지리산으로 이어지는 큰 산줄기인 백두대간을

사진 1.3.4 | 2006년 얼어붙은 백두산 천지에서
출처: 박수진 교수님 촬영, 2006

사진 1.3.5 | 2015년 마주한 맑고 선명한 백두산 천지
출처: 직접 촬영, 2015

보전하려는 것과 맥을 같이한다. 즉, 백두산이라는 자연경관은 역사적으로 국가에서 개인에 이르기까지 신성성을 획득하고 한반도의 민족적 차원에서 중요한 의미를 갖는다. 한국인들이 백두산에 특별한 의미를 부여한다는 것을 잘 알고 있는 중국은 백두산 관광에 이를

잘 활용하고 있는 셈이다.

Ⅲ. 학술적이지만 '낭만적인' 답사

해외답사는 국내답사와 다르게 비행기를 비롯해 기차, 버스, 배 등 다양한 교통수단을 이용하는 경우가 많다. 2006년 답사에서는 비행기, 기차, 버스 등을 타고 이동을 했었고 2015년에는 비행기, 전용버스를 대절하여 이동하였다. 2006년 답사에서 선양에서 옌지로 이동할 때는 침대열차를 이용하였는데, 밤에 기차를 타고 그 안에서 하룻밤을 꼬박 보낸 후, 그다음 날 아침에 옌지에서 내리게 되었다. 기차의 침대칸은 3층짜리 침대 두 칸이 서로 마주 보는 형태였는데 하룻밤을 교수님, 선후배가 같이 보냄으로써 나중에 이 답사를 추억할 때, '기차'는 낭만적인 장소가 되었다. 보통 답사를 여행과 다르다고 할 때 강조하는

사진 1.3.6 | 2006년 선양에서 옌지로 향하는 기차 안
출처: 신영호, 2006

것은 방문하는 지역에 대해 조사하고 생각하고 토의하면서 특별한 지식을 얻어 가기 때문이라고 말하는 경우가 많다. 그러나 한편으로는 그러한 의미만으로 답사를 이해하기에는 너무 재미가 없다. 기차 침대칸에 걸터앉아 술 한잔 가볍게 나누면서 이색적인 주변과 고립된 우리만의 관계를 맺는 것, 즉 완전한 일상에서 떨어져 이질적인 시공간에서의 관계맺음은 참 설렌다. 부스스한 얼굴을 보며 어색하게 아침 인사를 나누거나 사적일 수 있는 서로의 시간을 공유하는

---

4) 윤휘탁, 2013, "중국·남북한의 백두산 연구와 귀속권 논리", 韓國史學報, 51, pp.107–142.

건 상대방에 대한 새로운 인식을 갖게 한다. 그게 바로 답사의 낭만이고 답사의 묘미이며 답사에 '사람'이 남을 수밖에 없는 이유일 것이다.

Ⅳ. 2015년 답사 소회를 끝으로

이번 2015년 중국답사를 2006년처럼 소회의 형식으로 정리해 보려 한다.

"2015년 추계 정기 답사는 〈백두산과 만주〉라는 테마로 지리학과 역사상 처음으로 답사팀을 3개로 나누어 해외답사를 다녀왔다. 9월 14일에서 18일까지 4박 5일 동안 중국 둥베이지방을 답사하고 귀국 전날 모든 답사팀이 얼다오바이허에서 만나 백두산을 등반하였다. 우리는 외국으로 답사를 다녀왔으나, 한국인의 정체성과 한국인의 역사적 시각으로 중국을 바라보았다. 과거 우리 민족의 만주 진출에서 항일운동에 이르는 역사를 가진 만주지역, 조선족이 거주하고 백두산이 존재하고 북한과 마주한 지역으로서 중국 둥베이지방을 이해하려고 애썼는지도 모른다. 이질적인 것에서 나에게 익숙한 것을 찾고 나의 것에 비추어 남의 것을 바라보는 시각은 어쩌면 당연한 것이다. 답사는 원래 가지고 있던 나의 생각과 새로운 장소에서 얻는 지식과 경험의 지속적인 상호작용이기 때문이다. 이에 더해 같은 지역을 두 번 이상 방문하게 되면 시간의 흐름에 따른 '변화'가 장소에 더해지면서 그 지역에 거주하지 않았더라도 그 변화의 부피감을 느낄 수 있다. 지리학에서 지역은 고정된 의미를 갖지 않으며 답사를 통해 시간에 따른 장소의 의미 변화를 몸소 깨닫게 된다. 따라서 지리학에서의 답사는 지역을 겸허한 태도로 대하고 지역의 시간과 공간의 상호작용을 경험할 수 있는 특별한 시간이다. 하지만 그 시간이 더욱 각별한 것은 새로운 공간에서 같은 경험을 공유한 사람들과 함께하였다는 그 낭만적인 느낌 때문일 것이다."

References

▷ **논문(학위논문, 학술지)**

• 윤휘탁, 2013, "중국·남북한의 백두산 연구와 귀속권 논리", 韓國史學報, 51, pp.107-142.

• 최재헌·김숙진, 2016, "중국 조선족 디아스포라의 지리적 해석: 중국 동북3성 조선족 이주를 중심으로", 대한지리학회, 51(1), pp.167-184.

Chapter 02

중국 둥베이 삼성의 Nature

1

중국 둥베이 삼성의 자연환경

김추홍 · 안유순 · 정진숙(박사과정), 이승진 · 최정선(석사과정)

I. 도입

중국 둥베이(東北)지방은 랴오닝성(遼寧省), 지린성(吉林省), 헤이룽장성(黑龍江省) 등 3개의 성으로 나누어져 있다. 남쪽으로는 압록강과 두만강을 경계로 한반도와 인접하며 북쪽으로는 헤이룽강[黑龍江, 러시아어로 아무르강(Амур)]을 사이에 두고 있다. 서쪽으로는 다싱안링(大興安嶺)산맥을 경계로 네이멍구자치구와 마주하며 서남쪽으로는 허베이성(河北省)과 접하고 있다.

중국은 면적이 매우 넓고 다양한 지질·지형적 특성으로 인해 복잡한 자연환경 특성을 보인다〈그림 2.1.1과 그림 2.1.2〉. 동아시아 대륙 규모에서 봤을 때, 중국은 뚜렷한 북동-남서 방향의 지형구조와 연결성이 나타나는데, 1985년 셴괴르(Şengör)의 연구에 따르면, Manchurides 조산시스템이 중국 화베이평원과 화중평원의 북서쪽 고위 내지 중위산지를 형성한 상태에서 Tethysides와 Nipponides 조산시스템이 남서쪽과 남동쪽에서 각각 압력을 가해서 현재 중국의 거시적인 지형형태가 만들어졌다고 한다.[1]

---

1) Şengör, A.M.C., 1985, "Geology: East Asian tectonic collage.", Nature, pp.16-17; 박수진, 2014에서 재인용.

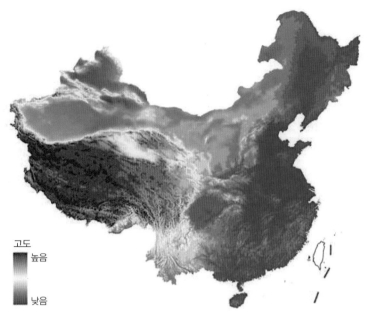

고도
높음
낮음

그림 2.1.1 | 중국의 고도
출처: Li et al., 2014

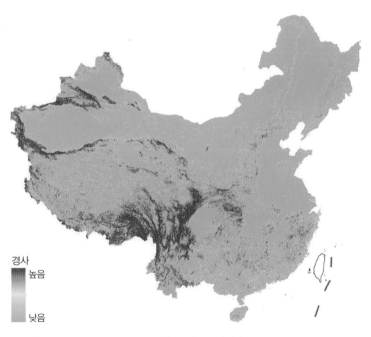

경사
높음
낮음

그림 2.1.2 | 중국의 경사
출처: Li et al., 2014

II. 중국 둥베이지방의 행정구역별 지형특성

중국 둥베이지방은 서북쪽의 다싱안링산맥과 동북쪽의 샤오싱안링(小興安嶺)산맥, 남동쪽에 창바이(長白)산맥 등 큰 산맥으로 둘러싸여 있다. 이 3개의 산지는 반원의 말발굽형태로 분포한다. 중심부의 둥베이(東北)평원, 중남부에는 샤오싱안링산맥의 주향과 평행한 쑹랴오분수령이 뻗어 있는데, 해발 200m 내외로 쑹화(松花)강과 랴오허(辽河)강의 분수령이다. 동북쪽은 싼장(三江)평원을 지나 헤이룽강의 하류저지대, 오호츠크해와 통하며 남부의 랴오허평원은 보하이해를 지나 화베이평원과 인접해 있다.

대표적인 하천과 유역으로는 랴오허강과 쑹화강, 그리고 국경을 이루고 있는 헤이룽강

그림 2.1.3 | 중국 둥베이지방의 자연환경

그림 2.1.4 | 둥베이 삼성의 위치

과 압록강, 두만강이 있다. 이들 주요 하천 유역에는 큰 규모의 평원이 분포하는데, 랴오허 중하류에 위치한 랴오허평원과, 쑹화강 중상류의 지린성 북서부와 헤이룽장성 남부 하얼빈 일대에 걸쳐 있는 쑹넌평원 그리고 쑹화강 하류에서부터 헤이룽강, 우수리강이 만나서 이루어지는 싼장평원이 위치해 있다. 랴오허평원과 쑹넌평원은 쑹랴오 분수령의 경계로 구분하지만 원래 서로 연결된 형태이기 때문에 합쳐서 둥베이평원이라 부르기도 한다.

각 성별 지형환경의 특징은 다음과 같다.

1. 랴오닝성

랴오닝성의 지형은 전체적으로 동부의 백두산(중국지명으로 창바이산)에서 시작되어 랴오둥반도까지 이어지는 동부 산지, 랴오베이(요북)지역의 낮은 구릉지, 랴오시(요서)지역의 구릉 산지[라오루얼후산지(老鲁儿虎)] 그리고 그 중앙부의 랴오허평원으로 이루어져 있다. 동부 산지는 백두산과 첸산이 대표적이며 랴오둥반도까지 이어진다. 랴오닝성의 대표적인 하천으로는 랴오허(遼河)강, 훈허(渾河)강, 타이쯔허(太子河)강, 다링허(大凌

河)강, 샤오링허(小凌河)강와 압록강 등이 있다.

2. 지린성

지린성은 서북쪽이 낮고 동남쪽이 높으며 중산간, 저산간, 구릉, 대지 및 평원 등 5개의 지형으로 구분된다. 서북쪽의 평지는 대체로 랴오허강, 쑹화강 지류를 따라 쑹넌평원, 쑹랴오(松遼)평원으로 이루어져 있다. 동남쪽의 주요 산지로는 백두산, 지린하다(吉林哈達)산이 있으며, 그 사이에 옌지(延吉)분지, 훈춘(琿春)분지, 둔화(敦化)분지가 있다.

3. 헤이룽장성

헤이룽장성은 다싱안링산지, 샤오싱안링산지, 동북산지, 쑹넌평원 및 싼장 싱카이후(三江興凱湖)평원 등 5개 지대로 구분되며, 각 지대는 2~3개의 지구로 되어 있다. 주요 하천으로 헤이룽강, 쑹화강, 우수리강이 있으며 이 강들은 헤이룽장성의 동북쪽에서 만나 싼장평원을 이룬다. 대표적인 호수로 싱카이(興凱)호가 있다.

이 세 성의 지형은 〈표 2.1.1〉과 같이 구분하며 지형분류도는 〈그림 2.1.5〉와 같다.

〈표 2.1.1〉 둥베이지방의 공식적 지형 구분과 지형면의 면적

행정구역	지형 구분	지형별 면적비	
랴오닝성	랴오둥(遼東) 구릉산지, 랴오베이(遼北) 구릉지, 랴오시(遼西) 구릉산지, 중부 랴오허(遼河) 하류 평지, 해안지대	산지: 59.5% 수역: 7.8%	평지: 32.7%
지린성	중산간, 저산간, 구릉지, 대지, 평원	산지: 36% 평지: 30%	구릉지: 5.8% 기타: 28.2%
헤이룽장성	다싱안링산지, 샤오싱안링산지, 둥베이산지, 쑹넌평원, 싼장 싱카이후평원	산지: 24.7% 평지: 37%	구릉지: 35.8% 수역 및 기타: 2.5%

출처: 1) 중국농업전서 랴오닝권, 1999, 2) 중국농업백과전서 지린성권, 1994,
3) 농업지도집 헤이룽장성, 1999, 4) 박경래 외, 2005

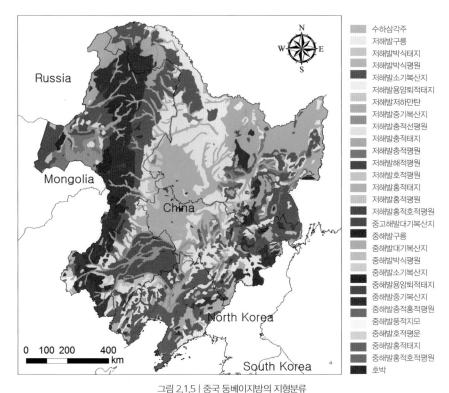

그림 2.1.5 | 중국 둥베이지방의 지형분류
출처: National Earth System Science Data Sharing Infrastructure, National Science & Technology
Infrastructure of China (http://www.geodata.cn), 1:400만 중국 지형분류도(1996)

다음은 범례 항목이다:

수하삼각주
저해발구릉
저해발박식태지
저해발박식평원
저해발소기복산지
저해발용암퇴적태지
저해발저하만탄
저해발중기복산지
저해발충적선평원
저해발충적태지
저해발충적평원
저해발해적평원
저해발호적평원
저해발홍적태지
저해발홍적평원
저해발홍적호적평원
중고발대기복산지
중해발구릉
중해발대기복산지
중해발박식평원
중해발소기복산지
중해발용암퇴적태지
중해발중기복산지
중해발충적홍적평원
중해발풍적지모
중해발호적평운
중해발홍적태지
중해발홍적호적평원
호박

III. 중국 둥베이지방의 산지와 평원

1. 중국 둥베이지방의 산지

  산지가 많은 중국은 주향(走向)에 따라서 동서방향, 남북방향, 북서방향, 북동방향의 산맥으로 구분된다. 이 중 북동방향의 산맥은 주로 중국 동부 지역에 분포하며 세 계열로 나눌 수 있다. 다싱안링산맥, 타이항(太行)산맥, 우(巫)산, 우링산(武陵)산, 쉐펑(雪峰)산 계열과 창바이(長白)산맥, 랴오둥(遼東)구릉, 산둥(山東)구릉, 동남연해(東南沿海)산지 계열, 그리고 타이완(臺灣)산맥 계열 등이 있다.

1) 다싱안링산맥

다싱안링산맥은 중국 북동부 지역의 네이멍구고원이 만곡(撓曲), 단열, 상승 과정에서 가장 높이 솟아오른 중국 동부의 산지로 동쪽이 가파르고 서쪽이 완만하다. 대힝간산맥 (Greater Hinggan Range)이라고도 불리며, 북쪽의 모허에서 남쪽의 시라무룬(西拉木倫) 강까지 이어진다. 총길이는 약 1,200km이며 해발고도는 1,100~1,400m, 산맥 북쪽의 폭은 306km, 남쪽은 97km로 남쪽으로 갈수록 그 폭이 좁아진다. 산맥의 동부는 넌장강과 쑹화강 의 수많은 지류에 의해 크게 절개되어 있지만 일반적으로 산맥은 편평한 봉우리에 둘러싸 여 있다. 산맥은 대부분 화성암이며 동쪽의 둥베이평원과 서쪽의 몽골고원을 나눈다. 본 산맥은 약 2억 년에서 1억 4500만 년 전 사이의 쥐라기 시대에 형성된 것으로 알려져 있다.

2) 창바이산맥

창바이산맥은 지리적인 범위가 북쪽의 싼장평원에서 남쪽의 랴오둥반도에 이르며 여러 줄기의 평행한 북동주향의 단괴(團塊)산맥으로 되어 있다. 고도는 해발 500~2,000m이고 그중 창바이고원이 가장 높은데 해발 평균 1,000~1,500m이다. 산지 중에서는 창바이산의 북한 쪽 장군봉이 2,744m로 최고봉이며 산정에는 칼데라호인 천지(天池)가 있고 북한과 경계를 이룬다.

창바이고원(백두산지)은 방사상 수계(放射狀 水系)를 형성하여 쑹화강, 두만강, 압록강 으로 흘러든다. 백두산 천지는 쑹화강의 지류인 얼다오바이허(二道白河)의 발원지이자, 넓은 용암대지가 나타난다.

2. 중국 둥베이지방의 평원

중국은 다싱안링산맥-타이항산맥-쉐펑산맥으로 이어지면서 남북으로 길게 펼쳐진 평원대가 나타난다. 이 평원대는 동서주향의 산맥에 의해 북에서 남으로 가면서 둥베이평원, 화베이(華北)평원, 양쯔강(長江) 중·하류 평원으로 구분된다. 이 일대는 토양이 비옥하여 농경지로 이용된다.

둥베이평원은 다싱안링산맥과 창바이산지 사이에 있으며 그 면적은 약 35만㎢로 중국에서 가장 넓다. 쑹화강, 넌장강, 랴오허강의 충적작용으로 만들어졌으며 오랜 풍화와 침식으로 낮고 완만한 형태를 띤다. 쑹랴오평원이라고도 하며 창춘 부근의 쑹랴오 분수령의 지세는 해발 200~250m로 쑹랴오 분수령 이남을 랴오허평원, 이북을 쑹넌평원이라고 구분하여 부른다.

Ⅳ. 중국 둥베이지방의 토양과 기후

1. 중국 둥베이지방의 토양

중국에는 자연조건에 따라 다양한 토양이 분포하며 중국정부는 각 성별로 토양특성을 조사하였다. 랴오닝성은 12개의 토양강, 29개 아강, 61개 토류 및 231개의 아류를, 지린성은 19개의 토류, 45개 아류를, 헤이룽장성은 8개의 토양강, 11개의 아강, 17개의 토류, 48개의 아류를 가진다.

주요 토양은 헤이룽장성과 지린성에 가장 많이 분포하는 갈색산림토인 암종양(暗棕壤), 흑토(黑土) 또는 체르노젬(chernozem, 黑鈣土)과 초원에 나타나는 초전토(草甸土), 일종의 포드졸성 토양인 백장토(百漿土) 등이며, 암종양과 흑토는 비옥한 토양으로 알려져 있다.

2. 중국 둥베이지방의 기후

중국 둥베이지방은 중국에서 추운 지역 중 하나로, 온대~아한대 대륙성 계절풍 기후를 보인다. 3월에서 5월 사이인 봄에는 바람이 강하고 날씨 변화가 심하다. 6월에서 8월 사이인 여름은 고온습윤하고 강우가 집중된다. 9월에서 11월의 가을은 강수량이 적고 청명하며, 일교차가 심한 편이다. 12월부터 2월의 겨울은 춥고 기간이 길다. 이러한 기후특성은 위도 및 대륙도에 따라 차이가 나며 대개 북쪽으로 갈수록 여름이 짧고 겨울이 긴 특성을 보인다. 한국 중부지방에 비해 대체로 기온이 낮고 강수량이 적은 편이며, 강수의 여름 집중이 더 심하고 일조시수는 더 많다. 강수량만 충분하면 농작물 생산에 좋은 조건이라고 할 수 있다.2)

V. 중국 둥베이지방의 토지피복 및 토지이용

중국 둥베이평원 일대는 농업적 토지이용이 주를 이루며 높은 산지는 대부분 삼림으로 덮여 있다. 비교적 건조한 서부 지역에는 초지가 발달하였다(〈그림 2.1.6〉 참고).

---

2) 농촌진흥청, 2005, "중국 동북지역 국영농장의 변천과 식량작물의 생산성이 한국의 식량수급에 미치는 영향에 관한 조사연구".

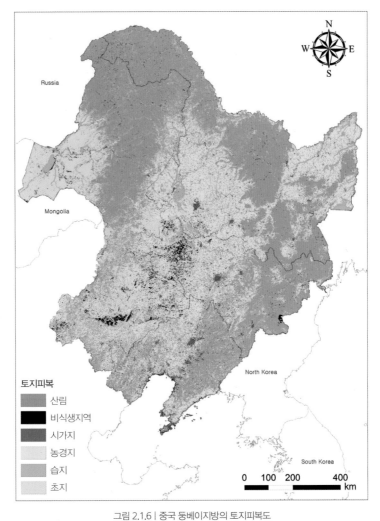

토지피복

- 산림
- 비식생지역
- 시가지
- 농경지
- 습지
- 초지

그림 2.1.6 | 중국 둥베이지방의 토지피복도
출처: National Earth System Science Data Sharing Infrastructure, National Science & Technology
Infrastructure of China(http://www.geodata.cn), 동북삼성 토지피복도(2010)

References

▷ 논문(학위논문, 학술지)

· 박수진, 2014, "한반도 지형의 일반성과 특수성, 그리고 지속가능성", 대한지리학회, 49(5), pp.656-674.

· 손명원, 2010, "중국 동북 [東北] 평원의 자연환경", 學校敎育硏究, 6(1), pp.67-76.

· Li, G. D., Fang C. L., Pang, B., 2014, Quantitative measuring and influencing mechanism of urban and rural land intensive use in China. Journal of Geographical Sciences, 24(5), pp.858-874.

· Sengör, A. M. C. and Natal'in, B. A., 2009, "Geology of Asia, Geology, 4, Encyclopedia of Life Support Systems.

▷ 보고서

· 농촌진흥청, 2005, "중국 동북지역 국영농장의 변천과 식량작물의 생산성이 한국의 식량수급에 미치는 영향에 관한 조사연구".

▷ 단행본

· 김추윤·장삼환, 2005, 중국의 국토환경 上/下, 한국학술정보.

· 농업지도집 헤이룽장성, 1999.

· 중국농업백과전서 지린성권, 1994.

· 중국농업전서 랴오닝권, 1999.

· Zhou, Q., Lees, B. and Tang, G. A., 2008, Advances in digital terrain analysis. Springer Science & Business Media.

▷ 언론보도 및 홈페이지

· National Earth System Data Sharing Infrastructure, http://www.geodata.cn.

· The International Institute for Applied Systems Analysis(IIASA), http://www.china-food-security. org/data/maps/dem/dem_h.html.

2

중국 둥베이 삼성은 어떻게 중국의
곡창으로 변모하고 있을까?

김추홍·안유순(박사과정), 이승진(석사과정), 박수진(지리학과 교수)

I. 도입

만주(滿洲)라고도 불리는 중국 둥베이지방은 청나라 때는 지배계층인 만주족의 기원이 되는 지역으로서 성역이자 봉금(封禁)의 땅이었다. 19세기 중국 관내와 한반도에 거주하는 사람에게는 굶주림과 가난을 피할 수 있는 안식처였으며, 만주사변을 일으킨 일본에게는 자원의 보고이자 대륙 진출의 교두보였다. 1990년대 이전에는 중국의 주요 중공업기지였으며 2000년대 초부터 노후 공업기지 진흥전략의 주 대상지가 되었다.

1950년대에 들어와 중국이 둥베이지방의 습지를 본격적으로 개간하기 시작하면서 이 지역은 중국 식량시장의 '대곡창'과 '안정적인 그릇(器)'이라고 불릴 정도로 주요 식량생산기지 역할을 하고 있다. 헤이룽장성(黑龍江省), 지린성(吉林省), 랴오닝성(遼寧省)은 중국 내 식량생산량의 대부분을 차지하는 13개 성 중에서도 큰 비중을 차지한다. 둥베이 삼성은 중국에서 가장 큰 옥수수, 자포니카벼,1) 대두(大豆)2)의 생산지이며 2014년 기준 총파종

---

1) 자포니카(Japonica)는 벼품종군의 일군이며, 한국과 일본에서 즐겨 먹는 쌀 품종으로 중국 남부 지역보다는 북부 지역에서 즐겨 먹는다.

2) 두류(콩)의 일종으로, 된장 및 간장 등 각종 장류의 원료일 뿐 아니라 두부, 콩나물 등의 재료이기 때문에 동북아시아 전체에서 중요한 콩 중 하나이다.

면적은 약 1억 9,932만ha, 총생산량 1억 1,528만t으로 중국 전체에서 차지하는 비율은 각각 18%와 19%이다. 이는 중국의 식량시장이 과거 '남량북운(南糧北運)'3) 구조에서 현재의 '북량남운(北糧南運)'4) 형태로 바뀌고 있음을 보여 준다.5)

중국 둥베이지방은 북위 38도 43분에서 53도 30분 사이에 있기 때문에 많은 농작물의 재배 북한계를 넘는다. 대다수 사람들은 그 지리적 위치만 봤을 때 중국 둥베이지방은 식량생산기지가 될 수 없다고 생각할 것이다. 그렇다면 둥베이지방은 어떻게 오늘날 '중국의 곡창'이 될 수 있었을까?

이 글에서는 중국 둥베이지방의 식량농업이 어떠한 원동력을 통해 발전할 수 있었는지 자연환경 조건을 중심으로 살펴보고자 한다. 중국 둥베이지방의 농업 발달의 기본이 되는 자연조건을 살펴보고, 각 성별 농업 현황을 파악하였다. 이러한 정보에 기초하여 향후 지구온난화와 같은 환경 변화에 따라 중국 둥베이지방의 농업이 어떤 식으로 변화할지 예측해 보고자 한다.

II. 중국 둥베이 삼성 농업의 역사

중국 둥베이지방에 대한 역사기록은 농업뿐 아니라 다른 분야에서도 그 수가 많지 않은 편이다. 이 지역을 지배했던 부여, 고구려, 말갈, 요(거란), 금(여진) 등이 남긴 기록은 많지 않거나 소실되어 과거 둥베이 삼성 일원이 어떠했는지 구체적으로 알 수 없다. 다만 고구려의 탄생 설화에서 오곡과 관련된 기록이 등장하고, 여러 역사서의 고구려 농업에 대한 내용과 중국 둥베이지방 고고학 기록에서 곡물의 흔적을 엿볼 수 있다. 이를 근거로 선사시대 초기부터 한반도 북부 및 중국 둥베이지방의 남부 일원에서는 일찍부터 농업이 발달

---

3) 남쪽의 식량을 북쪽으로 이송한다는 뜻으로 남쪽의 식량생산량이 많다는 것을 의미한다.

4) 위의 말과 반대이다.

5) 중국경제도보(中國經濟導報), 2015.9.2., "东北地区：当好国家的"大粮仓"和"稳压器"".

한 것으로 보인다.6) 고구려의 콩은 중국에도 알려질 정도로 유명했으며, 현재 중국 두류의 주산지로 알려진 둥베이 삼성의 명성이 과거에서부터 비롯되었다는 것을 보여 준다.7)

둥베이 삼성은 땅이 척박하여 농업에만 의존할 수 없었고, 수렵이나 어로 활동 등을 병행했던 것으로 보인다. 이 지역의 추운 날씨와 같은 불리한 환경조건과 이를 극복할 수 있는 기술 부족 때문에 농업이 활발하지는 않았을 것으로 추측되며, 현재 대규모 곡창지대로 알려진 북동쪽의 싼장평원 또한 마찬가지였을 것으로 추정된다. 중국 둥베이지방에서 언제 농업이 본격적으로 진행되었는지, 그중 둥베이지방 북부에서 농업이 언제 시작되었는지에 대해서는 많은 연구자가 관심을 가져 왔으나, 사료의 부족으로 연구가 미흡하였다.

최근 고생태 · 고기후학자들은 호수에 차곡차곡 쌓이는 퇴적물 속의 미세먼지(Black Carbon)8)의 구성성분(방향족 탄화수소9), Polycyclic Aromatic Hydrocarbons)을 분석하였다. 이를 통해 중국 둥베이지방의 북쪽에서 농업이 본격적으로 진행된 시기가 현재로부터 약 1,000~1,200년 전이었음을 밝혔다.10) 이 학자들은 연대측정11)을 통해 각 층의 형성시기를 추정하였으며 미세먼지의 구성성분을 화학적으로 분석하였다. 어떤 것을 태우든 외관상으로 나타나는 미세먼지는 유사해 보이지만, 태우는 물질의 종류와 방식에 따라 미세먼지에 포함된 방향족 탄화수소의 화학적 구성성분은 미세하게 달라지기 마련이다. 일례로 목재와 짚을 태울 때 발생하는 미세먼지 속 방향족 탄화수소의 구성성분은 서로 다르며, 자연적인 발화와 인공적인 발화에 따라서도 미세먼지 속 방향족 탄화수소의 구성성분

---

6) 박유미, 2012, "고구려 음식의 추이와 식재료 연구", 한국학논총, 38, pp.39~67.

7) 박유미, 앞의 논문, pp.49~50.

8) 이 미세먼지는 나무나 풀 등 탄소로 구성된 물질이 불완전 연소할 때 나오는 가루 형태의 숯검댕이 같은 탄소로 된 물질이다.

9) 고리 모양으로 탄소와 수소가 결합된 탄화수소(Hydratecarbon)이며, 유기용매 등으로 쓰이는 벤젠이 포함된 다양한 형태의 탄화수소를 통칭한다. 탄화수소류(석탄, 석유, 목재, 식물의 줄기나 잎 등)의 가열이나 소각에 의한 반응에 의해서 주로 형성된다.

10) Cong, J., Gao, C., Zhang, Y., Zhang, S., He, J. and Wang, G., 2016, "Dating the period when intensive anthropogenic activity began to influence the sanjiang plain, northeast China", Scientific Report, 6, 22153.

11) AMS ^{14}C분석이라는 방법을 사용한다. 안정동위원소인 ^{12}C와 시간이 지날수록 붕괴하여 질소(N)로 변화하는 방사성탄소동위원소인 ^{14}C와의 비율을 비교함으로써 탄소가 함유된 특정 층의 연대를 측정하는 방법이다.

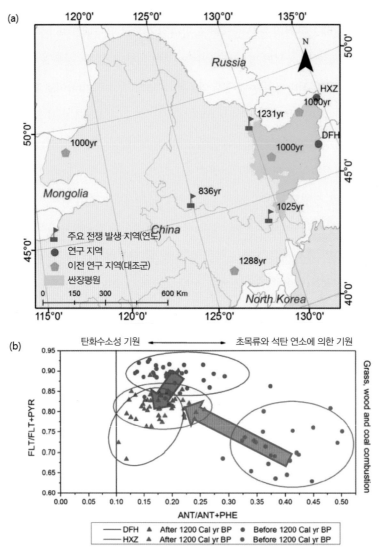

그림 2.2.1 | 본격적인 농업의 시작을 보여 주는 중국 둥베이지방 북부(싼장평원)의 퇴적물 분석
(a) 두 샘플지역의 위치인(빨간 점) HXZ*와 DFH**는 다른 식생 조건을 가지고 있었다.
(b) 식생 조건의 차이로 두 지역의 화학물질 구성비는 달랐으나, 1,200년 전을 기점으로 그 구성비가 유사해지며 이는 인간의
영향, 즉 본격적인 농업의 시작을 보여 준다.
주: X축과 Y축의 약어는 각 탄화수소 종류(PHE: phenanthrene, ANT: anthracene, FLT: fluoranthene, PYR: pyrene) 간의
관계식을 뜻한다.
* HeiXiaZi island [헤이시아쯔섬(黑瞎子岛), 러시아어로 볼쇼이 우수리스키섬]
** DongFang westland [둥팡훙 습지(东方红)]
출처: Cong et al., 2016

은 달라진다.

앞 연구에서는 자연적인 산불로 발생한 미세먼지의 화학구성성분과, 인간이 농업활동을 위해 인위적으로 화재를 일으켜 만들어진 미세먼지의 화학성분을 비교하였다. 둥베이지방의 두 지역을 비교한 결과, 원래 두 지역의 미세먼지 화학구성성분에는 분명한 차이가 있었다. 하지만 1,000~1,200여 년 전인 기원후(AD) 750년에서 950년 사이에 급격하게 동질적인 형태로 변화하였으며, 이러한 동질화는 인간의 영향에 의한 것으로 밝혀졌다〈그림 2.2.1〉.

이후 청나라 때의 봉금정책이 농업 발달에 영향을 끼치기도 했지만, 이 지역 원주민과 한족 및 조선족과 같은 이주민에 의해서 농업개간면적은 확장되어 갔다. 청나라 후기에 봉금정책이 해제된 후로는 한족이 이 지역의 농업 발전을 주도하였으며, 20세기에 이르러서

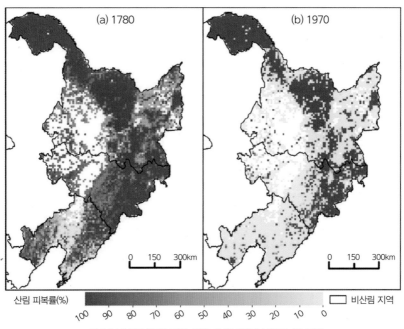

그림 2.2.2 | 중국 둥베이지방 산림 피복의 변화 (a) 1780, (b) 1970
주: 감소한 산림은 곧 농경지로 대체되었다.
출처: Li et al., 2014

는 서양의 농업기술과 생명공학기술이 도입되면서 이 지역의 춥고 건조한 기후조건이 극복될 수 있었고 그 결과, 농업면적이 증가하였다〈그림 2.2.2〉.

III. 중국 둥베이 삼성의 농업 현황

최근 중국 둥베이지방은 중국 내에서 농업 및 식량생산 중심지로 변모해 가고 있다. 물론 이전부터 중국 둥베이지방은 '중국의 빵바구니(Bread Basket of China)'로 불릴 만큼 둥베이지방의 농업생산량, 특히 곡물생산량이 높은 편이었다.12) 〈그림 2.2.3〉과 〈표 2.2.1〉에서 알 수 있듯 중국 식량생산량에서 둥베이 삼성이 차지하고 있는 비율은 갈수록 증가하고 있다.

둥베이지방은 전통적으로 콩과 옥수수의 주산지로서 명성을 떨쳤다. 콩의 경우 헤이룽장성을 중심으로 많이 재배되며, 중국 전체 생산량의 1/3 이상을 차지한다. 옥수수는 중국 전체 생산량의 1/4 내외를 차지하고 있다. 수수 및 봄밀13)은 이 지역을 대표하는 작물로 알려져 있다. 이 때문에 미국 중앙정보국(CIA)에서 발간한 중국의 농업지도에서는, 중국 둥베이지방을 두류, 수수류, 봄밀, 옥수수 재배지(Soybean-Sorghum-Spring Wheat-Corn)로 분류하기도 하였다〈그림 2.2.4〉.

최근 기후환경 변화로 옥수수와 밀의 생산량이 감소하고 쌀 생산량이 급증하였다. 2013년 둥베이 삼성에서 가장 면적이 넓은 헤이룽장성의 쌀 생산량은 쌀의 이기작이 가능할 정도로 환경조건이 좋은 남쪽의 주요 쌀 재배지의 생산량을 넘어섰다. 신문기사에서 중국 둥베이지방의 주요 평원인 싼장평원을 '중국의 식량 안보기지'로 표현할 정도로 둥베이 삼성

---

12) Liu, X. B., Zhang, X. Y., Wang, Y. X., Sui, Y. Y., Zhang, S. L., Herbert, S. J. and Ding, G., 2010, "Soil Degradation: a problem threatening the sustainable development of agriculture in Northeast China", Plant Soil Environment, 56(2), p.88.

13) 봄에 파종하고 가을에 수확하는 밀 품종이다. 봄밀이 가을밀에 비해서 비교적 추위에 강하기 때문에 봄밀은 비교적 서늘한 중국 둥베이지방에서 많이 재배되고 가을밀은 비교적 따뜻한 화베이지방에서 재배된다.

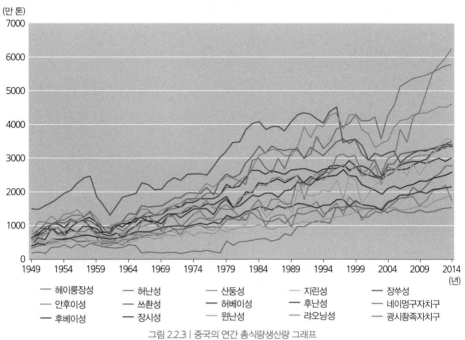

(만 톤)

그림 2.2.3 | 중국의 연간 총식량생산량 그래프
출처: 중화인민공화국 국가통계국(國家數據)

〈표 2.2.1〉 중국의 식량 연간 총생산량

(단위: 만 톤)

연도	2014	2010	2005	1995	1985	1949
헤이룽장성	6242.19	5012.8	3092	2552.1	1430	542
지린성	3532.84	2842.5	2581.21	1992.4	1225.3	449
랴오닝성	1753.9	1765.4	1745.8	1423.5	976	398
허난성	5772.3	5437.09	4582	3466.5	2710.5	724.5
산둥성	4596.6	4335.68	3917.38	4246.4	3137.7	790.5
장쑤성	3490.62	3235.1	2834.59	3286.3	3126.5	604.5
안후이성	3415.83	3080.49	2605.3	2580.7	2168	456.5
쓰촨성	3374.9	3222.9	3211.1	4365	3830.7	1492
허베이성	3360.17	2975.9	2598.58	2739	1966.6	465
후난성	3001.26	2847.49	2678.6	2691.6	2514.3	640.5
네이멍구자치구	2753.01	2158.2	1662.15	1055.4	604.1	187
후베이성	2584.17	2315.8	2177.38	2463.8	2216.1	619.1
장시성	2143.5	1954.69	1757	1607.4	1533.5	387.6
윈난성	1860.7	1531	1514.93	1188.9	935	374
광시좡족자치구	1534.41	1412.32	1487.3	1508.2	1117.1	332.5

출처: 중화인민공화국 국가통계국(國家數據)

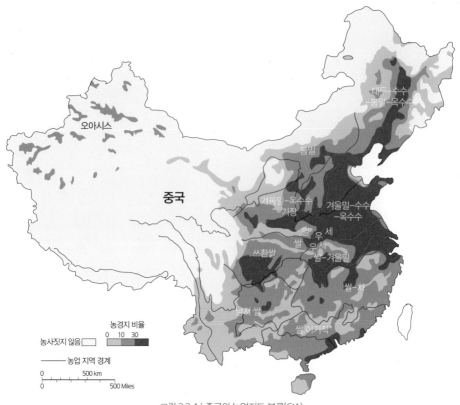

대두-수수
-봄밀-옥수수

오아시스

봄밀

중국

겨울밀-옥수수
-기장

겨울밀-수수
-옥수수

밀 우세
쌀 우세
쓰촨쌀

쌀-겨울밀

농경지 비율
0 10 30
농사짓지 않음

쌀-차

낙서 쌀

쌀 이기작*

농업 지역 경계
0   500 km
0   500 Miles

그림 2.2.4 | 중국의 농업지도 분류(CIA)

출처: 텍사스대학교 오스틴캠퍼스(University of Texas at Austin) 전자지도도서관(http://www.lib.utexas.edu/)

은 빠르게 농업중심지로 발전하고 있다.14)

중국 둥베이지방이 식량생산지로 부각된 데는 다양한 이유가 있을 것이다. 먼저 자연환경 조건을 들 수 있다. 둥베이지방은 중국의 다른 지역에 비해 대체로 춥고, 다른 농업 지역에 비해 다소 건조하다. 반면, 토양, 기후, 일조량, 지형 등의 환경조건이 농업에 유리하다. 특히, 쑹장평원은 우크라이나 흑토평원, 미국 중서부 프레리 지대와 함께 세계 제3대 흑토 지대로 언급될 만큼 토질이 우수하다. 최근 이 지역의 쌀 생산의 증가는 많은 습지를 논으

---

14) 조선일보, 2013. 8. 5., "중국의 식량 안보기지로 변신 중인 三江평원".

로 쉽게 바꿀 수 있었기 때문에 가능하였다. 기후변화가 농업 발전의 제약요인이던 작물 재배온도의 문제를 해결하고 농업생산성을 높이는 역할을 하였다.

그 외에도 다양한 요인이 중국 둥베이지방의 농업 생산에 영향을 주었을 것이다. 옌볜조선족자치주뿐 아니라 둥베이지방 곳곳에 살고 있는 조선족의 벼농사에 대한 집념은 쌀에 대한 관심을 높이고, 벼농사의 기술 발전을 선도했을 것이다. 이뿐만 아니라 헤이룽장성의 낮은 인구밀도와 과거 집단농장의 경험으로부터 이어지는 농업의 기계화는 이 지역 농업 발전의 주요 기반이 되었을 것이다.

중국 둥베이지방 각 성의 농업 특성과 주요 품종은 다음과 같다.

1. 각 성별 특성

헤이룽장성은 중국 둥베이지방의 농업을 선도하는 지역으로 1990년대 초반부터 농업면적이 빠르게 증가하고 있다〈그림 2.2.5〉. 헤이룽장성은 전통적으로 중국 콩 생산량의 1/3을 차지할 정도로 콩의 생산 비율이 높았으나, 기후변화로 인해 자포니카 벼와 옥수수의 재배면적이 증가하는 추세다.

지린성은 1960년대부터 1970년대까지 파종 지역의 수가 증가한 것 외에는 농업면적에 큰 변화가 없었으나, 1990년대 후반부터 농업면적이 증가하고 있다〈그림 2.2.5〉. 지린성은 둥베이 삼성 중 산의 비율이 가장 높아 주로 산지농업이 이루어졌다. 이 지역은 전통적으로 옥수수 농사의 비율이 높았는데, 척박한 농업 환경 때문에 비교적 생산성이 높은 밭작물인 옥수수를 택한 것으로 보인다. 조선족자치주가 위치한 동쪽으로 갈수록 벼농사 비율이 높아진다.

랴오닝성의 농업면적의 변화는 지린성과 유사하다〈그림 2.2.5〉. 농업 유형은 중국 둥베이지방과 화북지방의 점이지대 특성을 보인다. 다른 성에 비해 제조업 및 서비스업이 가장 발달하였으며 농업은 두드러지게 발달하지 않았다.

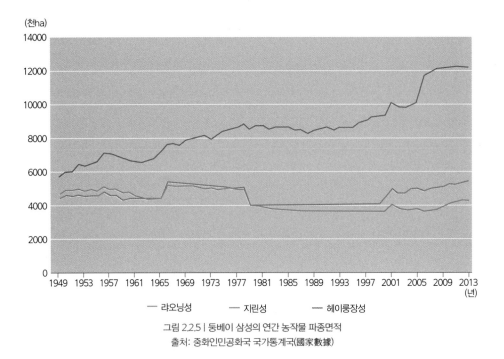

그림 2.2.5 | 둥베이 삼성의 연간 농작물 파종면적
출처: 중화인민공화국 국가통계국(國家數據)

2. 주요 작물별 특성

둥베이 삼성의 주요 품종은 벼, 옥수수, 두류(대두 등의 콩 종류), 맥류(밀과 보리 등)로 분류할 수 있다. 작물별 특성은 다음과 같다.

1) 벼

둥베이 삼성의 대부분을 차지하는 한족(漢族)은 대체로 허베이(河北)성, 산둥(山東)성에서 이주한 사람들의 후예로, 이들의 식성에 영향을 받아 둥베이 삼성의 쌀 품종은 화난(華南)지역의 인디카 계열 품종이 아닌 자포니카 계열 품종이 주를 이룬다. 둥베이 삼성의 자연환경은 원래 벼농사에 적합하지 않았으나, 조생종(早生種)15)의 개발과 기후변화의

---

15) 표준종보다 꽃이 일찍 피고, 열매가 빨리 맺히는 품종을 말한다. 파종에서 수확까지 시간을 단축할 수 있기 때문에 한랭하고 재배가능일이 적은 지역이나 이모작에 적합하다. 이에 반대되는 품종으로 만생종(晚生種)이 있다.

영향으로 점차 벼농사 면적이 증가하고 있다〈그림 2.2.6〉.

헤이룽장성의 벼 재배 역사는 100여 년에 불과할 정도로 짧다. 이 지역의 벼 재배면적은 1985년에는 3만 9,400ha에 불과했으나, 2000년에는 161만 5,000ha로 그 면적과 생산량이 급격하게 증가하였다. 벼는 싼장평원에서 절반에 가까운 42.8%를, 쑹넌평원에서 약 26.2%를 재배하고 있다. 품종은 자포니카 종으로 조숙종(早熟種)이 주로 재배되며, 북쪽으로 갈수록 성장기간이 더 짧은 종이 재배된다. 재배 초기에는 직파 형태의 벼농사가 이루어지다가, 1950년대에 모내기법이 도입되고 육모에 비닐하우스를 이용하여 생산량을 늘리는 농업 기술이 도입되었다.

지린성은 평지와 반(半)산간지대에서 벼농사가 발달했으며, 백두산(창바이산) 인근의 산간지대에도 극조생종이 일부 재배되고 있다. 지린성의 벼 재배면적은 1985년 32만 4,2000ha에서 2000년 48만 4,000ha으로 약 1.5배 증가하였다. 중국농업이 집단농업에서

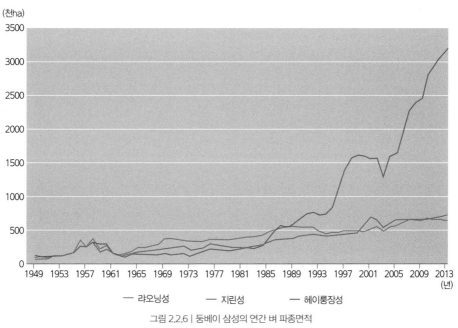

그림 2.2.6 | 둥베이 삼성의 연간 벼 파종면적
출처: 중화인민공화국 국가통계국(國家數據)

가족농 체제로 전환된 1980년대를 기준으로 벼농사가 급격하게 증가한 것이 특징이다.

라오닝성은 라오허 삼각주, 중부평원, 동남부 연해평원이 벼의 3대 주산지이며, 다른 지역과 마찬가지로 자포니카가 주된 품종이다. 지린성이나 헤이룽장성에 비해 벼농사의 증가가 두드러지지는 않다.

2) 옥수수

옥수수는 둥베이 삼성을 대표하는 작물이라기보다는 지린성을 대표하는 농작물이었다. 지린성의 옥수수는 중국 전체에서 가장 많은 수확량을 자랑해 왔으며 지린성의 곡물생산량에서 옥수수의 비율이 70%에 이른다.

하지만 2000년대 중반부터 헤이룽장성의 옥수수 파종면적과 생산량이 급격하게 증가하면서 그 추세가 달라지고 있다. 헤이룽장성은 옥수수 생산량이 다른 곡물에 비해 많이 적은 편이었다. 이는 상대적으로 북쪽에 위치해 있어 냉해피해가 크고 생육기간도 짧기 때문

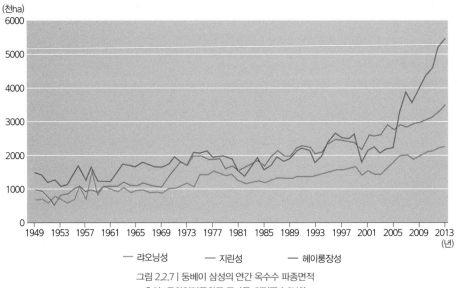

그림 2.2.7 | 둥베이 삼성의 연간 옥수수 파종면적
출처: 중화인민공화국 국가통계국(國家數據)

인 것으로 보인다. 그러나 2000년대 중반 이후, 중국의 대두 수입 증가와 옥수수에 대한 높은 정부보조금 때문에 중국 내에서 콩보다 높은 수확량과 수익을 올릴 수 있는 옥수수 생산면적이 증가하고 있다. 이러한 경향은 특히, 기후변화와 함께 두류의 생산량이 많았던 헤이룽장성에서 두드러지게 나타나고 있다.

랴오닝성의 옥수수 생산량과 면적은 지린성과 헤이룽장성에 비해 그 비중이 크지 않다.

3) 두류

지린성이 중국의 옥수수를 대표하듯, 헤이룽장성을 대표하는 곡물은 두류, 특히 그중에서도 된장이나 두부를 생산하는 데 쓰이는 대두류이다. 헤이룽장성의 대두류 생산량은 중국 전체 1/3가량을 차지한다. 최근 생산량의 증가가 크게 나타나지 않는데 이는 옥수수 및 벼농사의 성업과 관계가 있을 것으로 보인다.

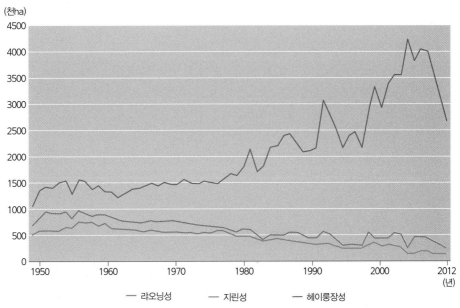

그림 2.2.8 | 둥베이 삼성의 연간 대두 파종면적
출처: 중화인민공화국 국가통계국(國家數據)

지린성의 콩 생산량은 중국 전체의 5%, 두류의 파종면적은 지린성 전체의 약 15%가량으로 그리 높지 않다. 최근 농업 기술의 발전으로 ha당 생산량이 1970년대에 비해 두 배 이상 증가하였으며, 이는 우리나라의 ha당 생산량을 뛰어넘는 수준이다.

랴오닝성의 두류 파종면적 및 생산량은 중국 전체의 3%가량으로, 헤이룽장성 및 지린성의 생산량과 비교했을 때 매우 적다. 재배면적은 1990년 대비 꾸준히 감소하고 있다.

4) 맥류

중국의 밀은 허베이성, 산둥성 등 화베이 지방이 주요 생산지이지만, 이는 대체로 가을밀이며, 봄밀의 경우, 헤이룽장성과 네이멍구자치구가 주산지이다. 과거 헤이룽장성은 봄밀농사의 적지로서 양질의 밀이 생산되는 곳이었지만, 최근에 밀농사의 비중이 감소하는 추세이다. 그 이유는 밀 수확기인 7월과 8월에 잦은 집중호우로 피해를 입는 경우가 많아졌고, 옥수수나 콩에 비해서 수익이 감소했기 때문이다.

지린성의 밀농사는 중국 전체 밀농사 면적의 0.1%에 불과하고, 품종은 봄밀이다. 보리 품종 또한 일부 옌볜에서 재배된다. 단, 옌볜 지역은 일반적인 보리재배 지역에 비해 춥기 때문에, 가을이 아닌 봄에 파종하고 추위를 잘 견디고 척박한 토양에서도 잘 자라는 종을 심는다.

랴오닝성 역시 봄밀을 주로 재배하며 수익이 다른 품종에 비해 높지 않아 감소하고 있는 추세이다. 하지만 최근 가을밀 재배 북한계선의 확대로 그 재배면적이 일부 증가하였으며, 앞으로 이모작 대상 품종으로 가을밀이 확대될 가능성이 있다.

IV. 중국 곡창으로서의 둥베이지방의 미래상

서두에서 언급하였듯 중국 둥베이지방은 과거 유목민족 또는 반농반목의 민족이 거주하던 땅에서, 중국의 주요 곡창 지대이자 대두 등의 대표 산지로 변모하여 왔다. 이는 150여 년에 걸친 이 지역의 인문사회환경과 자연환경의 변화가 맞물려 있으며, 다시 흥하고 있는 중국 둥베이지방의 농업을 다른 형태로 변화시킬 것이다.

1. 기후변화의 영향

산업혁명 이후 인간에 의한 기후변화는 인류사회의 발전을 위협하는 문제로 여겨지고 있지만, 기후변화 자체는 새로운 현상이 아니다. 약 1만 년 전 빙기가 끝나고 난 후부터 현재까지 인류는 크고 작은 기후변화를 겪어 왔으며, 그 흔적들이 역사에 많이 기록되어 있다. 일례로, 기원후 1500여 년쯤부터 1800년대 중반까지 지구는 대체로 현재보다 낮은 기온을 보이는 '소빙기(小氷期)'였다는 것이 역사 기록과 과학적인 분석을 통해 밝혀졌다. 그 이전의 기록은 분명하지는 않지만, 현재보다 따뜻했던 시기, 추웠던 시기, 또는 습했던 시기와 건조했던 시기가 역사에 여러 차례 나타나며, 중국 둥베이지방도 예외는 아니다. 이러한 기후변화와 농경민족과 유목민족 문명 성쇠의 관계를 규명하려는 연구도 시도되고 있다. 앞에서 서술한 것처럼 중국 둥베이지방에서도 비교적 기온이 따뜻했던 기원후 750년에서 950년 사이에 북쪽 지역에서 농업의 증거가 발견됨에 따라, 이를 농경문화가 북쪽으로 확대되었다고 해석하기도 한다.

중국 둥베이지방은 중국 내에서도 추운 지역 가운데 하나였다. 하지만 이 지역은 지난 100여 년간 눈에 띄는 온난화 추세를 보이고 있으며, 중국에서도 온난화의 영향을 가장 많이 받는 것으로 알려져 있다.[16] 이로 인해 농업환경이 변화하였으며 더욱 가속화될 것으로 예상된다. 1960~1970년대와 비교하였을 때 중국 둥베이지방의 연평균기온은 1~2.5℃ 증가하였으며, 겨울철의 기온상승이 두드러지고 강우량은 감소하는 추세로 특히 여름철 강우량이 크게 줄었다.[17]

---

16) Liu, B., Xu, M., Henderson. M., Qi, Y. and Li, Y., 2004. "Taking China's temperature: daily range, warming trends, and regional variations, 1955–2000", Journal of Climate, 17(22), p.4457.

17) Yang, X., Lin, E., Ma, S., Ju, H., Guo, L., Xiong, W., Li, Y. and Xu, Y., 2007, "Adaptation of agriculture to warming in

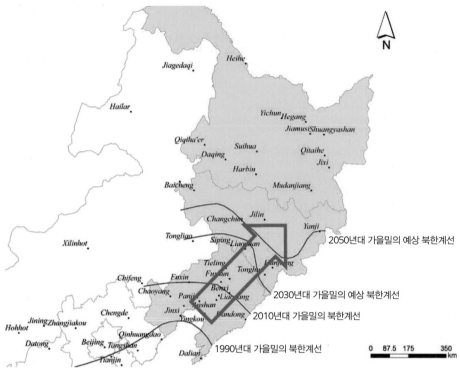

그림 2.2.9 | 중국 둥베이지방의 가을밀 경작 북한계선의 확장 시나리오

출처: Jin et al., 1998(Yang et al., 2004, p.50에서 재인용)

이러한 환경의 변화는 1980년대 중국의 농업개혁(Agricultural Reform)과 함께 중국 둥
베이지방의 농업구조를 바꾸는 데 크게 기여하였다.[18] 첫째, 벼 재배면적이 급격하게 증
가하였다. 기후변화의 영향으로 벼 재배 북한계선은 1985년 이후 북위 50도에 다다르고
있다. 게다가 둥베이지방에서 생산된 쌀이 좋은 평가를 받게 됨에 따라 2011년 둥베이 삼
성의 벼 재배면적은 1970년보다 4.5배 증가하였다. 둘째, 가을밀 재배의 북한계선이 북쪽
으로 이동하고 있다. 가을밀의 재배 지역은 랴오닝성의 동부와 서부 지대에서 북쪽으로

Northeast China", Climate Change, 84(1), p.47.

18) Yang, X., Lin, E., Ma, S., Ju, H., Guo, L., Xiong, W., Li, Y. and Xu, Y., 앞의 논문, pp.48–52.

120~180㎞ 정도 이동하였으며, 앞으로 북쪽으로 더 이동할 것으로 예상된다〈그림 2.2.9〉. 가을밀은 봄밀보다 품질이 우수할 뿐만 아니라, 이모작이 가능하기 때문에 둥베이지방의 농업에 변화를 가져다줄 것으로 기대된다. 그 외에도 옥수수의 북한계선 역시 기존의 헤이룽장성의 평원에서부터 점차 북쪽으로 확대되어 다싱안링과 이춘(伊春) 지역까지도 재배 영역에 포함되었다. 뿐만 아니라 조생종을 심던 지역도 만생종(晩生種)19) 작물의 성장 일 수가 늘어나 수확량이 증가하는 등 기후변화로 인한 농업구조의 변화가 발생하고 있다.

기후변화는 긍정적인 영향만 가져오는 것은 아니다. 강우의 감소로 둥베이지방의 서부 건조지대는 가뭄의 위험이 더욱 커졌으며 극한기후가 증가하여 여름철 우박이나 겨울철 냉해로 인한 작물피해가 증가할 것이다. 하지만 중국 둥베이지방의 경우, 전반적으로 농업 생산량이 증가할 것으로 예상된다. 기후변화에 대한 적응 전략을 합리적으로 마련하고, 극한기후에 대한 대비책을 마련한다면, 중국 둥베이지방은 기후변화로 인해 오히려 농업 경쟁력이 더 높아질 것이다.

2. 자연환경과 인문환경의 변화

기후변화 이외에도 중국 농업은 다양한 자연·인문환경 변화의 영향을 받는다. 토지 황폐화는 중국이 직면하고 있는 대표적인 환경문제이다. 중국 둥베이지방은 과다한 농업적 토지이용으로 토양침식이 증가하고 그 범위도 확대되고 있다〈그림 2.2.10〉.

특히, 싼장평원은 둥베이지방에서 자랑하는 흑토 지역이지만 토양 내 유기탄소(Soil Organic Carbon)량도 점차 감소하고 있다〈그림 2.2.11〉. 이는 환경파괴뿐 아니라 작물생산량의 감소를 가져올 것이며 이를 예방하기 위해 윤작, 경운방식과 시비법의 변화가 필요하다.20)

---

19) 조생종의 반대 개념으로, 더 일찍 심고 늦게까지 재배할 수 있기 때문에 조생종에 비해서 질이 더 좋은 편이고 기후 외에 다른 외부환경(곤충에 의한 피해 등)에 더 강한 편이다.

20) Liu, X. B., Zhang, X. Y., Wang, Y. X., Sui, Y. Y., Zhang, S. L., Herbert, S. J. and Ding, G., op. cit., pp.87–97.

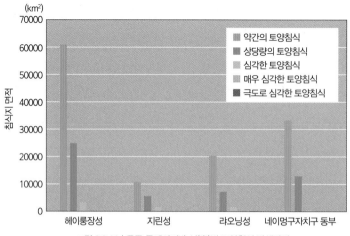

그림 2.2.10 | 중국 둥베이지방 성(省)별 토양침식 발생면적
출처: Liu et al., 2010, p.89

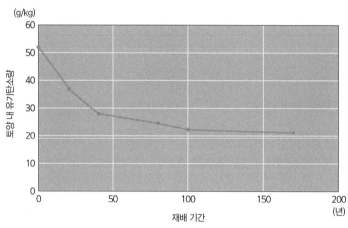

그림 2.2.11 | 헤이룽장성 흑토 지역의 토양 내 유기탄소량의 변화 시나리오
출처: Liu et al., 2010, p.92

　　중국 둥베이지방의 인문환경 변화도 둥베이지방의 식량생산량 및 식량생산구조를 변화시킬 것이다. 가장 주목할 만한 변화는 조선족을 중심으로 한 역외 지역으로의 이주일 것이다. 현재 이 지역의 산업 발전이 정체되면서 많은 인구가 더 발전된 중국 동부 해안지대나 외국으로 이주하고 있다. 그 결과 둥베이지방은 노령화되고 민족구성이 달라지고 있다.

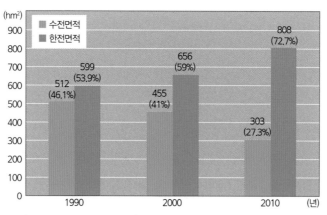

그림 2.2.12 | 조선족의 이주에 따른 중국 옌볜조선족자치주 내 허룽시 숭선진의 수전(논)면적과 한전(밭)면적의 변화
출처: 여필순, 2013, p.676

이러한 변화가 중국 둥베이지방의 농업 생산에 아직 크게 영향을 미치고 있지는 않지만, 미시적인 차원의 변화가 포착된다. 일례로, 조선족이 가장 많이 살고 있는 옌볜조선족자치주 내에서 논 면적은 줄어드는 추세이다〈그림 2.2.12〉. 이는 논농사를 주로 짓던 조선족이 중국 동부 해안지대나, 한국, 기타 외국으로 이주하고 밭농사에 익숙한 한족이 그 지역을 차지했기 때문으로 보인다.21) 이러한 변화는 중국 둥베이지방 농업 통계에도 상당한 영향을 미칠 것이다.

그 외에도 중국 둥베이지방 농업의 변화를 가져올 인문사회적 요인은 많다. 중국 둥베이지방의 경제와 사회를 변화시킬 수 있는 정책으로 일대일로(一對一路) 정책의 일환인 창지투 개발계획을 들 수 있으며 중국 물가 상승에 따른 농업 경쟁력 저하 문제, 둥베이지방의 남쪽에 위치한 북한 관련 문제 등 중국 둥베이지방의 농업 변화를 유발할 내적 요인은 한두 가지가 아니다.

---

21) 여필순, 2013, "중국 연변 농촌지역의 조선족인구 감소와 지역성 변화: 두만강변 조선족 농촌 마을을 중심으로", 한국지역지리학회지, 19(4), p.676.

V. 결론

　중국 둥베이지방은 약 150여 년 전부터 중국의 식량생산에 있어 중요한 지역으로 성장하였으며, 현재는 '중국의 곡창'이라 해도 과언이 아니다. 최근에는 이미 큰 비중을 차지하고 있는 옥수수와 콩뿐만 아니라 쌀 생산량도 빠르게 증가하고 있다. 이는 둥베이지방 특유의 지형, 기후, 토양 등 유리한 자연환경 조건과 기후변화에 의해서 가속화되고 있다.

　중국 둥베이지방의 작물들은 대체로 한국에서도 재배하고 있는 작물들이다. 하지만 기차나 버스를 타고 둥베이지방의 평원을 지나가다 보면 옥수수밭과 콩밭이 끝없이 펼쳐지는데, 이는 우리에게는 낯선 광경이다. 언제나 시야에 산이나 언덕이 들어오는 한국의 경관에 익숙한 우리에게 이러한 경험은 위압적이며 '이래서 우리의 식탁은 중국산이 점령하고 있구나'라는 사유로 이어진다.

　중국 둥베이지방의 농업은 기후변화로 인한 위기와 기회에 동시에 노출되어 있다. 이것이 대체로는 농작물의 재배가능일수를 늘리는 기회로 작용하지만, 극한기후와 같은 위기로 작용할 수도 있다. 이와 더불어 중국의 식량생산의 중심지라는 수식어는 뒤집어서 생각해 보면 이 지역의 공업의 쇠퇴를 의미하는 말일 수도 있다. 농업 분야를 제외한 전체적인 산업의 쇠퇴 기조는 둥베이지방의 인구구조를 변화시킴으로써 농업생산량이나 구조 측면에서 변화를 가져올 수도 있다.

　답사에서 우리를 압도하였던 중국 둥베이지방의 농업경관은, 우리의 식탁과 밀접하게 연결되어 있다. 앞으로 중국이 기후변화, 사회경제적 변화에 어떻게 대응하는지에 따라, 우리가 먹는 음식의 가격과 질이 달라질 수 있다. 그리고 한국 농업계 역시 다양한 자연·사회적 변화에 대응하는 데 있어 중국 둥베이지방의 농업을 모범사례 혹은 타산지석(他山之石)으로 삼을 수 있을 것이다.

References

▷ 논문(학위논문, 학술지)

• 박유미, 2012, "고구려 음식의 추이와 식재료 연구", 한국학논총, 38, pp.39–67.

• 여필순, 2013, "중국 연변 농촌지역의 조선족인구 감소와 지역성 변화: 두만강변 조선족 농촌 마을을 중심으로", 한국지역지리학회지, 19(4), pp.668–682.

• Cong, J., Gao, C., Zhang, Y., Zhang, S., He, J. and Wang, G., 2016, "Dating the period when intensive anthropogenic activity began to influence the sanjiang plain, northeast China", Scientific Report, 6, 22153.

• Jin Z. Q., Ge, D. K., Gao, L. Z. and Shi, C. L., 1998, "Simulation on response strategies of grain food crops to climate change in the Northeast China plain", Crop Science, 28(1), pp.51–58.

• Li, S., He, F., Zhang, X., 2014, "An Approach to Spatially Explicit Reconstruction of Historical Forest in Northeast China", Journal of Geographical Science, 24(6), pp.1022–1034.

• Liu, B., Xu, M., Henderson, M., Qi, Y. and Li, Y., 2004. "Taking China's temperature: daily range, warming trends, and regional variations, 1955–2000", Journal of Climate, 17(22), pp.4453–4462.

• Liu, X. B., Zhang, X. Y., Wang, Y. X., Sui, Y. Y., Zhang, S. L., Herbert, S. J. and Ding, G., 2010, "Soil Degradation: a problem threatening the sustainable development of agriculture in Northeast China", Plant Soil Environment, 56(2), pp.87–97.

• Yang, X., Lin, E., Ma, S., Ju, H., Guo, L., Xiong, W., Li, Y. and Xu, Y., 2007, "Adaptation of agriculture to warming in Northeast China", Climate Change, 84(1), pp.45–58.

• 马树庆, 1996, "气候变化对东北区粮食产量的影响及其适应性对策", 气象学报, 54(4), pp.484–492.

• 孙岩松, 2008, "我国东北水稻种植快速发展的原因分析和思考", 中国稻米(5), pp.9–11.

• 吴普特·赵西宁, 2010, "气候变化对中国农业用水和粮食生产的影响", 农业工程学报, 26(2), pp.1–6.

▷ 언론보도 및 홈페이지

• 조선일보, 2013. 8. 5., "중국의 식량 안보기지로 변신 중인 三江평원", http://news.chosun.com/site/data/html_dir/2013/08/05/2013080500179.html

• 중국경제도보(中國經濟導報), 2015. 9. 2., "东北地区: 当好国家的 "大粮仓" 和 "稳压器"", http://www.ceh.com.cn/UCM/wwwroot/zgjjdb/cjpd/2015/09/868678.shtml

• 중화인민공화국 국가통계국(中華人民共和國國家統計局, 國家數據), http://data.stats.gov.cn/easyquery.htm?cn=E0103

• 텍사스대학교 오스틴캠퍼스 전자지도도서관, http://www.lib.utexas.edu/

3

중국의 산림 정책과 나비효과
: 중국 동북 지역을 중심으로

정진숙(박사과정), 최정선(석사과정), 박수진(지리학과 교수)

I. 들어가며

중화인민공화국 설립 이후 중국의 경제 발전은 결과적으로 자연환경의 파괴를 담보로
할 수밖에 없었다. 1978년 덩샤오핑은 개혁개방을 추진하면서 문호를 개방하고 본격적인
경제 성장의 발판을 마련하였다. 경제 중심의 국가전략은 다른 국토분야 정책에도 영향을
미쳤으며 산림분야에도 변화의 바람을 불러일으켰다. 새로이 입목가격제(stumpage fee)[1]
가 도입되고 국가소유의 산림관리는 지방으로, 그리고 각 가구에 경제적인 인센티브를 제
공하는 방식으로 관리되었다.[2] 이 과정에서 경제 성장을 위해 중국의 자연산림은 과도하
게 개간되었고 농업과 목재 생산의 증가는 산림의 감소로 이어졌다. 하지만 1998년에 발생
한 양쯔강 대홍수로 인해 산림자원의 감소 및 황폐화가 국가적 차원에서 중요한 문제로 대
두되었고 이는 산림에 대한 패러다임이 목재 생산에서 환경 보전으로 바뀌는 계기가 되었

---

1) 1991년부터 도입되었으며 산림자원을 합리적으로 이용하고 보호하기 위해서 국유림 지역의 국유임업이 벌채를 하는 경우,
   산림자원의 다양한 조건을 고려하여 입목가격을 산출하고 이를 지불하도록 하였다.

2) Wang, S., Van Kooten, G. C. and Wilson, B., 2004, "Mosaic of reform: forest policy in post-1978 China", Forest
   Policy and Economics, 6(1), pp.71-83.

다. 이후 산림이 증가하였으나 이 시기는 역설적이게도 중국 목재와 제지의 수출이 최대로 증가한 시기와 맞물린다.3)

중국 동북 지역은 목재 및 식량 생산의 기지로서 자연환경에 대한 압력이 높을 뿐 아니라, 지정학적 중요성으로 인해 국가 정책의 변화를 보여 주는 실험장소가 되어 왔다. 중국 최대의 산림 지역(forested land area)으로서 중국의 경제 발전을 위해 적극적으로 목재 생산이 장려되어 왔으나, 국가 정책이 생태계 보전으로 전환됨에 따라 보전과 이용의 갈등이 지속적으로 발생해 왔다. 주요 식량 생산지로서 이 지역은 농경지와 산림지의 전환이 역동적으로 발생해 왔으며 나지(裸地)와 생태적 한계 지역인 경사지 또는 초지까지 농경지가 확대되기도 하였다.4) 생태계 보전을 중시하는 중국의 환경 정책 패러다임에 따라 현재 중국 동북 지역은 지속가능한 산림 관리를 위한 정책 및 프로그램을 실시하여 산림 감소 및 황폐화를 막고자 노력하고 있다.

한편, 중국은 증가하는 목재 수요를 충당하기 위해 자국의 강력한 산림 보전 정책을 피해 해외의 산림개발사업을 추진하고 있다. 중국이 자국민의 수요와 목재 가공품 수출을 위해 수입하는 목재는 2016년 기준 원목환산수량으로 2.9억㎥에 이르며 이는 2006년의 두 배에 달하는 양이다.5) 초기의 주요 목재 수입국은 시베리아를 비롯한 동남아시아의 주요 열대우림국가였으나, 이 국가들이 산림 보전을 강화하자 아프리카로 눈을 돌리고 있다. 하지만, 중국의 이러한 목재 수입이 일부 업자들의 수익 창출에만 기여한 채 지역의 환경을 파괴하고 발전을 저해하는 등의 사회적 비용에 대해서는 침묵하고 있다는 점에서 중국은 비판에 직면하고 있다.

본 글에서는 중국 동북 지역의 산림을 대상으로 중국의 환경 정책이 어떻게 변화되어 왔

---

3) Lauance, W., 2011, "China's Appetite for Wood Takes a Heavy Toll on Forests", Yale Environment, 360, e360 (http://e360.yale.edu/features/chinas_appetite_for_wood_takes_a_heavy_toll_on_forests).

4) Gao, J., Liu, Y. S., Chen, Y. F., 2006, "Land cover changes during agrarian restructuring in Northeast China", Applied Geography, 26(3-4), pp.312-322.

5) Forest Trends, 2017, "China's Forest Product Imports and Exports 2006-2016: Trade Charts and Brief Analysis".

는가를 각 시기별로 살펴보고자 한다. 그리고 세계화로 인해 중국의 산림 정책이 자국뿐 아니라, 다른 여러 나라와 연결되면서 다양한 영향을 주고받는다는 점을 밝히고자 하였다. 중국은 우리나라와 매우 가깝지만 중국에 대한 이해도는 상대적으로 낮다. 무엇보다 중국 환경에 대한 선입견을 가지고 있는 경우가 많은데 단선적으로 중국이 경제 발전을 담보로 환경을 쉽게 파괴하고 있다는 것이 대표적이다. 하지만 중국의 산림 파괴 및 보전의 과정 은 경제적인 측면 이외에도 역사적, 사회적 배경과도 밀접한 관계가 있으며 그 내용이 우 리의 선입견처럼 단순하지는 않다. 이 글은 중국의 산림을 주제로 하여 중국을 깊이 있게 이해할 수 있는 계기가 될 것이다.

II. 중국 및 중국 동부의 산림자원 현황

2004년부터 2008년까지 실시된 제7차 국가산림조사사업(Seven National Forest Inventories, NFIs)에 따르면, 약 195.5백만ha의 산림 지역이 중국면적의 20.4%를 차지하 고 있으며, 산림축적량(forest stock)은 137억㎥라고 보고된 바 있다. 그중에서 플랜테이션 을 제외한 산림면적은 119.7백만ha로 중국 산림의 61.2%이며 플랜테이션을 통해 인위적 으로 조성된 산림은 61.7백만ha로 중국 산림면적의 38.8%를 차지한다.

중국은 지역적으로 산림 지역을 3개로 구분하는데, 〈그림 2.3.1〉의 우측과 같이 동북 지 역, 남서 지역, 남부 지역으로 나뉜다.

중국 동북 지역은 50.5백만ha가 산림 지역으로 중국 내에서 최대의 자연산림 지역이자, 중국 산림 지역의 28.9%를 차지한다. 산림축적량은 약 34억 6800만㎥이며 이는 중국의 27.8%를 차지한다. 이 지역 내에서는 헤이룽장성과 네이멍구자치구가 각각 40.7%, 35.6% 로 산림면적이 가장 넓다. 중국 동북 지역의 산림은 다싱안링산지 지역(DXM), 샤오싱안링 산지 지역(XXM), 창바이산지 지역(CM) 등 3개로 나뉜다〈그림 2.3.1 좌측〉. 행정구역상으 로는 랴오닝성, 지린성, 헤이룽장성 및 네이멍구자치구의 동부 지역을 포함한다.

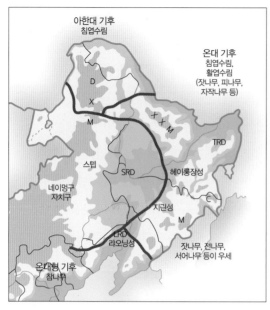

그림 2.3.1 | 중국 동북 지역의 기후 지대와 산림 지역 구분
출처: Yu et al., 2011, p.1125

다싱안링산지 지역은 헤이룽장성의 북서부, 네이멍구자치구의 북동부 지역에 걸쳐 있고 한랭기후의 침엽수림을 주종으로 하며 약 1,500만ha의 산림 지역을 포함한다. 샤오싱안링 산지 지역은 헤이룽장성의 북동부 지역을 포함하고 온대 침엽수와 활엽수종의 산림으로 이루어져 있으며 약 600만ha의 산림면적을 가진다. 창바이산 지역은 헤이룽장성, 지린성, 랴오닝성의 동부로 약 1,380만ha의 규모이며 온대 침엽수 및 활엽수로 되어 있다. 창바이 산 지역의 천연삼림은 많이 파괴된 것으로 보고되었으며 2차림과 초본식물의 피복이 매우 넓게 나타난다. 일부 지역은 경작지로 전환되어 이용되고 있다.

Ⅲ. 중국 및 동북 지역의 산림 정책의 변화와 문제점6)

중국 동북 지역의 산림관리는 중국 산림자원의 역사와 연구에서 중요하게 다루어져 왔다. 1998년 이전에는 과도한 벌목과 무분별한 개간으로 인한 산림자원의 감소가 중요한 문제였다. 하지만 1998년 발생한 양쯔강 대홍수로 중국은 기존의 목재 생산 중심의 이용관점에서 생태적인 지속가능성을 확보할 수 있는 산림관리의 패러다임으로 전환하였다. 생태적 보호와 복원의 개념을 차용함으로써 중국 산림관리의 새로운 장을 열었으며 자연산림보전프로그램(Natural Forest Conservation Program, NFCP)을 개발하고 산림구분을 통한 새로운 관리 시스템을 적용하였다. 그 결과, 중국 동북 지역의 목재 채취량 수준은 감소하고 산림의 양과 그 면적은 점차 증가하게 되었다〈그림 2.3.2〉.

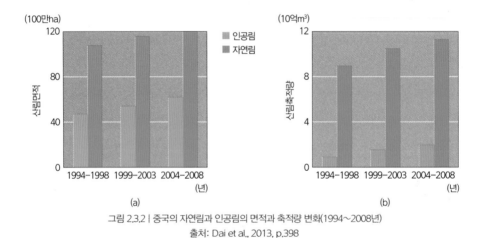

그림 2.3.2 | 중국의 자연림과 인공림의 면적과 축적량 변화(1994~2008년)
출처: Dai et al., 2013, p.398

1. 중국 동북 지역의 산림정책의 변화

중국 동북 지역은 동부와 남부보다 상대적으로 산림의 개발이 늦은 편이었다. 중국 청

---

6) Yu et al(2011)의 "Forest Management in Northeast China: History, Problems, and Challenges"의 내용을 중심으로 정리하였다.

조 시대 초기(1644년), 동북 지역의 자연은 대부분 개발되지 않은 상태였으나, 지난 100년 동안 대규모 인구가 정착하여 개간되면서 산림의 형태, 양, 질적 측면에서 변화를 겪게 되었다.

이 지역에는 역사적으로 주목할 만한 3번의 과도한 산림개간의 시기가 있었다. 1차시기는 1896년부터 1945년까지로 러시아와 일본이 중국을 침략한 시기이다. 2차 시기는 1950년에서 1977년까지로 중국은 목재 생산을 강조하며 과도하게 벌목을 장려한 시기이다. 3차 시기는 1978년부터 1998년에 이르는 시기로 중국 경제 개혁으로 산림의 과도한 벌목과 무분별한 개간으로 인하여 산림이 급격하게 감소한 시기이다. 그 결과, 임분[7])의 파괴, 산림의 기능 및 저장량의 감소뿐 아니라, 토양침식, 생물다양성 감소, 산림생산물의 부족이 초래되었다. 이와 더불어 산림축적량이 감소하고 산림 지역과 비(非)산림 지역의 거주민들 간의 삶의 격차도 벌어졌다.

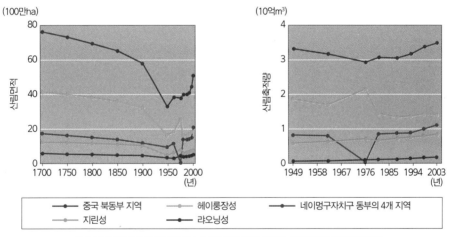

그림 2.3.3 | 1700년대부터 2003년까지의 중국 동북 지역의 산림면적과 축적량의 변화
출처: Yu et al., 2011, p.1127

---

7) 종류·나이·생육 상황 등이 거의 같은 나무들이 모여 있어 주변과 구분이 가능한 숲의 범위를 의미한다(네이버 백과사전).

1) 이민과 침략에 의한 산림의 변화(1860~1945년)

중국 동북 지역은 청 왕조(1616~1912년)의 발생지로서 만주족에 기원을 두고 있다. 만주족은 중국 동북 지역에서 수십 년간 살았으나, 청 왕조 초기까지 이 지역의 산림에 대한 인간 활동의 영향은 랴오닝성을 넘지 않았다고 알려져 있다. 1669년까지는 이민제한 정책으로 만주족이 지속적으로 거주할 수 있었으며 토지에 대한 소유권을 유지할 수 있었기 때문에 이 지역에 대한 개간 및 개발이 지연되었다. 1860년 청조 후기에 이민 정책이 폐지되고 남쪽으로부터 외지인들이 유입되면서 산림 지역이 농업을 위해 전용되었으며 현재 지린성의 쏭화강까지 농경지가 확대되었다. 1912년부터 1913년에 중국정부는 이민을 추진하고 동북 지역의 방어를 강화하고자 농경 활동을 장려하였다. 그 결과, 1800년대 초기에 헤이룽장성의 인구는 약 15만 6,000명이었으나 1920년대에는 약 550만 명으로 증가하였다. 이때까지는 인구밀도가 높지 않았기 때문에 농경활동이 산림면적의 감소에 크게 영향을 미치지 않았다. 경작면적은 1914년에 12.7%였으나 1931년 기준 약 18.8% 정도로 증가했을 뿐이다.

1차 산림의 파괴는 러시아와 일본의 침략에 의해서 이루어졌다. 1896년부터 1930년 사이에 러시아의 침략과 지배로 약탈적인 벌목이 자행되었으며, 헤이룽장성의 경우, 1억 3,900만ha의 산림 지역이 소실되고 약 17.9억㎥의 산림축적량이 감소하였다. 1931년부터 1944년에 걸친 일본의 침략과 지배로 인해 고급목재들이 벌채되고 중국 동북 지역 산림면적의 약 18%, 산림축적량의 14.3%가 사라졌다. 외세의 지배를 받았던 약 50여 년간 동북 지역은 총산림 지역의 45%인 3,000만ha가 사라지고 1차 자연산림 대신 저품질(低品質)의 2차 산림 지역으로 대체되었다.

2) 중화인민공화국 설립 이후의 목재 생산(1950~1977년)

중화인민공화국 설립 이후, 경제 성장과 사회 발전을 위한 목재의 수요를 충당하기 위해서 동북 지역 산림 정책의 1차적 목표는 목재 생산에 맞춰졌다. 동시에 산림연구자들은 산림의 채취와 재생, 복원에 대해 연구하기 시작하였다. 이 시기는 학자들 간의 논쟁과 지속적인 실험을 통해 산림지식이 축적되고 해당 지역에 적합한 산림관리기법을 찾아가는 과정으로 요약될 수 있다. 1964년에 이르러 중국은 산림관리의 목표를 목재 생산이라는 단일 목표에서 산림의 채취, 복원, 지속가능한 이용 등의 다양한 목적을 결합시키는 쪽으로 전환하였다. 이를 위해 산림의 채취와 그 복원을 연결시키는 모델을 개발하기 위해 노력하였다.

약 10여 년간 전문가들과 학자들의 지속적인 연구와 노력에도 불구하고, 중국의 문화대혁명으로 인하여 축적된 지식이 실질적인 정책이나 실행으로 연결되지는 못하였다. 1973년 중국은 '산림의 벌목 및 재생에 대한 새로운 규제'를 널리 보급하게 되는데 산림 관리 기법이 지역적인 조건과 특정한 임분 유형에 따라 달리 적용되어야 한다는 것이다. 하지만 격동의 혁명시기에 이러한 규제가 적용되기는 어려웠다. 오히려 과도한 벌목이 이루어진 후, 어떠한 인위적인 조림기법도 적용되지 않는 경우가 많았다. 1952년부터 1976년 사이 동북 지역의 산림축적량은 약 21.1억㎥[8])가 감소하였으며 산림관리가 제대로 되지 않아 저질(低質)의 활엽수림과 2차림이 확산되었다.

3) '생태적 건설' 비전의 등장(1978~1998년)

1978년 중국 공산당 제11차 중앙위원회의 세 번째 총회 이후, 산림관리는 중요한 공공정책분야에 포함되었다. 전 지구적인 차원에서 강조되었던 산림의 보호와 복원, 조림과 같은 구호를 차용함으로써 중국의 산림관리에도 보전의 관점이 강화되었다. 1984년 중국은 5개의 산림자원구분시스템에 기초한 산림 관리전략을 실행하였다. 5개의 산림은 방풍림, 특수림, 용재림, 경제림, 연료림이다.[9]

이 시스템은 산림이용의 측면에서 좀 더 포괄적인 접근을 시도한 것이며 목재 생산을

---

8) 2004년부터 2008년까지 실시된 국가산림조사사업에서 중국 전체의 산림축적량은 137억㎥라고 보고한 바 있으니, 이 수치가 얼마나 큰지를 가늠할 수 있다.

9) 'Shelterbelt/windbreak Forest', 'Special-Use Forest', 'Timber Forest', 'Economic Forest', 'Fuel Forest'를 번역한 것이다.

장기간의 산림관리 정책과 통합하려는 노력을 보여 준다. 1987년에 중국은 '벌목쿼터제 (cutting quotas)'를 도입하였는데, 이는 연간 목재 생산량을 제한하려는 것이다. 그 결과 1977년부터 1998년에 이르기까지 산림면적과 산림축적량은 각각 4,500만 ha와 3억㎥가 증가하였다.

하지만 앞서 설명한 5개의 산림자원 분류시스템은 몇 가지 한계가 있다. 첫째, 각각의 산림범주가 협소한 관리 목적을 가지고 있다는 점과, 둘째, 중국의 주요 산림이 건축이나 가구생산을 위한 용재림으로 분류된다는 것이다. 1993년 기준 생태적인 보호를 위한 방품림, 특수림은 전체 산림 중 15.6%를 차지할 뿐이다. 따라서 다양한 서비스를 제공하는 산림을 보전·관리하기 위해서는 이러한 협의의 산림 분류는 적합하지 않다는 의견이 대두되었다. 한편, 이 시기에 동북 지역에서는 과도한 산림자원의 채취, 불법적인 벌목이 만연한 상태였다. 협소한 산림분류체계에 기반한 산림관리, 불법적인 벌목의 증가로 인하여 중국 동북 지역의 산림은 감소할 수밖에 없었다.

중국 동북 지역 성숙림의 축적량은 1981년 16억 6,000만㎥에서 1998년에는 8억 6,000만㎥으로 절반가량 감소하였다. 창바이산의 경우, 자연산림의 축적량은 1949년 기준 6억 ㎥이었으나 1985년에는 7,000만㎥로 감소한 것으로 보고되었으며 활엽수 및 잣나무 혼합산림이 총산림의 10% 미만이었으나, 1985년에는 85.6%로 급격하게 증가하였다. 그리고 원래 1차 산림의 0.2%만 남아 있는 것으로 조사되었다. 이러한 산림감소로 인해 국영산림 기업들은 경제적인 어려움을 겪게 되었다. 이와 더불어, 1960년대에 실시된 플랜테이션이 많은 문제를 발생시키자, 1980년대 초반에는 침엽수림을 심고 어린 활엽수를 보전해야 한다는[10] 관리 이론을 도입한 산림개혁이 시행되었다. 이러한 기법은 이 지역의 혼합림 관리와 기존의 플랜테이션의 문제를 해결해 주면서 동북 지역의 효과적인 산림관리에 기여하였다.

---

10) "Plant conifers and reserve young broad-leaved trees"

이 시기에는 산림감소가 계속되면서도, 한편에서는 이를 저지하려는 연구자와 실질적인 관리자 들의 노력으로 산림관리가 새로운 국면으로 접어들 수 있었다. 중국의 산림관리가 단기간의 경제적 이익에 초점을 둔 목재 생산을 넘어 사회적, 환경적 편익을 함께 결합시킴으로써 생태계 기반의 관점으로 전환된 것이다. 이는 중국의 산림 정책이 산림자원의 지속가능한 이용을 위한 새로운 경로로 들어섰다는 것을 보여 준다.

4) 생태복원(1998년 이후)

1998년 양쯔강이 범람한 후, 중국은 목재 생산에서 환경보호로 산림관리 방향을 전환하게 된다.[11] 훼손된 산림을 복원하고 사막화된 지역, 혹은 토지가 황폐화된 지역에 조림사업을 실시하였으며 자연산림의 벌목을 금지하였다. 1998년에 시행된 자연산림보전프로그램(NFCP)은 주로 국가가 소유한 대규모 산림을 대상으로 하였으며 임업부문의 국가 재정도 크게 증가하였다. 산림벌채의 규제도 강화되어 허용량도 축소되었다.

중국은 기존의 5개 산림범주를 상업산림(Commodity Forest, CoF)과 생태복지산림(Ecological Welfare Forest, EWF) 2가지로 재분류하였다. 상업산림은 임산물, 목재자원으로 구분되며 생태복지산림은 산림의 생태적 기능을 강조한다. 생태복지산림 지역은 국가적 생태복지산림과 지역적 생태복지산림으로 구분되며 전자는 벌목을 금지하고 후자는 벌목을 제한적으로 허용하는 정책을 취한다. 상업산림 역시 생태적인 기능을 수행하며 각종 생태계서비스를 제공할 수 있지만, 산림을 관리하는 임업기업에게는 목재 생산이 1순위 목표이기 때문에 상업산림의 생태적 기능과 건강성은 관심을 거의 받지 못하였다. 중국 동북 지역의 국가적 생태복지산림면적은 총산림면적의 38.9%를 차지하며 상업산림은 24.3%를 차지한다.

---

11) 1998년에 있었던 양쯔강의 범람은 강 주변 나무의 85%를 벌채한 것이 원인이었다. 당시 양쯔강의 범람으로 사망한 사람이 4,000명을 넘었고 이재민도 1,800만 명에 이르렀다. 그 후부터 중국은 벌목을 금지시켰다[르몽드 디플로마티크 편집부, 권지현 역, 2015, 르몽드 세계사 1(하)].

1998년 벌목쿼터제 허용량 축소 등 산림규제가 강화된 이후, 동북 지역의 상업적인 목재 생산은 이전의 48%로 감소하였다. 그 결과, 중국 동북 지역의 목재 회사들은 경제적인 어려움을 겪게 된다. 1998년 이전에는 이 지역 산림의 90% 이상에서 목재 생산이 가능했지만 새로운 산림의 구분 및 규제로 인하여 실제 벌목이 가능한 상업산림의 규모가 감소했기 때문이다. 이와 더불어 이 지역의 지배수종인 잣나무의 벌목이 금지되고, 여타 경제수종(들메나무, 가래나무 등) 역시 벌목이 제한되었다. 하지만, 목재 수요가 증가함에 따라 상업산림 지역에서 과도한 채취가 발생하였다. 한편, 산림 지역 노동자의 임금은 도시 노동자의 1/2 수준인 데 반해, 중국 동북 지역은 그 임금이 더 적었기 때문에 이 지역에서는 부적절한 벌목방식에 의한 작은 규모의 상업산림에 대한 채취도 증가하였다.

1990년 후반, 경관생태학이 산림자원관리에 도입되면서 위성영상이나, GIS, GPS, 공간분석 등의 기술이 산림자원상태와 그 공간적 분포에 대한 지식을 축적하는 데 활용되었다. 이로 인해 생태연구의 스케일 또한 임분 수준에서 생태계 수준까지 확대되었다. 이전의 연구들은 주로 임분 수준에서 산림자원의 채취 및 복원에 관심을 두고 수확기법 및 그 적정량에 대한 정보를 제공해 왔다. 하지만, 어떤 지역에서 산림자원을 채취할 것인가의 기준에 대한 정보는 거의 제공하지 못하였다. 2000년대에 들어와서는 공간적인 차원에서 산림 파편화와 같은 문제에 접근하고 생태계 건강성, 지속가능한 발전의 개념을 적용하면서 생태계를 관리하고 있다.

2. 중국 동북 지역의 산림자원 관리의 한계

중국 동북 지역의 1950년과 2003년을 비교한 결과, 산림면적과 산림축적량은 증가했다. 지역적인 변화를 살펴보면, 지린성은 산림면적이 31.6%에서 38.1%로 증가했고 네이멍구 자치구에서는 9.4%에서 17.7%로 증가한 반면, 헤이룽장성에서는 큰 변화가 없었는데, 이는 감소된 면적만이 거의 복구되었음을 의미한다. 그동안의 산림 정책의 전개과정에서 나타난 한계점을 다음과 같이 요약할 수 있다.

첫째, 국가 단위의 정책이 가시적인 효과를 창출할 수는 있으나 산림의 질적 향상과 장기적인 산림관리에 있어서는 한계가 있을 수밖에 없었다. 1998년 실시한 자연산림보전프로그램(NFCP)은 산림의 지속가능한 이용과 산림 관련 산업의 발전을 위해 관리의 핵심 키워드로 생태적인 보호와 복원을 통한 새로운 산림관리 비전을 내세웠다. 이 프로그램을 실시한 결과, 중국 동북 지역의 목재 수확량은 감소하였고, 산림면적 및 그 임목축적량은 점차 증가하였다.[12] 하지만 양적인 복원 이외에 새로운 산림유형으로 제시된 생태복지산림의 기능적인 측면을 제대로 고려하지 않고 질적인 측면의 산림관리 노력이 부족했다.

일례로 벌목 이후, 자생수종으로 조림을 하는 것이 필수 사항이 아니었다는 점을 지적할 수 있다. 오히려 중국정부는 낙엽송, 사시나무 등 빠르게 성장하는 수종을 심도록 장려하였다. 산림면적의 증가는 자연산림의 증가가 아니라, 플랜테이션을 통한 것으로 산림의 질적 향상의 측면에서 비판을 받는다.[13] 비(非)산림 지역에서의 대규모의 플랜테이션으로 인해 중국의 총산림지의 면적은 5.2%(1950년)에서 16.55%(1998년)로 증가하였으나, 동시에 자연산림면적은 30%까지 축소되고 자연산림의 단위면적당 축적량은 32%까지 감소하였다. 하지만 중국에서 산림을 말할 때, 자연산림, 인공산림을 구분하지 않고 모두 포함하기 때문에 실질적인 산림의 증가는 유실수(有實樹), 고무나무, 유칼립투스와 같은 플랜테이션 수종의 증가와 건조-반건조 지역에서의 외래종 식재에서 기인하는 것이다.[14] 플랜테이션은 단일 종만을 식재하므로 생물다양성이 감소하고 상대적으로 적은 유기물과 부식물을 생산하기 때문에 토양에 서식하는 많은 동식물과 그 서식처가 사라질 뿐 아니라, 많은 물을 필요로 하여 지하수를 고갈시킨다.

이와 더불어 중국 산림관리구조의 문제가 결합하여 문제가 더 악화되었다. 2008년에 산

---

12) Viña, A., McConnel, W. J., Yang, H., Xu, Z. and Liu, J., 2016, "Effects of conservation policy on China's forest recovery", Science Advances, 2(3), pp.1-7.

13) Van Holt, T., Putz, F. E., 2017, "Perpetuating the myth of the return of native forests", Science advances, 3(5), pp.1-3.

14) Xu, J., 2011, "China's new forests aren't as green as they seem", Nature, 477, p.371.

림소유권 개혁(forest tenure reform)을 통한 산림의 사유화(privatization)는 지역경제에는 이득을 가져왔지만, 명확한 관리체계가 부재하고 소규모 자작농들이 단기간에 고소득을 올리고자 많은 자연산림을 제거하고 단일작물의 플랜테이션을 시행했다. 빠르게 산림을 증대하기 위한 국가 정책의 기조에 따라 지방정부 차원에서도 그 목표에 부흥하고 지역 자체의 이득을 위해 생태적으로 부적절하지만 빠르게 성장하고 경제적인 이득을 가져다주는 종만을 식재하기도 하였다.

1978년에 시작되어 2050년까지 진행될 녹색만리장성(Great Green Wall)이라 불리는 북부 지역의 방풍림 조성프로그램(Three Norths Shelterbelt Development Program)은 약 3,640ha의 새로운 산림을 중국 북부 지역의 4,500km의 경계를 따라 조성하는 계획이다. 그러나 이러한 노력 역시 85%정도는 실패하였다는 연구결과가 보고되었다.[15]

둘째, 중국은 경제 성장 중심의 패러다임을 유지함으로써 산림관리에 대한 지식 축적 속도가 느렸을 뿐 아니라, 계속 증가하는 목재 생산 수요로 인하여 중국 전체의 산림자원은 지속적으로 감소할 수밖에 없었다. 중령림, 유령림은 동북 지역 산림의 2/3를 차지하며 증가한 산림축적량의 반 이상을 차지한다. 성숙림은 1950년 기준 총산림축적량의 85%를 차지했으나, 2003년는 17%로 감소하였다. 이것마저도 가파른 경사지에 파편화된 상태로 분포하며, 현재는 법적으로 벌목이 금지되어 있다.

동북 지역의 산림자원의 채취속도는 산림의 성장률을 초과한다. 이전에 이 지역은 목재 생산에 적합한 산림이 80%를 차지하고 있었으나, 1998년 이후 45%까지 감소하였다. 한편, 큰 비율을 차지하는 중령림은 채취가 적절치 않음에도 불구하고 산림채취의 60%이상이 중령림, 성숙림에 집중되고 있다. 그 결과, 이 지역은 산림성장속도보다 벌목속도가 더 빠르고 공급량보다 채취량이 더 크며 통계상으로도 중국 동북 지역의 산림채취율이 재생 산율보다 2.2배 높다.

---

15) Luoma, J. R., 2012, "China's reforestation programs: big success or just an illusion", Yale Environment, 360, e360.

1950년대 이후에 자연자원의 생태적인 중요성을 인식하기 시작한 학자들이 중국 동북 지역의 산림 관리 및 복원에 대한 연구를 시작하였다. 그러나 이때까지 산림의 천이에 대한 지식 및 연구는 부족했고 중국의 산림 수확 기법(harvesting method)의 규제방식은 자연재생 및 단일수종의 선택적 벌목(single-tree selective cutting)16)에서 인위적인 재생 및 개벌(皆伐, clearcutting), 즉 일정한 부분의 산림을 일시에 또는 단기간에 모두 베어 내는 방식17)으로 바뀌었다. 그럼에도 불구하고 한편에서는 수종과 해당 지역의 특성에 따라 적절한 산림개발방식을 적용해야 한다는 관점을 도입하고 산림개발의 할당량을 제한하고자 하였다. 하지만 산림보전 및 개발에 대한 지식의 부족으로 시행된 정책들이 자연산림의 보전으로 이어지지는 않았다.

위의 한계에도 불구하고 중국은 지속적으로 산림보전을 위해 노력해 왔으며 그 일환으로 1999년 퇴경환림(退耕還林, Grain for Green) 프로그램을 추진하기도 하였다. 이는 토양침식을 방지하기 위한 일종의 생태계서비스 지불제(Payment for ecosystem services)로서 토양침식에 취약한 경사지의 농경활동을 중지시키는 것으로 샨시(山西)지방부터 적용되었다. 농민들은 보조금을 받고 기존의 경작지를 산림과 초지로 전환하였고 2008년 약 800만ha의 농경지가 산림 지역으로 전환되었다.18)

Ⅳ. 자국의 산림보호자이자 세계적인 산림포식자, 중국

점차 중국 내 목재 수요는 높아지는 한편, 벌목쿼터제와 같은 규제로 인해 자국 내 공급

---

16) 우선 완전한 임상(林相)을 확보할 수 있어 계속 작업하는 데 유리하고, 지나치게 큰 나무와 병든 나무, 과숙림을 골라서 채벌하므로 중령림과 유령림이 건강하게 자라게 함으로써 임목의 생장을 촉진한다.

17) 전면채벌(皆伐)은 채벌량이 많고 기계화 작업에 유리하다. 그러나 전면채벌을 하면 중령림과 유령림까지 희생당하여 갱신기간이 연장되고 조림투자가 높아진다.

18) Liu, C. and Wu, B., 2010, "Grain for Green Programme in China: Policy making and implementation", Policy Briefing Series.

량이 감소하면서 산림자원의 수입은 증가하고 있다. 현재 중국 동북 지역의 74%가 자연산림 지역으로 분류되며 이는 1차 산림19)과 2차 산림20)을 포함한다. 하지만, 이러한 자연산림의 70%는 질적으로 낮은 수준일 뿐 아니라, 2001년부터 2005년에 이르는 기간에도 연평균 벌목 규모가 4,600㎡로, 이는 중국 전역에서 채취되는 목재의 20.6%를 차지할 정도로 목재 생산의 압력이 높다.

중국은 급속한 경제 성장으로 목재에 대한 내수는 커지고 있으나 자국의 강력한 산림보호 정책으로 인해 해외에서 목재를 수입 할 수밖에 없는 상황이다. 중국은 자국 내 목재 수요를 충당하기 위해 다양한 국가로부터 목재 수입을 확대하고 있으며 그 증가속도가 매우 빠르다. 전 세계적으로 환경규제가 강화됨에 따라, 중국은 관련 규제가 느슨한 국가들로 옮겨 다니며 목재를 수입하고 있다. 하지만 이러한 국가일수록 자연자원에 대한 의존도가 높은 지역이라는 점에서 환경의 지속가능성과 더불어 해당 지역 발전의 문제에 있어 많은 비판을 받고 있다.

1. 중국의 산림보호와 목재 수입의 증가21)

1998년 이후 강력한 산림보전 정책으로 인해 중국 산악지대의 산림파괴는 줄어들었지만, 늘어나는 목재 수요를 감당하기 위해 목재 수입이 크게 증가하였다. 산림보전 강화의 계기가 된 중국의 홍수가 러시아와 동남아시아, 아프리카의 산림에 파괴적인 위력을 휘두른 셈이다. 그 결과, 엄청난 양의 목재가 불법경로를 통해 중국으로 유입되었고, 중국은 세계에서 가장 큰 목재 수입국이 되었다.22) 영국의 싱크 탱크 기관인 채텀하우스(Chatham

---

19) 극상 군락(climax community)으로서 식물의 종류가 더 이상 교체되지 않는 안정된 군락을 의미한다.

20) 자연교란의 대상이 되며 벌목한 산림이 자연적으로 재생된다.

21) Huang, W. B., Wilkes, A., Sun, X. F. and Terheggen, A., 2013, "Who is importing forest products from Africa to China? An analysis of implications for initiatives to enhance legality and sustainability", Environment, Development and Sustainability, 15(2), pp.339-354.

22) 나무신문, 2016.6.1., "중국의 해외산림투자 아프리카를 중심으로".

House)에 따르면, 중국은 2000년부터 2008년까지 다른 선진공업국 목재 수입량의 2배 이상을 수입하였다.

워싱턴 D.C의 싱크 탱크인 포리스트 트렌즈(Forest Trends)에 따르면, 중국은 연간 자국민의 수요와 해외수출을 위해 약 4억㎥의 목재를 소비한다. 이 구조를 유지하기 위해 중국은 절반 이상의 목재와 종이펄프를 수입하는데 시베리아와 열대우림지역 국가들에서 주로 수입한다. 중국은 전 세계적으로 열대 목재를 압도적으로 가장 많이 소비하며 매년 4,000~4,500㎥ 이상의 목재를 수입한다.

1978년 개혁개방 이후, 중국에서는 목재 기반 제조업이 급격히게 성장하였다. 2010년 중국 국가임업국 통계에 의하면, 총 GDP의 약 5.3%를 차지하며 기존에 국가가 소유하고 운영하던 구조에서 국가, 민간기업, 무역업자, 목재 분배시장 등 다양한 행위자들 중심으로 목재 시장이 변화하였다. 다양한 목재 생산품 중에서도 가구나 패널 같은 분야는 급성장한 반면, 통나무(roundwood)나 제재목(sawnwood) 분야는 적자를 기록하고 있다. 따라서 수입한 아프리카 원목을 가지고 가구와 목재몰딩(wood moulding), 바닥재와 합판을 제조하는 것처럼 원목을 수입하고 이를 자국 내에서 가공하여 수출하는 전략을 취하고 있다〈그림 2.3.4〉.

중국의 목재 수출품은 가구와 합판 비율이 크며 2010년 기준 미국을 제치고 전 세계에서 가장 큰 가구제조수출국가가 되었다. 중국의 목재 가공품을 소비하는 유럽의 소비시장 규모는 1999년에 비해 2007년 약 8배 이상 증가하였다. 한편, 중국 내 목재 수요의 증가는 민간의 목재 소비의 증가에 따른 것으로 2000년대 초반을 기준으로, 수출은 자국 내 수요의 1/4 수준밖에 되지 않는다. 즉, 중국이 해외 목재를 수입가공하여 수출하는 것보다 오히려 자국민들의 목재 소비가 더 큰 비중을 차지한다는 것이다. 이는 중국의 경제 성장과 주택시장의 건설 분야 성장과 관련 있다. 1990년대 이후, 중국은 금융업과 국가주택 정책의 개혁으로 주택의 사유화가 가능해졌으며 주택을 구매할 수 있는 사적금융에 대한 접근성이 낮아졌다. 그 결과, 1999년부터 2003년까지 연평균 도시주택건축 규모는 10억㎥였다가

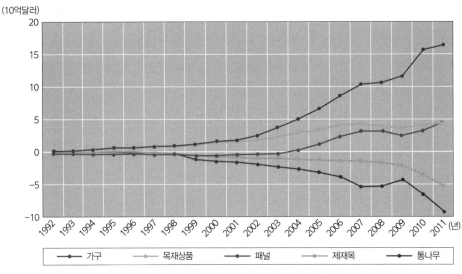

(10억달러)

| 가구 | 목재상품 | 패널 | 제재목 | 통나무 |

그림 2.3.4 | 중국의 가공된 목재 생산물의 무역수지

출처: UN Comtrade(Huang et al., 2013에서 재인용)

2009년에 이르게 되면 약 세 배로 증가한다. 재미있는 사실 하나는 중국 내 인테리어업의 발달로 독특한 색감과 재질을 가진 아프리카 목재에 대한 수요도 높아졌다는 것이다. 그 결과, 중국 목재 생산품의 자국시장 규모는 백만㎥(원목환산수량) 넘게 증가하였으며 이는 목재 가공품 수출량의 2배 이상이다〈그림 2.3.5〉.

하지만 중국은 몇 가지 비판에 직면해 있다. 수백 개의 목재 생산회사와 중개회사는 목재 공급에만 관심을 기울일 뿐, 수입국가 혹은 목재 생산 지역의 사회적인 형평성이나 환경의 지속가능성에 전혀 관심을 기울이지 않는다. 산림자원 채취와 운반을 위해 도로나 철로를 건설하는 과정에서 산림환경이 파괴되고 지역주민과의 갈등이 발생하며 불법적으로 주민들에게 위해를 가하기도 한다. 이와 더불어 중국은 수마트라섬이나 보르네오섬과 같은 유명한 열대우림 지역에 대규모의 단일 플랜테이션을 진행함으로써 산림황폐화를 초래한다.

중국은 많은 이윤을 창출하기 위해 되도록 원목만을 수입한다. 원목을 채취하여 자국 내

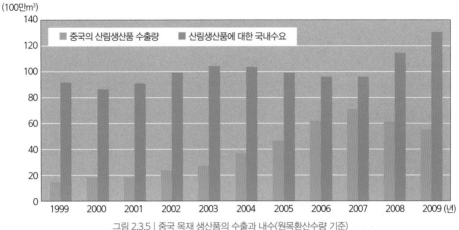

(100만m³)

그림 2.3.5 | 중국 목재 생산품의 수출과 내수(원목환산수량 기준)
출처: UN Comtrade(Huang et al., 2013에서 재인용)

로 운반하고 가공하여 제품으로 판매하는 것이 더 많은 이익을 가져다주기 때문이다. 이러한 원목 채취는 불법적으로 행해지는 경우가 많은데, 열대 지역 목재 생산국의 약 2/3 이상에서 불법적인 방식으로 목재가 채취되는 것으로 보고되었다.23) 목재 생산 지역의 경제적 손실, 사회적·환경적 파괴에 대한 정당한 보상이나 사전예방이 고려되지 않기 때문에 산림황폐화로 인한 피해는 고스란히 그 지역이 떠안아야 한다.

2. 새로운 목재 공급지, 아프리카

최근 동남아시아 국가들이 자국 내 산림보전 정책을 강화함에 따라 중국의 목재 수입국이 아프리카로 옮겨지고 있다. 국제기구의 통계에 따르면 매년 아프리카 목재의 75%가 중국으로 수출되며 주로 중앙아프리카 지역에 위치한 가봉이나 콩고민주공화국, 카메룬, 모잠비크 등이 주요 수출국이다.24) 목재 수출이 아프리카 국가 내 일부 업자들의 수익을 올

23) MONGABAY, 2008,2,29., "China's wood industry fueled by illegal log imports from rainforest countries".
24) Finlayson, R., 2013,1,14, "Who is importing African timber to China and what might this mean for sustainability?", World Agroforestry Centre.

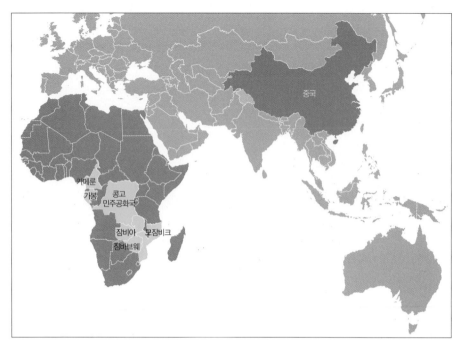

그림 2.3.6 | 중국의 주요 아프리카 목재 수입국
출처: Center for International Forestry Research(CIFOR)

려 주기도 하지만, 지역주민 고용효과의 부족, 열악한 노동환경, 산지전용 및 불법적 산림 벌채, 불법 산림거래 등 부정적인 문제도 나타난다. 가공되지 않은 원목만을 선호하는 중국의 성향과 국가와 기업 주도의 아프리카-중국의 목재 무역구조는 지역 내 고용과 산업 창출을 어렵게 만들 뿐 아니라, 자연자원에 의존하여 살아가는 주민들을 배제시킨다.

잠비아를 사례로 한 연구에서25) 중국 벌목회사와 비중국계 벌목회사가 해당 지역사회에 미치는 영향을 비교한 결과, 비중국계 벌목기업의 경우, 해당 지역민에게 고용 기회를 제공하고 고용의 질적인 측면도 상대적으로 나았다. 중국기업의 경우, 비용을 낮추고 이윤을 극대화하기 위해, 목재 생산에 있어서 안전, 환경 등에 대한 사회적 비용을 지출하지 않

---

25) Asanzi, P., Putzel, L., Gumbo, D. and Mupeta, M., 2014, "Rural livelihoods and the Chinese timber trade in Zambia's Western Province", International Forestry Review, 16(4), pp.447-458.

는 것으로 나타났다.26) 이러한 목재 수입의 불공정한 구조를 개선하고자 유럽과 미국에서는 목재 수입품에 대한 기준을 강화하고 있다. 하지만 국제 시장에서 중국의 비중이 높아지고, 관련 규제가 없는 중국 기업들의 불법적인 활동이 증가하는 상황에서는 선진적인 환경·사회적 규제가 작동하기 어렵다.

1994년 중국 내 16개였던 목재 수입기업은 2010년 기준 약 323개로 증가하였으나, 그중 상위 30개 정도의 기업이 대부분의 목재 수입을 담당하고 있다. 1990년대 초중반에는 국영기업의 진출이 두드러졌지만 1994년 이후 민간기업도 수입 자격을 가질 수 있게 되면서 다양한 형태의 민간기업 수가 폭발적으로 증가하였다.

대부분의 목재 수입기업은 광둥(廣东), 저장(浙江), 상하이, 장쑤(江蘇) 지역에 입지하고 있으며 목재의 가공과 제조가 가능한 목재 가공 산업클러스터(wood-processing industry clusters)가 형성되어 있다. 해당 지역들이 중국 동부해안가에 위치함으로써 원료나 제품의 운반이 용이하고, 목재 수요에 비해 공급이 부족하여 해당 산업이 발달할 수 있었다. 저장과 광둥, 산둥(山東)은 가구산업의 중심지이며 장쑤, 저장, 산둥은 합판을 주로 생산한다. 상하이는 항구로서, 장쑤와 저장과 근접한 지리적 조건을 활용하여 목재 산업구조 안에서 수송의 역할을 담당한다.

V. 결론

중국은 지리적으로 가깝지만 그렇다고 우리가 중국을 잘 이해하고 있다고 말하기는 어렵다. 역사, 경제, 외교에서 중국의 중요성은 강조되어 왔으나, 환경 분야는 아직까지 관심 정도에 머무르는 듯하다. 이 글에서 중국의 산림을 주제로 중국의 경제 발전과 환경과의 관계를 살펴보고 더 나아가 중국의 환경 정책 변화가 다른 아시아 국가 및 아프리카의 작

---

26) Haglund, D., 2009, "In it for the long time? Governance and learning among Chinese investors in Zambia's copper sector", The China Quarterly, pp.627-646.

은 지역사회까지도 변화시키고 있음을 보여 주고자 하였다. 이는 곧 중국의 영향력이 대단해지고 있다는 일반적인 주장 이외에도 세계화로 인해 국제적, 국가적 스케일에서부터 로컬 스케일까지 영향을 주고받는다는 것을 의미한다.

중화인민공화국 설립 이후 중국의 급속한 경제 발전은 자연자원에 대한 수요 증가로 이어졌으며 동북 지역의 경우 풍부한 산림자원을 보유한 까닭에 국가 정책에서 중요한 자원의 공급처로 다뤄졌다. 하지만, 1998년 발생한 양쯔강 대홍수로 인해 중국은 국가적인 차원에서 환경의 중요성을 강조하고 자국의 산림을 보전하는 쪽으로 환경관리 방향을 설정하게 되었다. 현재 중국 산림관리의 목표는 다기능적 산림(multi-purpose forestry)이다. 국제적으로 자연과 인간의 삶의 질(well-being) 간의 관계를 강조하는 '생태계서비스(ecosystem service)' 개념이 대두되면서 중국은 산림이 인간과 지역사회에 가져다주는 다양한 서비스와 혜택에 초점을 맞춰 새로운 산림관리 정책을 시행하고 있다.

한편, 중국의 경제 성장과 주택건설 증가로 인한 자국 내 목재 수요 증가와 더불어, 가구와 같은 목재 가공품의 수출량을 맞추기 위해 해외 산림자원 개발을 확대하고 있다. 러시아와 동남아시아 열대우림 지역에서의 목재 수입이 증가하였으나, 최근 동남아시아 국가의 산림보전 강화로 인해 지리적으로 멀리 떨어진 아프리카 국가에서 목재를 수입하고 있다. 그 과정에서 산림과 같은 자연자원에 대한 의존도가 높은 지역사회의 환경과 사회에 부정적인 영향을 미치고 있다. 목재 수출로 인해 이익을 보는 집단은 제한되어 있으며 오히려 목재를 개발하고 수출하는 과정에서 발생하는 안전, 환경에 대한 부정적인 영향에 대한 고려가 부족한 실정이다.

중국의 영향력이 점차 커지는 상황에서 우리가 중국을 제대로 이해하는 일은 매우 중요하다. 베이징에서 나비가 날갯짓을 하면 뉴욕에서 거대한 폭풍이 발생할 수 있다는 것처럼, '나비효과'는 작은 차이가 예측할 수 없는 큰 차이를 불러일으키는 것을 의미한다. 중국으로 목재를 수출하는 아프리카의 작은 지역사회에서 발생하는 여러 문제는 어쩌면 이러한 나비효과로서 예측할 수 없는 결과일 수도 있다. 중국의 목재 가공품에 의존하는 우리나라를 비롯한 여러 선진국이 이러한 부정적인 목재 생산 수입구조를 방관하지 않기 위해서 이러한 중국의 산림 정책의 변화과정을 이해해야 하고 이 글이 그러한 기대에 조금이라도 기여했으면 하는 바람이다.

References

▷ 논문(학위논문, 학술지)

• Asanzi, P., Putzel, L., Gumbo, D. and Mupeta, M., 2014, "Rural livelihoods and the Chinese timber trade in Zambia's Western Province", International Forestry Review, 16(4), pp.447-458.

• Dai, L., Zhao, W., Shao, G. F., Lewis B. J., Yua, D., Zhou, L. and Zhou, W. M., 2013, "The progress and challenges in sustainable forestry development in China", International Journal of Sustainable Development & World Ecology, 20(5), pp.394-403.

• Forest Trends, 2017, "China's Forest Product Imports and Exports 2006-2016: Trade Charts and Brief Analysis".

• Gao, J., Liu, Y. S. and Chen, Y. F., 2006, "Land cover changes during agrarian restructuring in Northeast China", Applied Geography, 26(3-4), pp.312-322.

• Haglund, D., 2009, "In it for the long time? Governance and learning among Chinese investors in Zambia's copper sector", The China Quarterly, pp.627-646.

• Huang, W. B., Wilkes, A., Sun, X. F. and Terheggen, A., 2013, "Who is importing forest products from Africa to China? An analysis of implications for initiatives to enhance legality and sustainability", Environment, Development and Sustainability, 15(2), pp.339-354.

• Liu, C. and Wu, B., 2010, "Grain for Green Programme in China: Policy making and implementation", Policy Briefing Series.

• Van Holt, T. and Putz, F. E., 2017, "Perpetuating the myth of the return of native forests", Science advances, 3(5), pp.1-3.

• Viña, A. and McConnell, W. J., Yang, H., Xu, Z. and Liu, J., 2016, "Effects of conservation policy on China's forest recovery", Science advances, 2(3), pp.1-7.

• Wang, S., Van Kooten, G. C. and Wilson, B., 2004, "Mosaic of reform: forest policy in post-1978 China", Forest Policy and Economics, 6(1), pp.71-83.

• Xu, J., 2011, "China's new forests aren't as green as they seem", Nature, 477, p.371.

• Yu, D., Zhou, L., Zhou, W., Ding, H., Wang, Q., Wang, Y., Wu, X. Q., and Dai, L., 2011, "Forest management in Northeast China: history, problems, and challenges", Environmental management, 48(6), pp.1122-1135.

▷ 단행본

• 르몽드 디플로마티크 저, 권지현 역, 2015, 르몽드 세계사 1(하), 휴머니스트.

▷ 언론보도 및 인터넷 자료

• 나무신문, 2016.6.1., "중국의 해외산림투자 아프리카를 중심으로", http://www.imwood.co.kr/news/articleView.html?idxno=17875

• 네이버 백과사전, http://krdic.naver.com/detail.nhn?docid=31292000

• Centre for International Forestry Research(CIFOR), "China's trade and investment in Africa", http://www.cifor.org/china-africa/home.html

• Finlayson R., "Who is importing African timber to China and what might this mean for sustainability?", World Agroforestry Centre, http://blog.worldagroforestry.org/index.php/2013/01/14/who-is-importing-african-timber-to-china-and-what-might-this-mean-for-sustainability/

• Lauance, W., 2011, "China's Appetite for Wood Takes a Heavy Toll on Forests", Yale Environment, 360, e360, http://e360.yale.edu/features/chinas_appetite_for_wood_takes_a_heavy_toll_on_forests

• Luoma, J. R., 2012, "China's reforestation programs: big success or just an illusion". Yale Environment, 360, e360, http://e360.yale.edu/features/chinas_reforestation_programs_big_success_or_just_an_illusion

• MONGABAY, 2008.2.29., "China's wood industry fueled by illegal log imports from rainforest countries", https://news.mongabay.com/2008/02/chinas-wood-industry-fueled-by-illegal-log-imports-from-rainforest-countries/

두만강, 변화하는 자연의 힘
: 사라진 녹둔도(鹿屯島)와 변화하는 국경

오문현 · 임국태 · 김진아 · 이유나 · 박성환(블라디보스토크 자연지리팀)

Ⅰ. 답사를 시작하기 전에

우리에게 두만강은 제법 익숙한 자연지명일 것이다. 한반도의 국경을 이루면서도, 원래의 이름이 토문인지 두만인지에 대한 논쟁이 여전히 남아 있기에 우리 민족에게 역사적인 의미가 있는 공간이다. 하지만 두만강에 직접 가 보거나 어떤 곳인지 살펴볼 수 있는 기회를 갖기란 쉽지 않다. 우리의 머릿속에 두만강이 흐릿하게 남아 있게 된 것도 심리적인 거리는 가깝지만 물리적인 접근은 어렵기 때문일 것이다.

그렇기에 두만강을 마주할 수 있는 이번 답사에 대한 기대감이 더욱 컸다. 두만강은 한반도의 최북단에 위치한 백두산에서 발원하여 동해로 흘러드는 약 550㎞ 길이의 긴 강으로, 러시아, 북한과 중국을 구분 짓는 국경의 역할을 한다. 분단된 상황에서 우리는 안타깝게도 중국 쪽에서 북한을 바라볼 수밖에 없었지만, 두만강과 그 너머의 북한을 볼 수 있다는 사실만으로도 두만강으로 향하는 여정은 설렜다.

하지만 두만강을 더 기대하게 만든 것은 지리학적으로 매우 독특한 자연경관이었다. 두만강은 일반적인 강과는 달리, 중하류 지역부터 퇴적활동이 활발하게 진행되어 그 주변에서는 독특한 지형과 경관이 나타난다. 유로가 지속적으로 달라지는 두만강의 변덕스러움은 이번 답사에 흥미를 더해 주었다. 우리는 두만강 지역을 답사하면서 관찰한 두만강의 매력적인 지형을 소개하고, 두만강의 특징이 주변 지역과 주민에게 미치는 영향을 분석하였다.

II. 두만강을 만나다

두만강은 하폭이 좁아 종종 북한 주민들이 강을 건너 탈북을 감행한다고 한다. 우리가 두만강을 가장 가까이에서 마주한 것은 투먼시에서였다. 실제로 접한 두만강은 정말 규모가 작았다. 국경을 이루기에는 볼품없을 정도로 작은 하천이어서 슬프기까지 하였다. 작은 두만강을 사이에 두고 저 너머의 북한 땅은 손에 잡힐 듯 선명하여 강 건너 같은 민족이 마주하고 있는 순간이 어색하기까지 하였다.

언제 다시 올 수 있을지 기약이 없는 두만강을 좀 더 생생히 보고 느끼기 위해, 우리는 북한의 남양역(南陽驛)을 바라볼 수 있는 투먼다차오(도문대교)에 오르기도 했고, 15분 남짓 운행되는 작은 유람선도 탔다. 유람선이라기보다는 모터가 달린 뗏목에 가까웠다. 배에 오르니 북한 땅은 손에 닿을 듯 더 가까워졌다.

뗏목을 타고 가까이에서 본 두만강은 이상할 만큼 탁하였다. 강물은 다량의 토사가 유입되었는지, 흙탕물 그 자체에 가까웠다. 전날 비가 많이 왔다거나 범람이 있었던 것도 아니었다. 지형학에서 하중은 유량이 많고 유속이 빠를수록 증가한다고 한다. 두만강은 강폭이 좁아 유량이 많지 않지만 유속이 빨라 운반 작용이 활발하게 일어난다. 강을 거슬러 올라가는 뗏목을 타고도 빠른 유속을 느낄 수 있었는데, 배 양옆으로 강물이 소용돌이치기도 하였다. 강물이 탁한 것은 부유하중이 많기 때문이다.

우리가 위치한 곳은 유속이 빠른 중류임에도 불구하고 많은 부유토사로 인해 퇴적이 활발하게 일어나고 있었다. 여행을 떠날 때 여행 가방에 짐을 가득 채워 가지만, 하나둘씩 버우고 오는 것과 비슷하다고 할 수 있다. 하천은 침식·운반·퇴적 작용을 하는데 환경에 따

사진 2.4.1 | 유속이 빠르고 부유하중이 많은 두만강
출처: 직접 촬영

라 우세한 과정이 달라진다. 하천의 어느 부분에서나 침식·운반·퇴적 작용이 일어나지만 토사가 쌓이는 양이 제거되는 양보다 많으면 퇴적이 우세한 것이다. 투먼시와 룽징시 인근을 흐르는 두만강 중하류는 부유물이 많아 퇴적이 우세하여 충적지형이 발달하였으며 유로가 사라지고 새롭게 생겨나는 과정이 계속되고 있다.

초기의 조·중 국경선은 두만강이 흐르는 유로를 따라 설정되었다. 두만강은 하천퇴적 작용으로 사주(沙柱, sandbar)가 발달하고 빈번한 하천의 범람으로 인해 유로는 다양한 형태로 변화한다. 이러한 자연의 변화는 곧 인간사회에 영향을 미친다. 2008년 한 기사에 따르면, 러시아와 북한이 지형 변화에 따른 새로운 국경 획정 원칙을 반영한 새 조약안을 검토했었다고 한다.1)

두만강의 하천퇴적 작용에 가장 큰 영향을 미치는 것은 북한의 민둥산에서 대규모로 유입되는 토사일 것이다. 북한의 산에는 대부분 나무가 없다. 나무를 주요 에너지원으로 사

---

1) 동아일보, 2008.08.07., "北러 1990년 국경조약 "두만강 하상(河床)의 중간으로 설정"".

사진 2.4.2 | 두만강 이남의 북한 민둥산 전경
출처: 직접 촬영

용하고 산림 지역을 농경지로 이용하기 위해 당 주도로 산림을 전부 제거한 탓이다. 답사 시기가 늦여름 내지 초가을이었음에도 불구하고 산들이 황량한 갈색을 띠고 있어 거부감과 공포감마저 느껴졌고, 새터민들이 남한에 와서 푸른 산에 놀라는 이유를 단박에 이해할 수 있었다.

산에 있는 나무의 뿌리는 토양을 단단히 잡아 주는 역할을 하는데, 이 나무가 사라지면 당연히 토사는 쉽게 쓸려 내려간다. 토사가 강수에 의해 유출되는 우세(雨洗) 작용이 활발해지는 것이다.[2] 이러한 산은 강수나 바람 등의 풍화에 취약해질 수밖에 없다. 북한의 민둥산에서 쓸려 내려온 토사는 그 지역에서 고도가 가장 낮은 하천으로 유입된다.

두만강 상류에 위치한 북한의 무산과 중국 룽징의 카이산툰(開山屯) 지역에 철광석과 제지공장이 들어선 것도 두만강의 하중을 증가시키는 요인이 되었다. 무산철광이 매일 채

---

2) 권혁재, 2003, 지형학, 법문사, p.69.

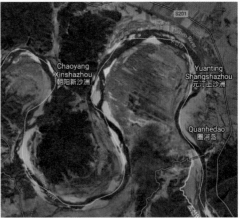

사진 2.4.3 | 두만강의 다양한 하천지형
주: 좌측 위성사진에서는 하중도를, 우측에서는 포인트 바(point bar)를 볼 수 있다.
출처: Google Earth

광 후 남은 어마어마한 양의 폐수를 두만강에 방류했으니[3] 두만강이 탁해지는 것은 물론, 중금속까지 유입되면서 수질도 나빠졌다.

두만강의 하천퇴적지형들은 누구나 지리시간에 한 번씩 들어 본 범람원과 포인트 바와 같은 것들이다. 범람원은 하천이 주기적으로 범람하면서 하천 양안에 하천물질이 퇴적되는 것이고, 포인트 바는 하천의 곡류부 안쪽 사면에 토사가 쌓여 형성된 지형이다. 두만강을 답사하면서 책에서만 배운 지형을 직접 관찰할 수 있다는 것에 굉장히 큰 희열을 느꼈다. 지리학을 공부하지 않았더라면 저 이름 없는 흙더미 따위는 무심코 지나쳤을 테니 말이다.

지속적인 하천의 퇴적 작용으로 없던 땅이 생기거나 유로가 변경되는 등 주변 지형이 변하기도 한다. 땅의 모양이 지도와 완전히 달라질 수 있다는 이야기다. 두만강에서도 그런 과정이 장시간에 걸쳐 일어나고 있으며 위성사진을 통해 거시적인 형태를 확인할 수 있다.

---

3) 환경부, 두만강유역 환경협력방안 마련 출장결과 보고.

지리학의 본격적인 고민은 여기에서 시작된다. 자연의 힘으로 달라져 버린 지형 때문에 어떤 문제가 생겨날 것인가? 새로운 땅이 생겨났으니 이득을 보는 쪽도 있지 않을까?

지리학자들이 단지 땅을 파고 물을 뜨러 다니는 것은 아니다. 답사를 가서 땅과 물을 보기는 했지만, 우리가 던지는 질문은 환경의 변화가 사람들의 생활양식을 어떻게 바꾸는지, 사회적으로 어떤 문제를 야기하는지이다. 지금부터 지리학의 진짜 궁금증에 답해 보고자 한다.

Ⅲ. 잃어버린 녹둔도를 찾아서

지리학은 다양한 지표현상을 주제로 삼는데, 공간의 역사는 주로 역사지리학에서 다룬다. 두만강 하류에 위치한 녹둔도는 조선시대까지는 우리나라의 영토에 속하였다고 한다.4) 녹둔도는 지리책보다는 역사책에서 그 지명을 더 쉽게 만나 볼 수 있는데, 이 섬에 대한 기록이 『세종실록지리지』에서 『동국여지승람』, 「대동여지도」에 이르기까지 조선시대의 고지도에 자주 등장하기 때문이다. 녹둔도는 조선의 북방 국경의 거점으로 경작이 이루어졌으며 방수(放戍)의 기능을 담당했던 곳이다. 녹둔도는 조선 전기부터 동해를 통해 침입하는 왜구를 방어하고 북방 여진족의 침입을 막기 위한 중요한 전략적 장소였다.5) 비슷한 이유로 일본과 청나라에서도 녹둔도에 관심을 가졌다.

녹둔도는 하천과 바다가 '밀고 당기는' 과정에서 만들어졌다. 산지를 굽이쳐 흐르던 두만강은 동해와 만나면서 급격히 유속이 줄어들었고, 운반되어 온 퇴적물은 강 하구에 쌓였다. 장시간에 걸쳐 이 과정이 반복되면서 두만강 하구에는 완만하고 평평한 삼각주가 형성되었다. 강은 흐르면서 유로를 변경하기도 하고 새로운 지형을 만들기도 하는데 이 하천작용이 녹둔도의 운명을 바꾸었다. 녹둔도의 운명이 바뀌었다니, 섬이 옮겨지기라도 한 것

---

4) 손승호, 2016, "두만강 하구에 자리한 녹둔도의 위치와 범위", 대한지리학회지, 51(50), pp.651–665.

5) 이왕무, 2011, "조선시대 녹둔도의 역사와 영역 변화", 정신문화연구, 34(1), pp.119–150.

사진 2.4.4 | 두만강 곡류부 내측에 자갈 및 모래가 퇴적되어 형성된 포인트 바
출처: 직접 촬영

일까?

아쉽게도 조선의 영토였던 녹둔도는 현재 러시아에 속해 있다. 녹둔도가 스스로 국적을 바꾼 것은 아니고 두만강의 하천 작용으로 주변 지형이 변하고 녹둔도 역시 그 위치와 면적, 형태가 달라졌기 때문이다. 예로부터 두만강의 잦은 유로 변경은 녹둔도의 귀속에 대한 시비를 불러일으켰다. 학자들은 녹둔도가 러시아에 연결된 시기를 조선 숙종시기(1674~1720년) 이후, 적어도 18세기 초부터 진행된 것으로 파악하였다. 이는 과거 녹둔도를 나타낸 고지도에서 확인할 수 있다. 정상기의 「동국지도」, 그리고 18세기 후반에 작성된 『여지도서』와 19세기 김정호의 「대동여지도」에서 녹둔도는 두만강 하구에 위치한 독립된 섬으로 묘사되어 있다. 이후 고종황제 때 제작된 함경도 경흥부를 나타낸 지도에서는 녹둔도가 러시아 영토와 연결되어 있어, 조선과 청나라, 러시아 간 국경문제를 복잡하게 만드는 요인이 되었다.6) 정치적으로 혼란했던 조선 말기에, 청나라와 러시아는 녹둔도에

---

6) 이옥희·안재섭, 2000, "두만강하구 녹둔도의 자연과 토지이용 특색 – 현장답사를 중심으로", 지리교육논집, 44, p.17.

대한 국경계약을 체결하여 녹둔도는 러시아 영토로 편입되었다.

　대한제국 수립 이후 우리나라는 잃어버린 녹둔도를 되찾고자 지속적으로 러시아에 반환을 요구하였다. 그러나 러시아 역시 녹둔도의 지정학적 중요성을 잘 알고 있었고, 대한제

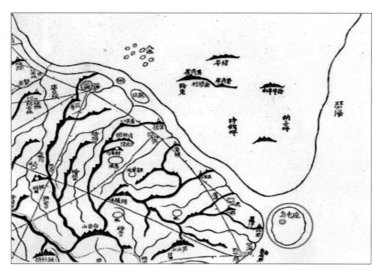

그림 2.4.1 | 「대동여지도」에 나타난 녹둔도
주: 붉은색 동그라미가 녹둔도로 두만강 하구의 섬으로 표현되어 있다.
출처: 국립중앙도서관 고지도 웹 검색 서비스

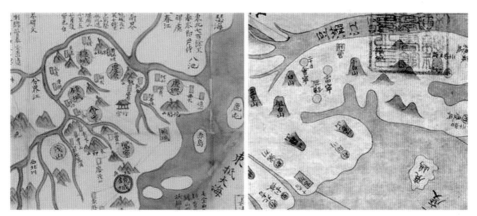

그림 2.4.2 | 「조선팔도지도」의 두만강 하구(왼쪽)와 「해동여지도」에 표현된 녹둔도(오른쪽)
출처: 국립중앙도서관 고지도 웹 검색 서비스

국이 을사조약으로 외교권을 상실하게 되자 이후의 노력은 흐지부지되었다. 국권을 박탈당한 일제 강점기에 녹둔도 귀속문제는 제기되기 어려웠으며, 해방 후 북한과 소련 간 국경분쟁이 발생하자 녹둔도 문제가 수면으로 다시 떠올랐다. 하지만, 1957년 북한과 소련 간 〈국경문제 조정에 관한 협약〉이 체결되고, 1985년 확정되어 북한은 녹둔도를 러시아 영토로 인정하게 된다.

그렇다면 녹둔도는 현재 어떤 모습일까? 1937년 스탈린의 강제이주 정책으로 한인 촌락들이 모두 사라진 후 녹둔도는 60년 넘게 자연 그대로 방치되어 있다. 섬은 불규칙하게 발달한 사구 지역, 사구와 사구 사이의 초지, 넓은 저습지 등 세 가지 지형 유형으로 구분된다. 사구와 사구 사이에 넓게 펼쳐진 저지대의 상당 부분은 과거 우리 선조들에 의해 농경지와 거주지로 이용되었다.7) 이 지역은 관개를 통해 농경지로 쉽게 전환될 수 있는 곳으로, 토지생산성이 높다.

지리학도라면 이러한 지형이 인간 생활과 어떻게 연결될 수 있을지 고민해야 한다. 개발의 측면에서 본다면, 일차적으로 거주나 산업을 위한 시설은 부적절하며, 계절적인 영농을 위한 토지이용은 가능할 것으로 보인다. 이뿐만 아니라 인위적인 개입 없이 자연적인 상태로 방치된 두만강 하류는 하천과 바다가 접하는 곳으로 생물종다양성이 높고 독특한 생태경관이 나타난다. 즉, 녹둔도 일대는 생태적으로 중요할 뿐만 아니라, 이용의 측면에서는 농업용지로서의 잠재력을 지니고 있다고 할 수 있다.

자연은 끊임없이 변화하며 인간사회에 영향을 미치는데 녹둔도가 이러한 관계를 보여주는 예라고 볼 수 있다. 그러나 남북한으로 분단된 까닭에, 녹둔도의 영토나 생태적 가치에 대한 연구가 이루어지기 어려웠다. 이는 상당히 안타까운 일이다. 통일이 지리학 입장에서는 무궁무진한 연구 대상을 제공한다는 점에서 남보다 조금 더 통일을 염원해야 하는지도 모르겠다.

---

7) 안재섭, 2014, "두만강 하류지역의 토지이용에 관한 연구: 러시아 핫산지역과 녹둔도를 중심으로", 국토지리학회지, 38(2), p.162.

Ⅳ. 두만강의 사구

어떤 지역을 이해하는 데 가장 간단하면서도 효과적인 도구이자, 지리학과 연결 지어 처음으로 떠올리는 것은 단연 지도이다. 우리는 지도를 통해 지역의 경계와 형태, 자연과 인문환경에 대한 정보를 얻는다. 여행을 갈 때도, 가장 먼저 지도를 구해 그 지역을 전체적으로 파악하고 여행에 필요한 정보를 수집한다.

답사에서도 지도는 중요하다. 이번 두만강 답사를 떠나기 전에도, 지도를 보면서 우리의 답사 지역이 어디이며 이동거리가 얼마나 되는지, 방문하려는 장소 주변의 특징이 무엇인지 등을 파악하였다. 우리의 답사가 종이 지도를 들고 곳곳을 돌아다니는 탐험대 같은 대학생들의 모습이라고 상상할지도 모르겠다. 하지만 요즘의 지리학과 학술답사는 일상적으로 웹에서 제공되는 지도를 활용하는 것과 크게 다르지 않다. 요즘 제공되는 지도는 보기도 편할 뿐 아니라 위성지도, 지형도 등 다양한 형태로 정보를 제공하기 때문에 답사 전부터 두만강의 모습을 손쉽게 찾아볼 수 있었다. 이 보고서를 위해 훈춘과 두만강의 지도를 많이 찾아보았는데, 강을 따라 늘어서 있는 농경지가 인상적이었다.

두만강은 사구뿐 아니라, 하천의 퇴적 작용으로 삼각주, 습지, 범람원 등 다양한 충적지형이 발달한다. 그중에서도 인간 생활과 가장 밀접한 지형은 범람원이라고 할 수 있다. 범람원은 홍수 시에 하천의 범람으로 형성되는 저습지이다. 구성 물질에 따라서 자연제방과 배후습지로 구분되는데 자연제방은 배수가 양호한 모래질 퇴적물, 배후습지는 침수에 취약한 점토질 퇴적물로 덮여 있다. 침수 위험이 낮고 배수가 용이한 자연제방은 예로부터 농지로 이용되어 왔고, 배후습지는 인공제방을 쌓아 농경지로 개간되어 왔다. 두만강 하안에서도 사각형의 경작지들을 쉽게 발견할 수 있다.

우리는 지리학도로서 한층 더 특별한 관점으로 두만강을 관찰하였다. 두만강은 중국과 북한의 국경지대라는 지정학적 요인 때문에 인간의 간섭을 적게 받아 지형환경이 잘 보전되어 있고, 특이한 경관이 나타날 것으로 생각하였다. 실제로 두만강 하안 곳곳에서 사막

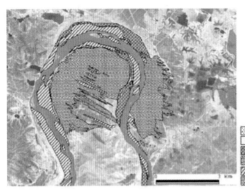

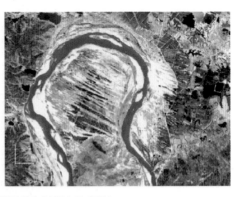

삼각주
사취
수변식생
정착사구
사구
이동사구

그림 2.4.3 | (좌) 이동사주의 분포, (우) 이동사주의 확대에 의한 농경지 침식
출처: 이민부 외, 2006, p.337

처럼 보이는 지형들을 발견할 수 있었다. 위성영상을 통해 서북서−동남동 방향으로 결이 나 있는 모래지형과 더불어 그 위에 듬성듬성 식생이 자라고 있는 모습을 확인할 수 있다 〈그림 2.4.3〉.8)

사막이라고 하면 작열하는 아라비아의 사막이나 끝이 보이지 않는 고비 사막의 모래언 덕이 가장 먼저 떠오른다. 그런데, 뜬금없는 곳에 사막이라니? 마치 누군가 북서쪽에서 남 동쪽으로 뿌려 놓은 듯한, 이 모래 덩어리들은 어디서 온 것일까?

이 지형의 이름은 바로 '사구'이다. 사구란 바람에 의해 모래가 운반, 퇴적되어 만들어진 모래언덕이다〈사진 2.4.5〉. 사구가 만들어지기 위해서는 건조한 모래가 많고, 입자의 크기 가 다양한 퇴적물로 이루어진 지역에 나무와 풀 같은 식생이 자라지 않아야 한다. 이런 지 역에서 강풍이 불면 먼저 지표의 먼지가 제거되고, 그 후에 모래가 바람에 의해 자갈에서 분리되면서 바람에 실려 이동해 다른 지역에 쌓이고 사구가 형성된다.9)

우리나라에도 사구가 있다. 우리나라의 사구는 서해안 사빈의 배후 지역과 제주도 일부,

---

8) 이민부·김남신·이광률·한욱·김석주, 2006, "두만강 하류 사구의 분포와 변화에 관한 연구", 대한지리학회지, 41(3), pp. 337-338.

9) 권혁재, 앞의 책.

사진 2.4.5 | 두만강 하류 위성사진
출처: Google Earth

동해안 지역에 분포하는데, 그중 대표적인 것이 태안반도의 신두리 해안사구이다.10) 이 사구의 모래는 주변 산지의 운모편암이 깎이거나, 파랑에 의해 침식된 물질이 해안가로 밀려와 쌓인 것이다.11) 북서풍이 강한 서해안 지역에서 갯벌과 사빈의 모래가 바람에 운반, 퇴적되어 대규모의 신두리 해안사구가 형성되었다.

사구는 일반적으로 해안가나 사막에 형성되는데, 특이하게도 두만강에서는 강의 유로를 따라서 사구가 형성되어 있다. 사구가 만들어지기 위해서는 바람과 모래가 모두 있어야 하는데, 두만강 일대는 이 두 조건이 모두 충족되어 사구가 발달할 수 있다. 시베리아에서 불어오는 강한 북서계절풍의 영향을 받아 두만강의 사구는 북서 방향으로 결이 나 있는 것처럼 보인다. 그렇다면 모래는? 이 지역의 사구 연구에 따르면, 두만강 사구는 하천과 해안 기원의 모래, 화산재 등 다양한 물질들로 구성되어 있다고 한다.12) 이는 두만강이 다른 강에 비해 토사가 많이 유입될 수 있는 가능성이 있다는 것을 의미한다. 물론 북한의 민둥산과 같이 인위적인 요인도 무시할 수 없으며 사구의 발달로 인해 두만강으로 유입되는 물질

---

10) 충남 태안군 원북면 신두리에 위치하고 있으며, 2001년에 천연기념물 제431호로 지정되었다.

11) 태안군청, http://www.taean.go.kr/prog/tursmCn/tour/sub02_01/view.do?cntno=41

12) 이민부·주철, 2012, "두만강 하류 사구지형의 특징과 형성과정에 관한 연구", 한국지형학회지, 19(1), pp.35-38.

사진 2.4.6 | 이동사구(좌)와 정착사구(우)
출처: Google Earth

은 더 많을 것이다.

사구는 크게 이동사구와 정착사구로 나뉜다. 이동사구는 사구가 형성되고 시간이 지나면서 바람이 불어오는 쪽에서는 모래가 제거되고, 제거된 모래가 바람을 등진 쪽에 쌓여서 모래더미가 전체적으로 움직이는 것이다. 두만강 유역에서는 이동사구와 정착사구를 모두 볼 수 있었다.

위성사진 〈사진 2.4.6〉 중 왼쪽 사진은 이동사구지역이다. 겨울철 북서계절풍의 방향을 따라 형성된 사구가 최근에도 계속해서 이동하고 있다고 한다. 사구의 북서쪽에는 농경지와 도로가 있는데, 계속 불어오는 모래바람과 모래언덕의 이동으로 인해서 농경지와 도로가 잠식당하고 있는 상황이다.13)

〈사진 2.4.6〉의 오른쪽 사진은 정착사구 지역이다. 사진에서 보듯이 강가의 관목과 초본류가 사구를 고정시킴으로써 사구가 이동할 수 없다. 흥미로운 점은 위성사진에서처럼 식생들도 사구의 결과 같은 방향으로 자라고 있다는 것이다.

---

13) 이민부 외, 2006, 앞의 논문, pp. 337-338.

이상하지 않은가? 모래뿐인 사구에 식생이라니. 사구 위에 식생이 자라기 시작하였다는 것은 곧, 사구의 토양에서 식생이 자랄 수 있다고 생각해 볼 수 있다. 따라서 식생이 생존할 수 있는 공간의 결을 따라 식생 또한 북서방향으로 자란 것으로 추측할 수 있다. 사막은 건조하지만, 그렇다고 생물이 아예 살 수 없는 건 아니다. 수분은 사구 밑에 형성된 지하수층에서 공급되었을 것이다. 바닷가에서 모래성을 만들던 기억을 떠올려 보자. 모래를 계속 파다 보면 어느샌가 촉촉한 모래가 나오고, 거기서 더 파면 물이 고이기 시작한다. 같은 원리로 사구의 아래쪽에도 지하수가 저장되어 있다.

지리학에서는 별 의미가 없어 보이는 모래언덕에도 '사구'라 이름 붙이고 주의 깊게 연구한다. 자세히 살펴보니 아무 쓸모도 없어 보이는 두만강의 하안사구도 사실은 생태계의 일부로서 역할을 다하고 있었다. 역시 겉만 보고 판단하면 안 된다.

V. 시시각각 변화하는 조·중 접경지대

이제 두만강이라는 자연환경이 인간사회에 어떻게 영향을 미치는지 살펴볼 차례다. 바로 국경으로서의 두만강이다. 국경은 국가 간의 지리적, 정치적 경계를 의미한다. 국경에는 큰 지형인 강이나 산맥 등을 경계로 하는 자연 경계가 있는데, 북한과 중국 두 나라는 1962년 10월 12일에 체결한 조·중 변계 조약에서 압록강, 백두산, 두만강을 경계로 하는 국경선을 정한 바 있다. 이 조약에서 흥미로운 내용은 바로 압록강과 두만강의 하중도와 사주의 귀속에 관한 것이다. 두만강 하구에 위치한 녹둔도의 유로 변경으로 영토 귀속 문제가 야기된 것처럼, 압록강과 두만강의 하천 작용으로 국경선 설정 문제가 대두되었을 것이다.

조·중 변계 조약 제2조 1항은 "조약 체결 전에 이미 한쪽의 공민이 살고 있거나 농사를 짓고 있는 섬과 모래섬은 그 국가의 영토가 된다."고 규정하고 있다. 이에 따라 양측 국경지역의 총 451개 섬과 사주 가운데 북한은 264개, 중국은 187개의 섬과 사주에 대한 영토

권을 갖는다.14)

그런데 문제는 하천이 고정불변의 지형이 아니라 계속해서 변하는 활동적인 지형이라는 점이다. 국경선 문제는 지형의 변화가 인위적인 경계와 일치하지 않아 발생하는 정치적인 문제이다. 위성영상을 확인한 결과, 조·중 국경선이 현재의 하천을 따라 설정되어 있는 것이 아니라 포인트 바나 과거 하천 유로였으나 그 길이 끊겨 생겨난 우각호15)를 가로지르는 형태로 그어져 있다〈사진 2.4.7과 사진 2.4.8〉. 처음에는 강의 중앙선을 따라 국경이 설정되었을 테니, 국경선은 과거 국경선 설정 당시의 유로를 의미한다. 그런데 점차 유로가 변경되었고, 강의 과거 유로에는 구하도와 우각호만이 남았다. 그리고 현재의 두만강의 유로는 국경선과 일치하지 않게 되었다.

두만강의 유로 변경으로 생겨난 새로운 토지인 포인트 바 또한 국경선에 의해 둘로 나뉘기도 한다〈사진 2.4.7〉. 거기에 쌓인 모래들은 하천이 퇴적시킨 비옥한 토사일 것이고, 그 새로운 땅은 시각적으로는 북한에 속하게 되었다. 물론 새로 생긴 지형은 사라질 수도 있

사진 2.4.7 | 두만강 조·중 접경 지역
출처: Google Earth

14) 중앙일보, 2000.10.16., "북한·중국 국경조약 전문 최초 확인".
15) 유로가 변경되는 과정에서 하천의 일부가 떨어져 나가 호수로 남은 것을 말한다.

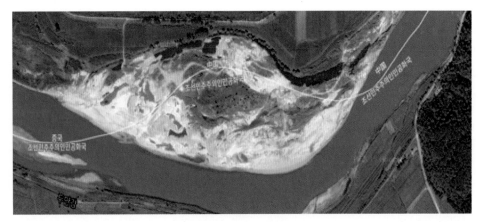

사진 2.4.8 | 두만강 조·중 접경 지역
출처: Google Earth

고 그 소속이 바뀔 수도 있다. 애매한 위치에 놓여 있는 모래밭에서 북한 주민과 중국 주민이 마주친다면 꽤 재밌는 광경이 될 것이다.

두만강의 유로 변경으로 인한 국경선과 자연 경계의 차이를 잘 보여 주는 예로 〈사진 2.4.9〉을 살펴보자. 사진 중앙부의 최상단에는 우각호가 있고, 그 아래에 국경선이 지나간다. 이 지역에서 유로 변경이 두 차례 있었음을 추측해 볼 수 있다. 현재의 국경선이 그어질 당시, 두만강은 위성영상의 최상부와 같이 곡류하다가 유로가 변경된 후, 국경이 설정되었을 것이다. 계속된 퇴적 작용으로 모래톱이 성장함에 따라 두만강이 남쪽으로 계속 이동하여 현재와 같은 강의 흐름이 나타났을 것이다.

앞에서 제시한 예들은 일부에 불과하다. 두만강 전반에 걸쳐 불규칙하고 역동적인 지형 변화가 일어나고 있을 것이고, 두만강과 함께 자연 경계의 역할을 하는 압록강도 비슷할 것이다. 그런데 이러한 지형 변화들은 국경선뿐만 아니라, 두 국가의 영토에도 영향을 미치므로 중요한 사안이다. 즉, 자연 경계를 기반으로 한 국경선 설정의 근거가 흔들리고 새로 생겨난 땅의 소유 여부에 대한 논란이 발생할 수도 있다.

두만강의 지형 변화가 수십 년에서 수백 년에 걸쳐 일어나기 때문에 국가 간의 중요사안

사진 2.4.9 | 두만강 조·중 접경 지역
출처: Google Earth

으로 잘 다뤄지지는 않지만 갈등의 씨앗이 될 수 있다. 1962년 조·중 변계 조약 체결 당시에 두 나라 모두 이를 비밀로 유지하여 1999년까지 구체적 내용을 알 수 없었다. 이로 미루어 볼 때, 현재 중국과 북한이 어떤 비밀 국경 조약을 맺었는지 알 수는 없지만, 한반도 통일 후에 이 조약은 중국과의 국경 분쟁을 야기할 수도 있다.

VI. 답사를 마치며

두만강은 부유하중이 많아 중·하류 부분에서 퇴적 작용이 발생하고 있었으며, 이로 인해 유로가 지속적으로 변해 포인트 바와 우각호 등 다양한 퇴적지형을 만들어 내고 있었다. 두만강의 유로 변경으로 러시아에게 귀속된 녹둔도는 우리가 장차 연구해 봐야 할 공간이기도 하며, 이에 따라 국경의 개념을 명확히 할 수 있는 방안을 제시할 수 있어야 한다.

한편, 두만강 주변의 경관은 기대했던 것처럼 이색적이었다. 북서–남동 방향으로 발달한 사구와 그 위에서 같은 방향으로 자라고 있는 식생은 마치 우리의 관심을 사기 위해 만든 작품 같았다. 두만강은 중국과 북한의 국경지대라는 지정학적 요인 때문에 인간의 간섭을 적게 받아 지형환경이 잘 보전되어 왔다. 이 지역의 지형들은 자연성이 우수하며 생태적으로 중요한 기능을 하고 있으므로 보전과 연구의 대상이 될 수 있다.

　비록 분단의 현실로 인해 두만강으로의 접근성이 떨어지지만 한반도 최북단의 경계인 두만강의 지리적 중요성을 감안했을 때, 이 지역에 대한 지리학자들의 많은 관심이 필요하다. 두만강의 지역성은 무엇이며, 어떻게 변화하고 있고 마을에서 국가에 이르기까지 어떤 영향을 주고받는지에 대해 우리는 질문해야 한다.

References

▷ 논문(학위논문, 학술지)

· 손승호, 2016, "두만강 하구에 자리한 녹둔도의 위치와 범위", 대한지리학회지, 51(50), pp.651-665.

· 안재섭, 2014, "두만강 하류지역의 토지이용에 관한 연구: 러시아 핫산지역과 녹둔도를 중심으로", 국토지리학회지, 38(2), pp.155-165.

· 이민부·김남신·이광률·한욱·김석주, 2006, "두만강 하류 사구의 분포와 변화에 관한 연구", 대한지리학회지, 41(3), pp.337-338.

· 이민부·주철, 2012, "두만강 하류 사구지형의 특징과 형성과정에 관한 연구", 한국지형학회지, 19, pp.29-40.

· 이옥희·안재섭, 2000, "두만강하구 녹둔도의 자연과 토지이용 특색 – 현장답사를 중심으로", 지리교육논집, 44, pp.13-25.

· 이왕무, 2011, "조선시대 녹둔도의 역사와 영역 변화", 정신문화연구, 34(1), pp.119-150.

▷ 단행본

· 권혁재, 1974, 지형학, 법문사.

· 권혁재, 2003, 지형학, 법문사.

▷ 언론보도 및 인터넷 자료

· 국립중앙도서관 고지도 웹 검색 서비스

· 동아일보, 2008.8.7., "北러 1990년 국경조약 두만강 하상(河床)의 중간으로 설정", http://news.donga.com/3/all/20080807/8612988/

· 중앙일보, 2000.10.6., "북한·중국 국경조약 전문 최초 확인", http://news.joins.com/article/ 3982100

· 태안군청 홈페이지, http://www.taean.go.kr/prog/tursmCn/tour/sub02_01/view.do?cntno=41

· 환경부, 두만강유역 환경협력방안 마련 출장결과 보고서, http://www.me.go.kr/m/web/policy_data/read.do;jsessionid=zaO4jqqn5bKw8q1q4TVuKkjaUaOzSEKU2mk9aZKLYHWae9dH6jVVVew2664bupPL.meweb2vhost_servlet_engine1?pagerOffset=4500&maxPageItems=10&maxIndexPages=10&searchKey=&searchValue=&menuId=32&orgCd=&seq=418

'자연'으로 '자연'하는 그곳, 백두산

박상호 · 김성훈 · 신재섭 · 박채연 · 전형근(창춘 자연지리팀)

Ⅰ. 답사를 시작하기 전에

백두산은 오랫동안 민족의 영산(靈山)으로 한국인의 가슴속에 각인되어 왔다. 각 시대상에 따라 백두산은 건국신화의 기원지로서, 때로는 독립운동의 구심점으로서 인식되었고, 오늘날에는 남북한 통일의 상징으로 여겨지고 있다. 그만큼 백두산은 단순히 한반도 북부 끝자락에 위치한 산이 아닌, 우리에게 상징적이고 특별한 의미가 있는 장소이다. 하지만 이러한 관점에만 치우쳐 백두산이 지역주민의 생활 터전이기도 하였다는 점을 간과해서는 안 된다. 고대부터 광복 이전의 일제강점기까지도 백두산 일대에는 수많은 한국인이 거주하면서 벌목을 하거나 약초를 채집하는 생활을 영위하였다. 이렇듯 백두산은 한국인에게 민족을 상징하는 추상적인 경관이면서도 한편으로는 실제적인 삶의 공간이었다.

백두산은 한국인의 생활에 적지 않은 영향을 주었으며 역사기록에서도 이를 확인할 수 있다. 약 2000년 전, 초기 고구려는 압록강 유역에서 성장하고 있었다. 당시 압록강은 백두산에서 갈라져 나온 산세를 따라 지금의 만주, 평안도, 함경도로 뻗어 가는 수많은 지류를 가지고 있었다. 압록강의 지류를 따라 해상무역을 일찍이 발전시킨 고구려는 고대 동북아시아의 맹주로 성장할 수 있었다. 이의 연장선상에서 생각해 볼 수 있는 것이 '풍수지리'이다. 백두산 정상에서 갈라져 나온 산맥들은 한반도 전역에 분수계를 연쇄적으로 형성한다. 취락은 이 분수계를 따라 형성되고 배산임수의 취락은 도시로 성장하였다.

하지만 백두산과 한국인의 밀접한 관계와 애착에도 불구하고 한중수교 이전에는 남북분단의 상황에서 남한 사람에게는 백두산에 대한 물리적인 접근이 차단되었으며, 이는 남한 사람에게 백두산을 추상적인 공간으로 한정시켰다. 1992년 한중수교가 이루어진 이후에야, 남한의 국민은 관광을 통해 백두산을 접할 수 있게 되었다. 현재의 한국인에게 백두산은 과거의 생활공간이 아닌 관광지로서의 의미만이 강화되었다. 백두산과 단절된 기간에 실제적인 공간으로서 백두산을 기억하는 세대가 사라졌기 때문이다. 백두산을 찾는 한국인 관광객은 수교 이후 급증하면서 백두산 자체도 관광 개발의 대상으로서의 성격이 강화되었다. 더불어 2000년대 이후 중국의 둥베이지방 개발이 활발해지면서 백두산을 찾는 중국인 관광객도 급증하였다. 2015년 지린성 통계에 따르면, 당해 상반기 중국 쪽 백두산을 찾은 관광객 수는 80만 명에 달했고 7월 중순부터 일일 관광객은 평균 5000명에서 2만 명으로 증가하였다.

해마다 백두산을 찾는 관광객이 증가하면서 백두산 생태계를 보존해야 할 필요성 또한 커지고 있다. 백두산은 생태적 가치가 크기 때문에 보전의 관점을 견지하는 것이 무엇보다 중요하다. 백두산은 해발고도에 따른 기후대의 변화가 뚜렷하여 이를 기후변화가 얼마나 진행되었는지 측정할 수 있는 지표로 삼을 수도 있다. 이 일대는 만주와 한반도 북부 일대의 다양한 동식물군이 천이를 하는 장소로서 생물종다양성이 높을 뿐만 아니라, 백두산 천지, 용암대지, 고산초원 등 지리학적으로 학술가치가 높은 독특한 자연지형이 많다. 그럼에도 불구하고 백두산에 대한 일반 대중의 인식은 추상적인 공간 혹은 특이한 관광지로만 머물러있는 것으로 보인다. 따라서 우리는 이번 답사를 통해 백두산을 직접 체험하고 이를 소개함으로써 생태적으로 의미가 있는 백두산을 그려 내고자 하였다.

II. 백두산의 지리적 특성

1. 백두산의 기후와 토양

백두산은 높은 해발고도로 인해 전형적인 고산기후의 특성을 띤다. '고산기후'는 삼림이 존재할 수 있는 고도의 한계보다도 더 높은 고지의 기후를 의미하며, 그 이하의 경우는 '산악기후'라고 칭한다. 백두산의 경우, 대략 해발 2,000m선에서 삼림한계선이 나타나기 때문에, 백두산 일대는 산악기후와 고산기후가 공존한다고 볼 수 있다. 백두산은 고도가 높고 주변 지형이 평탄한 현무암대지로 이루어져 있어 다른 지역에 비해 강풍이 잦다. 북서풍과 남서풍이 주를 이루며 바람이 세고 방향 또한 시시각각 변화할 뿐 아니라 천지 부근에서는 바람이 소용돌이치는 용오름현상도 쉽게 나타난다.

백두산을 포함한 한반도 전 지역은 겨울철 시베리아 고기압의 영향을 받아 찬바람이 강하게 분다. 백두산의 높은 지형 특성을 고려해 본다면, 공기가 지형에 의해 상승하거나, 복사냉각이 유리하게 작용하여 구름이 자주 발생한다는 사실을 쉽게 유추할 수 있다. 그래서 백두산 일대는 우레현상이 잦은 편이다. 백두산은 동해로부터 불어오는 더운 공기가 대륙에서 불어오는 차고 건조한 공기와 만나는 장소이기 때문에 강우와 강설도 빈번하다. 백두산에는 안개가 자주 발생하여 주변 대지를 덮기도 한다. 이는 더운 계절의 아침과 저녁에 자주 발생하지만, 기상 현상에서 뚜렷한 법칙성이 없는 편이기에, 기상 변화가 일 단위로 자주 나타난다. 이에 더해 천지의 지형적 특성이 백두산 정상부의 기후를 복잡하게 만들기도 한다. 천지의 수평거리 대비 수직거리가 길고 높은 벼랑이 있어 국지적으로 기온의 변화를 심화시킨다. 기압 분포도 복잡하여 천지 일대의 기후는 백두산 중턱과 다르게 나타난다.

백두산 일대는 다른 지역에 비해 겨울철이 더 길다. 일교차의 경우 겨울철이 여름철보다, 백두산 정상부가 백두산 중턱보다 더 크다. 다음 〈표 2.5.1〉은 백두산의 전반적인 기후 특성을 정리한 것이다.

항목	기온	항목	기온
연평균기온	6~8℃	최고기온	18~20℃
1월 평균기온	−23℃(최저 −47℃)	7월 평균기온	8~21℃
1월의 평균 일교차	7.5℃	7월의 평균 일교차	4.8℃

현재 백두산은 휴화산이며, 고생대부터 신생대까지 여러 시대의 지층들이 모두 관찰된다. 백두산의 화산 활동은 약 2억 년 전인 쥐라기 시대에서 신생대 제4기까지 지속되었는데, 이 중 신생대 제3기부터 활발했던 화산 분출은 현무암질 용암의 대량 유출을 초래해 약 5,350㎢의 넓은 백두용암대지를 형성하였다. 백두산의 토양은 신생대 제4기 이후 기후변동에 따라 발달하였다.

백두산 일대의 자연환경 변화 및 토양 형성은 크게 4단계로 구분지어 볼 수 있다. 1단계는 산악빙하에 의한 삼림한계선의 하강 및 고산토양형성 단계이다. 2단계는 빙하기가 마무리되고 후빙기의 온화한 기후가 나타나면서 삼림 식물대가 변화하며 나타난 토양의 교차단계이다. 3단계는 부석분출에 의한 이전 식물과 토양의 매몰단계이다. 4단계는 현대식물과 부석층 토양을 포함한 현대토양의 최종적인 완성단계이다. 부석층토양은 부석층을 모암으로 하여 발달한 화산기원의 토양으로, 다른 표층에 비해 부석 함량이 높아 검은색을 띤다.

그 결과, 백두산에는 동결층이 긴 기간 유지되고 한랭한 기후조건에서 형성된 토양, 평탄한 현무암대지의 습한 조건에서 형성된 토양 등 다양한 토양분류형이 나타난다. 백두산의 식생은 고산기후와 함께 건조하고 한랭한 겨울과 습윤한 여름의 기후특성으로 다양해졌다.

2. 백두산의 동식물

한라산과 마찬가지로 백두산은 수직적으로 각기 다른 기후대가 나타난다. 해발고도의 변화에 따라 나타나는 3개의 기후대에 분포하는 식물종 역시 상이하다. 다양한 기후대가 관찰되는 만큼 백두산 일대는 다양한 생물의 서식지이다. 50여 종의 산짐승, 꿩·부엉이·딱따구리를 포함한 137종의 새, 산천어·열목어 등의 냉수성 어류, 그리고 나비 등의 곤충도 찾아볼 수 있다. 백두산을 대표하는 동물로는 백두산 호랑이(한국 호랑이)가 손꼽히는데, 이 외에도 검은담비, 수달, 표범, 사향노루, 사슴, 백두산사슴, 산양, 큰곰 등의 희귀동물도 서식하고 있다. 이와 함께 적송, 잎갈나무, 가문비나무, 자작나무 등이 어우러져 훌륭한 산림자원도 얻을 수 있다.

3. 백두산의 자연지형

백두산의 자연지형은 다양하고 지리학적으로 가치 있는 것들이 많지만, 이 글에서는 직접 관찰했던 지형 위주로 소개한다. 이를 통해 답사를 했던 이들은 답사의 추억을 떠올리게 되고 아직 백두산을 가 보지 않은 독자들은 답사를 하는 느낌을 받을 수 있기를 기대한다.

1) 고산초원

고산초원은 수목한계선 이상에서 나타나며 추위와 건조함을 견디는 고산초본식물상이 발달하여 생긴 초원이다. 우리가 방문했던 시기에는 다른 여행객들이 찍어서 올린 예쁜 백두산의 고산초원을 관찰할 수는 없었다〈사진 2.5.1〉. 최근에는 백두산 관광객이 증가하면서 관광객의 토양 답압이 고산초원 생태계를 파괴하고 있다. 이는 인간이 고산초원 생태계를 교란하는 중요한 요인이 되고 있다는 의미이며, 이를 해결하기 위해 입장 제한과 같은 새로운 보호책이 필요하다.

사진 2.5.1 | 황량한 백두산 천지
출처: 직접 촬영

2) 용암대지

백두산 용암대지는 만주지방에서 북동-남서 방향으로 연결되는 창바이산맥의 일부로 해발고도 1,000m, 기복 200m 내외, 면적은 4만 5000㎢ 정도이다〈사진 2.5.2〉. 이 중 해발고도 1,000m의 얼다오바이허에서 1,800m의 백두산에 이르는 지역은 경사도가 8~12도로 비교적 완만하며 녹회색 현무암이 많다. 이러한 현무암 고원은 신생대 제3기 말인 260~290만 년 전에 열하분출에 의하여 만들어졌다. 고도 1,800m에서 2,100m까지는 다공질의 알칼리 현무암, 응회암, 조면암 등이 분포하며 2,100m에서 2,400m까지의 고도에서는 산성 용암의 유동구조를 잘 보여 주는 유문질 암석, 알카리 조면암 등이 분포하고 2,500m 이상의 고도에서는 부석이 많다.

부석이란 스펀지 상태의 구조를 지닌 다공성 화산 생성물인데, 백두산 폭발 시 쇄설물과 함께 지표에 분출된 것이다. 이러한 화산 쇄설물과 부석층의 풍화 정도에 따라 토양의 비옥도는 달라진다. 화산 쇄설물과 부석층이 장기간의 토양화 과정을 거친다면, 토양이 비옥해지고 농업생산성이 높아진다. 이에 비해 화산 고지대에 존재하는 부석층은 풍화가 활발

사진 2.5.2 | 백두산의 용암대지
출처: 직접 촬영

하지 않아 아직 입자가 크며, 식생 발달의 제한 요인으로 작용한다.

3) 천지

　해발 2,155m에 위치한 천지는 남북으로 4.85㎞, 동서로 3.35㎞이며 둘레의 길이는 14㎞인 칼데라호이다. 칼데라호는 화산체가 형성된 후 산정상부의 함몰에 의해 만들어진 호수로 천지의 경우 약 260만 년 전 시작된 화산활동으로 형성되었다〈사진 2.5.3〉. 천지 주변은 절벽으로 둘러싸여 있으며, 매우 불규칙한 호수 윤곽, 용암류의 방향, 화산 퇴적물의 특성, 천지 주변의 독특한 지형 등을 근거로 최소 2개 내지 3개 이상의 화구가 연합되어 형성되었다고 추정된다.

　천지 수위는 1년 내내 거의 비슷하다. 강수량과 상관없이 천지의 수위가 일정한데, 우선 천지 내부 바닥에 있는 온천에서 물이 공급되며, 쌓인 눈이 녹아 천지에 지속적으로 유입되기 때문이다. 달문은 천지에서 유일하게 지표를 통해 물이 배출되는 부분이며 장백폭포

사진 2.5.3 | 백두산 천지
출처: 직접 촬영

와 연결되어 흐른다.

마지막으로 백두산 천지 바닥에는 커다란 바위들이 존재한다. 칼데라호 중심에 커다란 바위가 존재하게 된 이유는 바로 백두산 폭발 과정에서 분출된 암석이나 천지 주변에서 침식되어 떨어진 암석들이 천지가 얼어 있을 때 얼음 위로 떨어졌다가 얼음이 녹거나 이동하면서 호수 중심부로 돌이 운반되고 천지 바닥에 이 암석들이 가라앉게 되었기 때문이다.

4) 설식와지

우리는 백두산 천지로 올라가는 길목에서 푹 꺼진 와지를 발견하였다〈사진 2.5.4〉. 이러한 지형이 북사면에 위치해 있다는 점을 고려해 보았을 때, 그 생성원인을 설식(雪蝕, nivation)이라고 추정해 볼 수 있다. 설식이란 아한대지대나 고산지대에서 흔히 관찰할 수 있는 지형생성과정으로, 국지적인 범위에서 일어나는 눈에 의한 침식 작용이다. 설식은 크게 두 가지 원리로 발생한다. 첫 번째로 눈이 쌓여 있는 층의 아랫부분이나 주변부에서 일

사진 2.5.4 | 백두산의 설식와지
출처: 직접 촬영

어나는 서릿발의 쐐기 작용이다. 두 번째, 기온이 높아지는 봄철이나 여름철에 기존의 눈이나 얼음이 쌓여 있는 층이 녹아 생성된 물이 사면을 따라 흘러내려 가면서 침식효과가 발생한다. 이러한 설식와지는 일종의 양의 되먹임을 보여 주는데, 한 번 생성되면 침식된 틈으로 서릿발 효과가 집중되고, 얼음이나 눈이 녹아 생긴 물이 유입되어 더 큰 침식을 유발한다.

5) 장백폭포와 U자곡

장백폭포는 낙차가 68m로, 달문을 거쳐 흘러나온 물이 이 폭포를 지나 천문봉과 용문봉 사이의 골짜기로 흘러간다〈사진 2.5.5와 사진 2.5.6〉. 가파른 경사로 인해 물살이 빠르며, 물줄기 한가운데 있는 거대한 바위로 인해 물줄기가 두 갈래로 나뉜다. 장백폭포로 올라가는 길목에 있는 온천광장은 지하수가 열점을 지나 뜨거워진 상태로 지표면으로 올라오면서 형성되었다. 폭포에 오르는 길 옆의 하천에는 장백폭포의 차가운 물과, 온천의 따뜻한

<table>
<tr><td>사진 2.5.5 | 장백폭포</td><td>사진 2.5.6 | 장백폭포를 등지고 바라본 계곡</td></tr>
<tr><td>출처: 직접 촬영</td><td>출처: 직접 촬영</td></tr>
</table>

물이 함께 흐르고 있었다. 또한, 화산지형인 주상절리와 단층작용의 결과물인 애추사면을 관찰할 수 있다. 장백폭포 일대는 전체적으로 U자 형태를 보이고 있으며, 이는 계곡형태 지수가 상류에서 하류로 갈수록 증가하다 1,750m 부근에서 최댓값을 보이고 그 하류부분 에서부터 다시 감소하는 경향을 보이기 때문에, 빙식곡으로 추정된다. 실제 빙하 기저부의 측정 결과, 최종 빙기와 일치한다.

Ⅲ. 답사를 마치며

보통 백두산을 관광지로서 접근하고 의미를 부여하는 것이 일반적이었다. 남북 분단으로 오랫동안 백두산으로의 접근이 제한되었다가 한중수교 이후 제한이 풀리면서 관광산업의 일환으로 백두산에 접근해 왔기 때문이다. 그 결과, 백두산을 실생활에 가깝게 혹은 자연적인 실재로서 접근하는 시도는 부족하였다고 볼 수 있다. 중국 영토 내의 관광지로서 접근이 가능해졌음에도 실제적으로 백두산에 접근하는 인식은 그 토대가 제대로 마련되지 않았다.

백두산의 자연지리를 소개하면서 알 수 있었던 것은, 백두산과 그 일대를 충분히 '자연지리 교육의 장'으로 활용할 수 있다는 점이었다. 해발고도에 따라 기후대가 다르게 형성되어 다양한 식물군의 천이를 관찰할 수 있고, 한라산과는 또 다른 독특한 지형이 나타난다. 북한에 대한 접근이 불가능한 상황에서 오직 백두산만이 한반도의 북부 지형을 이해할 수 있는 장소라는 사실은 백두산의 중요성을 더욱 부각시킨다.

그럼에도 불구하고 이번 답사를 통해 백두산을 방문해 보니 이러한 토대가 제대로 마련되지 못한 것으로 보인다. 현재 백두산에는 7~8월의 성수기를 맞이하여 수많은 관광객들이 몰리면서 단순한 눈요기 식의 관광이 이뤄지고 있다. 각 자연지형을 설명하는 안내문이나 표지판은 제대로 제공되지 않고 대부분 차량으로 이동하는 상황에서 외부의 지형을 관찰하는 것은 매우 어려운 것으로 보인다. 단체 관광의 경우에는 촉박한 일정과 가이드의 정보 부족으로 백두산에 대한 지리학적인 학습 효과를 기대하기 어렵다.

따라서 우리부터 다른 방식으로 백두산에 접근할 필요가 있다. 사람들이 백두산을 방문할 수 있게 되었고 자연이 매우 수려하다는 것을 알게 되었다면, 이제는 백두산의 자연이 어떠한 의미를 가지고 있고 이를 보전할 수 있는 방법이 무엇인지에 대한 고민이 필요하다. 백두산이 오랫동안 한국인의 생활공간이었고 다양한 생태적 가치를 가진 장소라는 점에서 지리학이 백두산에 관심을 가져야 할 이유는 충분하다.

References

▷ 논문(학위논문, 학술지)

· 길봉섭·김영식·김창환·유현경, 1998, "특집: 백두산 생태계 조사: 백두산 수목한계선 상부의 식생특성", 한국생태학회지, 21(5), pp.519-529.

· 김종홍·윤경원, 1998, "백두산과 북한의 상록활엽수", 한국생태학회지, 21(5-2), pp.531-539.

· 류충걸·최철호, 2005, "백두산 화산활동이 자연경관에 준 영향", 북한학보, 30, pp.89-208.

· 박희두, 2012, "중국 압록강과 두만강 유역의 지리학습장 개발", 한국사진지리학회지, 22(1), pp.39-51.

· 이성이·성영배·강희철·최광희, 2012, "백두산 빙하지형의 존재 가능성과 제4기 화산활동과의 관계", 대한지리학회지, 47(2), pp.159-178.

· 이희선·박헌우·임영득·이성규, 1999, "백두산 달문주변 고산초원의 식물상과 식생", 기초과학연구논총, 13, pp.139-145.

· 정기은, 2008, "중국의 大國化와 백두산 세계자연유산 등재 추진의도", 백산학보, 79, pp.281-302.

· 홍영국, 1990, "백두산의 지질", 지질학회지, 26, pp.119-126.

▷ 단행본

· 김정락, 1998, 백두산탐험자료집, 과학백과사전종합출판사: 평양.

· 김정배·이서행·구난희·조법종·강석화·이종석·도성재·윤성호·현영남·정치영·이상훈·장원석·김병선, 2010, 백두산: 현재와 미래를 말한다, 한국학중앙연구원 출판부: 성남.

· 김한산, 2011, 백두산 화산: 지리·지질·생태·관광, 시그마프레스: 서울.

· 박찬교, 1993, 백두산: 그 형성과 역사, 자연, 생태계, 한겨레신문사: 서울.

· 백두산총서 편찬위원회, 1992, 백두산 총서: 관광, 과학기술출판사: 평양.

· 백두산총서 편찬위원회, 1992, 백두산 총서: 기상 수문, 과학기술출판사: 평양.

· 백두산총서 편찬위원회, 1992, 백두산 총서: 동물, 과학기술출판사: 평양.

· 백두산총서 편찬위원회, 1992, 백두산 총서: 미생물, 과학기술출판사: 평양.

· 백두산총서 편찬위원회, 1992, 백두산 총서: 식물, 과학기술출판사: 평양.

· 백두산총서 편찬위원회, 1992, 백두산 총서: 지질, 과학기술출판사: 평양.

· 백두산총서 편찬위원회, 1992, 백두산 총서: 지형, 과학기술출판사: 평양.

· 백두산총서 편찬위원회, 1992, 백두산 총서: 토양, 과학기술출판사: 평양.

· 유종열, 1992, 백두산: 韓民族의 靈山, 大旺社: 서울.

Chapter 03

중국 둥베이 삼성의 Society

1

중국 둥베이 삼성의 지역경제

강수영(석사과정), 구양미(지리학과 교수)

Ⅰ. 들어가며

지난 반세기 동안 중국 경제는 양적 성장과 함께 급속한 구조 변화를 겪었다.1) 이는 중국의 광대한 국토와 다양한 민족 구성, 정부의 발전전략 등과 어우러져 지역마다 다른 성장방식으로 나타났다. 이 중 둥베이 삼성은 계획경제 시기 중화학공업의 요충지로서 중국 경제의 중추적 역할을 담당하던 곳으로, 개혁개방 이후 장기적인 침체를 겪다 최근 중국정부의 둥베이진흥정책에 힘입어 재도약을 꾀하고 있다.2) 둥베이 삼성은 한반도 현대사의 주요 사건이 발발한 배후 지역이며, 약 160만 명의 조선족이 거주하는 지역으로3) 한국과 지리적으로 가까운 곳일 뿐 아니라, 언어·문화적 동질성이 높은 곳이기도 하다.

이 글에서는 둥베이 삼성 지역경제의 특성과 변화 흐름을 개괄적으로 살펴봄으로써 해당 지역에 대한 이해를 돕고자 한다. 글의 구성은 다음과 같다. Ⅱ절에서는 경제지표를 중

---

1) 양평섭·나수엽, 2009, "중국경제 60년 평가와 전망", 오늘의 세계경제, 9(34), 대외경제정책연구원(KIEP), p.2.

2) 김부용·임민경, 2012, "한·중 경제협력 20년 회고와 전망", 중국 성(省)별 동향 브리핑, 3(12), 대외경제정책연구원(KIEP), p.2.

3) 2010년 기준[최재헌·김숙진, 2016, "중국 조선족 디아스포라의 지리적 해석: 중국 동북3성 조선족 이주를 중심으로", 대한지리학회지, 51(1), p.174.].

심으로 둥베이 삼성의 경제 현황을 간략하게 살펴본 뒤, Ⅲ절에서는 산업구조의 특징과 변화를 알아본다. 이어 Ⅳ절에서는 중국정부의 지역발전전략에 따른 둥베이 삼성 경제의 변화 흐름을 짚어 본 후, 마지막으로 경제적 차원에서 둥베이 삼성이 당면한 과제에 대해 고찰해 본다.

Ⅱ. 둥베이 삼성의 경제 현황

둥베이 삼성은 중국의 최북단에 위치하며 러시아와 네이멍구자치구, 북한과 접히고 있다. 이곳은 청나라 시대부터 내몽골을 포함해 동북지역으로 불렸으며, 1961년 중국정부가 동북 지역을 하나의 경제권역으로 묶으면서 중국 동북 지역은 곧 둥베이 삼성을 의미하게 되었다.4) 〈그림 3.1.1〉은 중국의 (경제)권역 구분을 나타낸 것이다. 중국정부는 지역적 특성과 행정구역을 기준으로 전국을 동부 지역, 동북 지역, 중부 지역, 서부 지역으로 구분하고 해당 권역별로 차별화된 지역발전전략을 세워 놓고 있다.5)

위 4대 권역 중 둥베이지방은 면적, (도시)인구, GDP 등에서 전국 대비 약 8% 수준을 차지하는 비교적 작은 경제권역이다〈표 3.1.1〉. GDP 성장률과 1인당 GDP 증가율은 동급의 행정구역 중 매우 낮은 축에 속해 중국 내에서 가장 더딘 경제 성장을 보인다. 그러나 도시화율은 31개 제1급 행정구역6) 중 랴오닝성은 5위, 헤이룽장성은 11위, 지린성은 14위이며,7) 1인당 GDP 또한 전국 평균을 상회한다.

---

4) 강승호·최병헌, 2004, "중국 동북3성 진흥계획과 인천의 대응", 인천발전연구원, p.9.

5) 중국의 권역 구분에는 절대적인 기준이 없으며, 국가 정책의 전략적 필요에 따라 시기적으로 변화해 왔다. 앞서 서술한 4대 권역(동부·동북·중부·서부)은 2004년 정부업무보고에서 처음 등장했으며[김민정·김주혜, 2015, "중국 지방 성·시별 진출 정보", 대한무역투자진흥공사(KOTRA), p.26], 11차 5개년계획(2006~2010년)부터 대표적인 경제권역으로 사용되었다(이근·한동훈, 2007, "중국정부의 지역경제 발전 계획/전략 및 시사점", 외교통상부, p.2.).

6) 중국의 제1급 행정구역은 23개 성, 5개 자치구, 4개 직할시 등 총 32개 구역으로 구성되어 있다. 통계에서는 타이완을 제외하였다.

7) 중국의 도시화율은 전체 인구에서 비농업인구가 차지하는 비율로 계산한다. 둥베이 삼성은 중화인민공화국 성립 초기, 생산지 주변에 도시를 건설하여 도시화율이 높게 측정되는 경향이 있었다(김천규·이상준·김흠, 2011, "중국 동북지구 지역발전

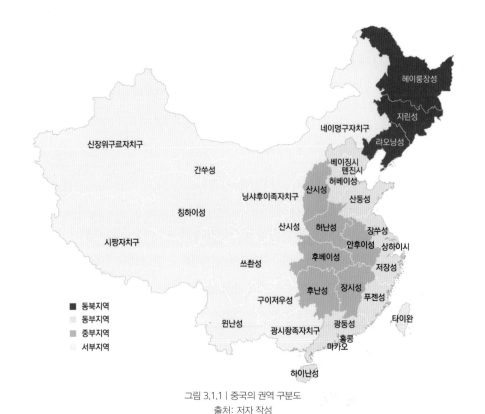

그림 3.1.1 | 중국의 권역 구분도
출처: 저자 작성

한편, 둥베이지방의 각 성 간 지역격차는 큰 편이다. 특히, 랴오닝성과 다른 두 성 간의 격차가 두드러진다. 먼저 1인당 GDP의 경우 동급 행정구역 대비 랴오닝성 9위, 지린성 12위, 헤이룽장성 21위로 랴오닝성과 헤이룽장성이 큰 차이를 보이며, 이러한 격차는 주민 소득과 지출에서도 확인할 수 있다. 일례로 도시주민의 1인당 가처분소득의 경우 랴오닝성은 31,126위안(중국 내 9위)이며, 이는 나머지 두 성에 비해 약 1.25배 높은 수준이다. 1인당 소비지출액에서도 랴오닝성은 9위를 차지한 반면, 지린성과 헤이룽장성은 전체 평균보다 낮게 나타났다.

계획의 특성분석 연구", 경제·인문사회연구회, p.44).

<표 3.1.1> 둥베이 삼성의 주요 경제지표(2015년)

경제지표	랴오닝성	지린성	헤이룽장성	둥베이 삼성(비율)	중국 전체
면적(만㎢)	15	19	47	81(8.4%)	960
인구(만 명)	4,382	2,753	3,812	10,947(8.0%)	137,462
도시인구(만 명)	2,952	1,523	2,241	6,716(8.7%)	77,116
도시화율(%)	67.4	55.3	58.8	60.5*	56.1
GDP(억 위안)	28,669	14,063	15,084	57,816(8.4%)	685,506
GDP 성장률(%)	3.0	6.3	5.7	5.0*	6.9
1인당 GDP(위안)	65,354	51,086	39,462	51,967*	49,992
1인당 GDP 증가율(%)	3.1	6.3	6.0	5.1*	6.4
도시주민 1인당 가처분소득(위안)	31,126	24,901	24,203	26,743*	31,195
도시주민 1인당 소비지출액(위안)	21,557	17,973	17,152	18,894*	21,392

* 산술평균값

출처: 중화인민공화국 국가통계국, 2016, 「중국통계연감(中國統計年鑒)」

Ⅲ. 둥베이 삼성의 산업구조

역사적으로 둥베이지방은 풍부한 자연자원을 바탕으로 중국의 곡물 생산과 중공업에서 중요한 역할을 담당해 왔다.[8] 이곳은 원유, 철광석 등 천연자원의 매장량이 많아 일찍이 원자재 공급기지와 중화학공업 단지로 집중 육성되었으며,[9] 지금도 헤이룽장성을 중심으로 중국 전체 곡물 생산량의 약 20%를 처리하고 있다(2015년 기준, 〈표 3.1.2〉).

이러한 역사적 배경에 따라 둥베이 삼성의 경제를 뒷받침하는 주요 제조업종은 총생산액 기준으로 농부식품가공업 13.4%, 자동차제조업 11.4%, 철금속제련·압연가공업 9.4% 순으로 나타났다(2012년 기준, 〈표 3.1.3〉). 각 성별로 나누어 살펴보면, 먼저 랴오닝성은 철금속제련·압연가공업이 12.3%, 석유가공 및 핵연료 가공업이 10.2%, 농부식품가공업

---

8) KOTRA 신흥자본유치팀, 2011, "중국 성시별 해외투자 연구", 대한무역투자진흥공사(KOTRA), p.10.

9) 강승호·최병헌, 앞의 보고서, p.9.

<표 3.1.2> 둥베이 삼성의 주요 자원 매장량 및 곡물 생산량 현황(2015년)

		랴오닝성	지린성	헤이룽장성	둥베이 삼성(비율)	중국 전체
자원 매장량	원유(만 톤)	15,052.8	17,798.7	44,048.7	76,900.2(22.0%)	349,610.7
	천연가스(억㎥)	149.9	685.0	1,317.9	2,152.8(4.1%)	51,939.5
	석탄(억 톤)	26.8	9.8	61.6	98.2(4.0%)	2,440.1
	철광석(억 톤)	51.6	4.8	0.4	56.8(27.4%)	207.6
곡물 생산량	곡물 전체(만 톤)	2,003	3,647	6,324	11,974(19.3%)	62,144
	– 곡류(만 톤)	1,927	3,539	5,786	11,253(19.7%)	57,228
	– 콩류(만 톤)	27	49	437	513(32.3%)	1,590
	– 구근류(만 톤)	48	60	100	208(6.2%)	3,326

출처: 중화인민공화국 국가통계국, 2016, 「중국통계연감(中國統計年鑒)」

이 10% 순으로 높은 비율을 보인다. 반면, 지린성은 자동차제조업이 30.9%, 농부식품가공업이 15.8%로 지역에서 절대적인 비중을 차지하며, 헤이룽장성의 경우, 농부식품가공업이 26%, 석유가공 및 핵연료 가공업이 16.7%로 높은 점유율을 보인다. 〈표 3.1.4〉는 둥베이 삼성의 주요 산업과 대표 기업을 정리한 것이며, 〈사진 3.1.1〉는 지린성과 랴오닝성의 대표기업인 디이자동차(第一汽車), 다롄선박중공(大連船舶重工)의 시설물이다.

〈표 3.1.5〉는 지역총생산액 기준으로 둥베이 삼성의 산업구조 변화를 나타낸 것으로, 최근 20년 사이에 3차 산업의 비중이 크게 증가한 것을 볼 수 있다. 2005년 지역총생산액의 38.2%를 차지했던 3차 산업의 비율은 2015년에 45.6%로 2차 산업을 넘어섰다. 이때 서비스업의 주요 업종별 비율은 도소매업(23.5%), 교통운수·창고·우편업(11.8%) 순이다〈표 3.1.6〉. 산업구조의 변화를 성별로 나누어 살펴보면, 모든 성에서 3차 산업 비율이 큰 폭으로 증가하는 가운데 지린성은 2차 산업 위주로, 헤이룽장성은 1차·3차 산업 위주로 산업구조가 재편되는 양상을 보인다.10)

---

10) 자료 취득의 한계로, 각 성별 산업구조의 재편이 구체적으로 어떤 업종을 중심으로 일어났는지는 파악하기 어려웠다.

〈표 3.1.3〉 둥베이 삼성 제조업의 주요 업종별 비율(총생산액 기준), 2012년

구분	랴오닝성		지린성		헤이룽장성		둥베이 삼성		중국 전체	
	(가)	(나)	(가)	(나)	(가)	(나)	(가)	(나)		(가)
제조업 합	100*	5.4	100*	2.2	100*	1	100*	8.6	792,238	100*
– 농부식품가공업	10	8.3	15.8	5.3	26	4.1	13.4	17.7	51,611	6.5
– 식품제조업	1.5	4.2	2	2.2	5.6	2.9	2.1	9.4	15,574	2
– 주류·음료·차 제조업	1.2	3.9	2.5	3.3	3.5	2.1	1.8	9.3	13,233	1.7
– 담배제조업	0.2	0.9	0.7	1.5	1.3	1.3	0.4	3.7	7,940	1
– 방직업	1	1.3	0.6	0.3	0.7	0.2	0.9	1.9	31,777	4
– 방직의류업	1.7	4.3	0.6	0.6	0.2	0.1	1.2	4.9	17,200	2.2
– 피혁·모피 및 그 제품제조업	0.6	2.1	0.1	0.2	0.3	0.2	0.4	2.5	11,146	1.4
– 목재가공업	1.8	7.4	4.1	6.9	4	3.2	2.6	17.5	10,284	1.3
– 가구제조업	0.9	6.6	0.5	1.6	0.8	1.1	0.8	9.3	5,647	0.7
– 제지 및 종이제품제조업	1	3.4	0.7	1	0.8	0.5	0.9	4.9	12,560	1.6
– 인쇄·기록물 복제업	0.3	3.1	0.3	1	0.2	0.4	0.3	4.5	4,534	0.6
– 문교·공예·스포츠·오락용품 제조업	0.4	1.7	0.1	0.2	0.4	0.3	0.3	2.2	10,077	1.3
– 석유가공 및 핵연료 가공업	10.2	11.2	1.1	0.5	16.7	3.5	8.6	15.1	39,023	4.9
– 화학 연료 및 화학제품 제조업	6.4	4.1	8.7	2.3	6.8	0.8	7	7.2	66,433	8.4
– 의약제조업	1.4	3.6	5.8	6	3.5	1.7	2.8	11.3	16,936	2.1
– 화학섬유제조업	0.1	0.7	0.3	0.8	0.1	0.1	0.2	1.7	6,613	0.8
– 고무 및 플라스틱제품제조업	3.7	6.5	1.3	0.9	1.9	0.6	2.8	8	24,300	3.1
– 비금속광물제품제조업	8	7.7	7.5	2.9	5.7	1	7.6	11.7	44,156	5.6
– 철금속제련·압연가공업	12.3	7.7	4.8	1.2	3.9	0.5	9.4	9.4	68,174	8.6
– 비철금속제련·압연가공업	2.7	3.1	0.8	0.4	0.4	0.1	2	3.6	37,552	4.7
– 금속제품제조업	4.1	6.1	1.6	0.9	1.5	0.4	3.2	7.5	28,971	3.7
– 통용설비제조업	9	10.2	2	0.9	4.3	0.9	6.7	12.1	37,813	4.8
– 전용설비제조업	5.1	7.6	2.8	1.7	4.2	1.2	4.4	10.6	28,421	3.6
– 자동차제조업	5.5	4.7	30.9	10.7	1.3	0.2	11.4	15.6	49,987	6.3
– 철도·선박·우주항공 및 기타 운수설비 제조업	2.8	7.4	1.6	1.7	2.6	1.3	2.5	10.5	16,186	2
– 전기기계제조업	4.8	3.8	1.7	0.5	2.7	0.4	3.8	4.7	54,195	6.8
– 컴퓨터·통신 및 기타전자설비 제조업	2.2	1.4	0.4	0.1	0.2	0	1.5	1.5	69,481	8.8
– 정밀측정기기제조업	0.6	3.6	0.2	0.6	0.2	0.3	0.4	4.5	6,621	0.8
– 기타제조업	0.1	3.1	0.2	1.3	0.2	0.9	0.2	5.3	2,038	0.3
– 폐자원종합이용업	0.2	2.7	0.2	1.4	0.1	0.2	0.2	4.3	2,871	0.4
– 금속제품·기계·설비수리업	0.4	18.8	0.1	1.6	0.1	0.5	0.3	20.8	886	0.1

* 해당 수치는 해당 보고서를 그대로 인용한 것으로 총합이 100이 되지 않더라도 함부로 가공하기 어려워 그대로 표기하였다.
주: (가)는 각 성·권역에서 개별 업종이 차지하는 비율을, (나)는 중국의 해당 업종에서 각 성·권역이 차지하는 비율을 의미한다. 각 기준별 5위 안에 드는 값은 색을 칠해 처리하였다.
출처: 김민정·김주혜, 2015, p.101

<표 3.1.4> 둥베이 삼성의 주요 산업(제조업) 및 대표 기업

성 구분	주요 산업	대표 기업
랴오닝성	조선	다롄선박중공그룹(大連船舶重工), 후루다오 조선공장(葫蘆島) 등
	소프트웨어	선양시 및 다롄시에 소프트웨어원구 설립 및 기업 유치
	장비제조	선양 선반공장, 변압기 공장, 다롄 기차제조공장 등
지린성	자동차	디이자동차(第一汽車) 등
	석유화학	지린석유화학(吉化), 지린석유(吉油) 등
	농산물가공	하오웨(晧月), 더다(得大), 화정(華正), 광쩌(廣澤) 등
	의약	통화만통약업주식유한회사(通化万通药业股份有限公司), 창춘백극생물과기주식회사(长春百克生物科技股份公司) 등
헤이룽장성	장비제조	이종그룹(一重集團), 하뎬그룹(哈電集團), 하항그룹(哈航集團) 등
	신에너지	신에너지자동차 개발, 기존 공장의 공정개조, 난방시설 교체 등 시행
	식품가공	주산량유공업그룹(九三糧油工業集團), 베이다황미업(北大荒米業), 페이허유업(飛鶴乳業), 솽청네슬레(雙城雀巢) 등
	석유화학	다칭스화(大慶石化), 헤이룽장룽신화공(黑龍江龍新化工), 다룽선타이비료(大龍生態肥) 등

출처: 김민정·김주혜, 2015를 바탕으로 정리함; 지린성 의약 기업의 경우 지린성인민정부(吉林省人民政府) 홈페이지에서 참고; 헤이룽장성 신에너지 부문의 경우 중국전문가포럼 홈페이지의 헤이룽장성 인민정부가 발표한 「에너지절약 및 환경 보호산업 발전 장려에 관한 의견(關于促進節能環保産業發展的意見)」(2015.03.06.) 참고.

사진 3.1.1 | (좌) 지린 디이자동차 제조공장, (우) 다롄선박중공 생산설비
출처: 중국국가박물관(中国国家博物馆), 다롄선박중공 홈페이지

<표 3.1.5> 둥베이 삼성의 산업구조 변화(지역총생산액 기준)

[단위: 억 위안(%)]

구분	1995년			2005년			2015년		
	1차	2차	3차	1차	2차	3차	1차	2차	3차
랴오닝성	392 (14)	1,390 (49.8)	1,011 (36.2)	882 (11)	3,869 (48.1)	3,295 (41)	2,384 (8.3)	13,042 (45.5)	13,243 (46.2)
지린성	304 (26.7)	475 (41.8)	358 (31.5)	626 (17.3)	1,581 (43.7)	1,414 (39)	1,596 (11.4)	7,006 (49.8)	5,461 (38.8)
헤이룽장성	371 (18.6)	1,049 (52.7)	572 (28.7)	685 (12.4)	2,972 (53.9)	1,857 (33.7)	2,634 (17.5)	4,798 (31.8)	7,652 (50.7)
둥베이 삼성	1,067 (18)	2,914 (49.2)	1,941 (32.8)	2,193 (12.8)	8,422 (49)	6,567 (38.2)	6,614 (11.4)	24,846 (43)	26,356 (45.6)
중국 전체	5,800 (21.3)	11,725 (43.1)	9,669 (35.6)	16,190 (13.3)	54,106 (44.5)	51,422 (42.2)	50,902 (9.4)	244,643 (45.3)	244,822 (45.3)

출처: 중화인민공화국 국가통계국, 2016, 「중국통계연감(中國統計年鑒)」

<표 3.1.6> 둥베이 삼성 서비스업의 주요 업종별 비율(부가가치 기준, 2013년)

구분	랴오닝성		지린성		헤이룽장성		둥베이 삼성		중국	
	(가)	(나)	(가)	(나)	(가)	(나)	(가)	(나)		(가)
서비스업 합	100	4	100	1.8	100	2.3	100	8	262,204	100
– 교통운수·창고·우편업	13.2	5.1	10.5	1.8	10.4	2.3	11.8	9.1	27,283	10.4
– 도소매업	23	4.3	23.4	1.9	24.5	2.6	23.5	8.9	55,672	21.2
– 숙박요식업	5.2	4.7	5.8	2.3	6.8	3.5	5.8	10.6	11,494	4.4
– 금융업	10.8	3.4	6.6	0.9	9.3	1.6	9.5	5.9	33,535	12.8
– 부동산업	10.8	3.4	5.8	0.8	9.3	1.7	9.3	5.9	33,295	12.7
– 기타	37	3.8	47.9	2.2	39.8	2.3	40.2	8.4	100,925	38.5

주: (가)는 각 성·권역에서 개별 업종이 차지하는 비율, (나)는 중국의 해당 업종에서 각 성·권역이 차지하는 비율을 의미한다.

출처: 김민정·김주혜, 2015, p.102

IV. '둥베이현상'과 둥베이진흥전략

중국의 지역발전은 정부의 개발전략에 따라 달라진다. 따라서 지역경제의 변화 흐름을 파악하기 위해서는 해당 지역에 대한 개발전략을 살펴보는 것이 유용하다. 〈표 3.1.7〉은 중국 지역발전전략의 변화를 요약한 것으로 시기에 따라 네 단계로 구분할 수 있다. 1949년 신중국 수립 이후 중국정부는 '삼선(三線)건설'11)로 대표되는 내륙 중심의 투자전략을 추진했으며, 1978년 개혁개방 이후에는 투자여건이 양호한 동부연해지구를 중심으로 불균형 발전전략을 시행하였다. 이로 인해, 지역격차가 확대되면서 1990년대부터는 발전격차를 완화하기 위한 균형전략으로 서부지구 개발이 실시되었다. 2000년대에 들어와서는 국토를 크게 네 권역으로 구분하고 필요에 따라 중점 지역을 선정하여 개발하는 정책을 시행하고 있다.

〈표 3.1.7〉 중국의 지역발전전략 변화

기간	전략 중점	주요 개방 및 지역발전 전략
개혁개방 이전	내륙 중심 투자전략	삼선건설(1965년)
1980년대	불균형발전전략(非均衡發展戰略) 동부지구 중점 개발	경제특구(1979년) 연해개방도시(1984년) 양쯔강·주장강 삼각주 개방(1985년) 푸둥 개방(1990년)
1990년대	협조발전전략(協調發展戰略) 효율우선, 공평성 고려 서부지구 중점 개발	연선·연강·옌벤·내륙 중심 도시 개방(1991~1992년) 9.5계획(1996~2000년)
2000년 이후	요지지역발전(統籌區域發展) 동·중·서·동북 중점	서부대개발전략(1999년) 둥베이 노후공업기지 진흥전략(2003년) 중부지구굴기(崛起)(2004년) 동부연해지구 우선발전 장려

출처: 양평섭·나수엽, 2009, p.7

---

11) 삼선건설은 미국의 월남파병(1964년)으로 인한 중국-소련 관계 악화와 미국의 중국동남연해에 대한 공세 등으로, 중국정부가 중·서부 13개 성과 자치구에 대규모의 국방, 과학기술, 공업 및 교통기반시설을 건설한 것을 말한다(김천규, 2012, "중국지역정책의 변화전망과 우리에게 주는 시사점", 국토정책 Brief, p.2.).

둥베이 삼성의 변화는 '둥베이현상(東北現象)'이라는 용어로 설명된다. 이는 시기와 성격에 따라 '둥베이현상'과 '신(新)둥베이현상(2차 둥베이현상)'으로 구분된다. 둥베이 삼성은 풍부한 자원과 일제 강점기에 건설된 공업기지를 바탕으로, 1·5계획 시기(1953~1957년)에 우방이었던 구소련의 지원을 받아 중국의 대표적인 중공업기지로서 활약하였다.[12] 그러나 1978년 개혁개방 정책으로 경공업과 민영화 위주의 발전전략이 실시되면서, 국영기업과 중공업에 의존해 온 둥베이 삼성은 생산성이 하락하고 실업률이 상승하게 되었다. 당시 공업 부문의 경제 활력 둔화를 '둥베이현상'이라고 한다. 한편 '신둥베이현상'은 농업에 관한 것으로, 2001년 중국의 WTO 가입에 대한 충격으로 농산물 판매가 급감하고 경제 침체가 가중된 현상을 뜻한다. 이렇듯 주요 산업인 중공업과 농업이 큰 타격을 입으면서 둥베이 삼성은 장기적인 침체상황으로 접어든다. 〈그림 3.1.2〉는 중국 전체 GDP 대비 둥베이 삼성의 비율을 시계열에 따라 표현한 것이다. 개혁개방이 실시된 1978년에 중국 전체

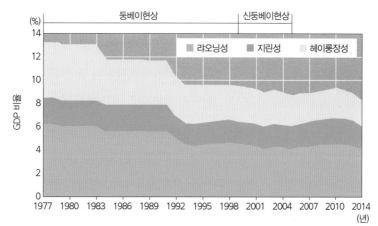

그림 3.1.2 | 중국 전체 GDP 대비 둥베이 삼성의 GDP 비율(1978~2015년)
주: 1993년 이전 시기 자료에 결측값이 있어 1978~1979년, 1980~1984년, 1985~1989년, 1990~1992년의 자료값을 가장 앞선 연도의 것으로 동일하게 설정하였다.
출처: 중화인민공화국 국가통계국, 「중국통계연감(中國統計年鑒)」(1993~, 각 연도),
「중국경제센서스(中国经济普查年鉴)」, 2008

12) 진병진, 2008, "중국의 동북진흥계획 추진성과와 전망", 한국동북아논총, 47, p.8.

의 약 13%를 차지했던 GDP 비율은 9% 수준까지 하락한 후 정체를 겪다가 최근 몇 년 사이 또 다시 감소하는 추세를 보인다.

둥베이현상은 지역 간 경제격차와 더불어 정치·사회적 불안을 심화시키는 요인으로 작용하였다. 중국정부는 둥베이지방 진흥을 위한 지역발전계획을 수립·집행해 왔다. 관련된 최초의 논의는 2002년 국무원회의에서 진행되었으며, 2003년 10월에는 「중공중앙의 둥베이지방 등 노후 공업기지 진흥전략 실시에 관한 약간의 의견」을 통해 둥베이진흥전략이 공식화되었다. 2007년 8월에는 당시까지 진행된 사업을 기초로 2020년까지의 청사진을 그린 「둥베이지방진흥계획」이 발표되었다.13) 이어 일부 지역계획이 국가급 프로젝트로 격상되었는데, 2009년 7월에는 「랴오닝연해경제벨트」, 동년 8월에는 「두만강지역협력개발계획」, 이후 2013년에는 「헤이룽장 및 네이멍구 동북부 지역의 국경개발개방계획」이 각각 국무원의 비준을 통과해 국가중점지역계획이 되었다.

2017년 3월을 기준으로 둥베이 삼성과 관련한 주요 지역발전계획은 〈표 3.1.8〉과 같다. 이들 계획 간의 관계를 살펴보면, 먼저 「둥베이지방진흥계획」은 중국지역개발종합전략14) 중 하나인 「둥베이지구 등 구공업지구 진흥전략」에 의해 수립된 것으로 이것들 중 가장 상위의 국토개발계획이라 할 수 있다. 이 계획은 둥베이지구 발전의 근본적인 방향을 제시하며 기타 도시군계획의 지침이 된다.15) 한편 「둥베이지방 13·5계획」은 「둥베이지방진흥계획」에 대한 5년간의 단기적 집행계획이다. 이에 따라 지난 2011~2015년의 세부계획에 해당하는 「둥베이지방 12·5계획」이 집행된 바 있으며, 13·5계획은 바로 이전 계획의 한계와 시대변화를 반영해 새로 수립된 계획이다. 「두만강지역협력개발계획」, 「랴오닝연해경제벨트」, 「헤이룽장 및 네이멍구 동북부 지역의 국경개발개방계획」 등은 국가중점지역

---

13) 둥베이진흥전략의 주요 추진과정에 대한 내용은 원동욱 외, 2013, "중국의 동북지역 개발과 신북방 경제협력의 여건", 대외경제정책연구원(KIEP), p.38 참고.

14) 중국지역개발종합전략은 중국 4개 권역에 대한 것으로, 각각 서부대개발, 중부굴기, 동북진흥, 동부개발로 구분된다(김천규, 2014, "중국의 지역발전정책과 신형도시화정책", 지역과 발전, 18, p.80.).

15) 김천규 외, 앞의 보고서, p.37.

지역발전계획	기간	주요 내용
둥베이지방진흥계획	2007~2020년	둥베이지방 개발전략의 마스터플랜 '3횡 5종' 공간발전구도 형성
둥베이지방 13·5계획	2016~2020년	12·5계획기간의 성과 분석 및 13·5계획 기간의 세부적인 발전목표 제시
두만강지역협력개발계획 (창지투개발계획)	2009~2020년	초국경 연계개발을 통한 두만강 유역의 동북아국제무역 지대 창설, 중몽대통로 건설
랴오닝연해경제벨트	2009~2020년	연해지역의 주요 도시를 연결하는 해안도로를 건설, 산업벨트 구축 1핵·1축·2날개 배치구도 구상
헤이룽장 및 네이멍구 동북부 지역의 국경개발개방계획(헤이룽장개발계획)	2013~2020년	중·러 변경 지역에 개방개발벨트 구축, 러시아 등 인접국과의 초국경협력 기반 구상

계획으로서 「둥베이지방진흥계획」을 근거로 수립된 세부적인 실시계획이다.

둥베이 삼성 지역발전계획의 공간구상은 기본계획 격인 「둥베이지방진흥계획」의 '3횡 5종' 발전을 핵심으로 한다〈그림 3.1.3〉.16) 3횡 5종 축은 위계상으로 2개의 1급축선(주발전축)과 6개의 2급축선(보조발전축)으로 구성되며, 1급축선은 하다경제벨트(哈大经济带)축과 연해경제벨트(沿海经济带)축이다. 이 중 연해경제벨트는 「랴오닝연해경제벨트」의 대상지로서, 6개의 연해도시 내 5개의 공업지역과 이들을 잇는 도로를 중심으로 한다〈그림 3.1.4〉. 구체적인 공간구상은 '1핵·1축·2날개' 배치구도인데, '1핵'인 다롄(大連)을 중심으로 다롄–잉커우(營口)–판진(盤錦)의 '1축', 판진–진저우(錦州)–후루다오(葫蘆島), 다롄–단둥(丹東)의 '2날개'로 구성된다. 이 계획은 대외개방을 확대하기 위한 일교양도 개발(신압록강대교, 황금평·위화도 개발), 동변도철도 개발 등과 연계된다.17)

한편, 「두만강지역협력개발계획」은 창춘과 지린을 중심으로 2급축선 중 하나인 훈춘–

---

16) 김천규 외, 앞의 보고서, p.46.

17) 원동욱 외, 앞의 보고서, p.58.

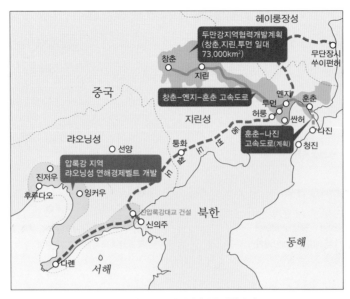

그림 3.1.3 | 중국 둥베이지방진흥계획(일부)

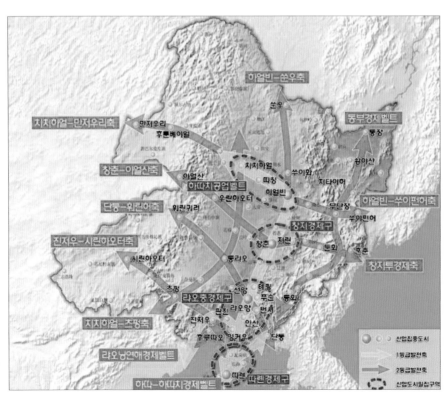

그림 3.1.4 | 중국 둥베이지방진흥계획의 발전구상
출처: 김천규, 2012, p.4

아얼산(珲春-阿尔山)축을 공간계획의 기준으로 한다. 이 계획은 8개의 핵심 사업과 중국을 관통해 몽골과 러시아를 잇는 '중몽대통로'를 만드는 것을 주요 내용으로 한다.18) 이에 따라 창춘-훈춘을 잇는 고속도로와 고속철도가 각각 2010년, 2015년에 개통되었다. 마지막으로 「헤이룽장 및 네이멍구 동북부 지역의 국경개발개방계획」은 중·러 인접 국경선의 개방세관을 기반으로 '개방개발벨트'를 구축하겠다는 구상인데, 쑤이펀허-만저우리(绥芬河-满洲里)축을 중심으로 시베리아 횡단철도와의 연계 강화를 꾀하고 있다.

V. 기대와 우려가 공존하는 땅, 둥베이 삼성

둥베이 삼성의 경제는 중국의 집중적인 개발이 이루어진 1950년대 이래로 크고 작은 굴곡을 겪어 왔다. 과거 농업과 중공업 중심지로 자리매김한 후, 중국 전역의 경제구조 변화로 인한 성장 둔화를 거쳐, 최근에는 접경 지역의 이점을 살린 초국가적 경제협력을 꾀하는 사업이 진행되고 있다. 중국정부는 둥베이지방에 다양한 지역발전계획들을 실시하고 있다. 이는 거대 국가전략인 '일대일로(一帶一路)'와도 연계되어,19) 둥베이지방이 향후 국제물류중심지로 발전할 것이라 기대된다.

그러나 둥베이 삼성이 마주한 상황은 그리 밝지만은 않다. 이 지역의 경제 성장률은 둥베이지방진흥정책이 추진된 2003년부터 2012년까지 대체로 전국 성장률을 크게 상회한다〈그림 3.1.5〉. 이러한 현상은 2008년 글로벌 금융위기로 인한 동부연해지역 경제의 침체와 지역균형발전전략의 성과 등으로 설명된다.20) 그러나 2012년을 기점으로 둥베이 삼성의 연평균 성장률은 급격하게 감소하며, 2015년 기준으로 중국 전역에서 가장 더딘 경제성

---

18) 김천규 외, 2014, "동북아 평화번영을 위한 두만강유역 초국경협력 실천전략 연구", 대외경제정책연구원(KIEP), p.59.

19) 일대일로 프로젝트는 중국정부의 국가사업으로서 중앙아시아, 동남아시아, 중동 등을 거쳐 유럽에 이르는 지역을 육로와 해로로 연결해 관련국과의 경제협력을 강화하는 사업이다(이수행·조응래, "2015, 중국의 일대일로와 시사점", 이슈&진단, 193, p.1.).

20) 원동욱 외, 앞의 보고서.

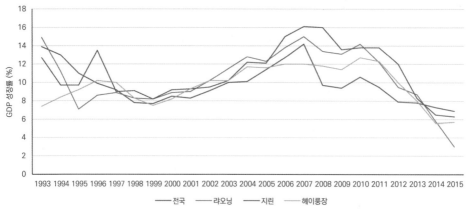

그림 3.1.5 | 둥베이 삼성의 경제 성장률(전년도 대비, 1993~2015년)
출처: 중화인민공화국국가통계국, 「중국통계연감(中國統計年監)」(각 연도)

장률을 보인다. 이러한 둥베이 삼성의 경제 하락은 주로 2차 산업의 성장 둔화에서 기인한
다.21) 지린대학 동북아연구원 이바오중(衣保中) 교수에 따르면, 둥베이 삼성의 경제성장
둔화는 중화학공업 및 대형 국유기업 위주의 경제, 중화학공업의 부진, 석유 생산량 증가
속도의 둔화, 석탄 가격의 하락 등이 원인이다.22) 그뿐만 아니라 대규모의 인구유출 현상
도 나타나는데, 2000년에서 2010년 사이 둥베이지방에서 유출된 인구는 총 180만 명으로
집계된다.23)

정리하면 오늘날의 둥베이 삼성은 경제 위축과 실업 증가, 사회불안으로 연결되는 악순
환의 고리에 놓인 것으로 보인다. 2003년부터 실시된 둥베이진흥전략의 목표 중 하나는 국
유기업에 대한 구조조정을 통해 경쟁력 있는 산업구조로의 전환을 꾀하는 것인데,24) 이는
대규모의 실업자 양산과 인구유출로 이어졌다.25) 헤이룽장성의 대표적인 석탄기업이자

21) 이상훈·허유미, 2016, "중국의 지역별 산업고도화 추진 현황 및 시사점: 랴오닝성", 대외경제정책연구원(KIEP), p.6.

22) 한국무역협회 북경지부, 2014.12.26., "동북3성, 경제 성장 둔화 및 유출 인구 증가", 한국무역협회.

23) 이주영, 2016.09.01., "동북 3성의 경제 현황과 공급측 개혁의 영향", 중국전문가포럼 홈페이지.

24) 김수한, 2012, "중국 동북진흥전략의 진화: 랴오닝연해경제벨트와 북중협력", InChinaBrief, 221, p.4.

25) 둥베이지방은 1990년대 말부터 국유기업 소유제 개혁을 실시했으며, 이에 따라 당시 둥베이지방의 면직 노동자 수는 중국

국유기업인 룽메이그룹 광산노동자들은 대규모 시위를 벌이기도 했는데, 이는 둥베이 삼성이 당면한 과제의 무게를 보여 준다.26) 다음은 랴오닝성 출신 중국기자의 소회다.27)

"할아버지는 고향의 발전소에서 일했고, 아버지 역시 같은 발전소에서 일하였다. 소형 화력발전소와 탄광은 둥베이 삼성 소도시의 경제를 지탱하고 있다. 하지만 노동자의 인생은 너무도 힘들고 근무여건은 열악하다. … 고향에 돌아가서 살고 싶은 마음이 간절하지만, 현실은 암담하다."

중국정부의 '초국가 경제권'에 대한 비전이 둥베이 삼성 주민들의 구체적인 삶의 개선과 함께 또 한 번 지역의 재도약을 이루어 낼 수 있을지 주목된다.

전체의 1/4을 차지하였다. 면직(下崗)이란, 실질적으로 실업 상태이지만 국유기업과의 노동관계를 유지해 기업에서 제공하던 사회보장의 혜택을 보장받는 고용형태를 가리킨다(장윤미, 2016, "중국 동북지역 국유기업의 위기 요인 진단", InChinaBrief, 324, p.5.).

26) 이들은 2016년 3월 6일 헤이룽장성장 루하오(陸昊)가 기자회견을 통해 "2~3년 동안 성 정부 산하 석탄기업인 룽메이의 노동자 5만 명을 구조조정할 것"이라면서 "지금까지 월급을 한 푼이라도 적게 받은 노동자는 없다"고 말한 것에 반발하여 거리로 나왔다. 당시 탄광노동자들의 6개월 임금이 체납되어 있었다(서울신문, 2016.03.15., ""무능·부패 관료 퇴진" 거리로 나온 中 노동자들")

27) 아주경제, 2015.08.10, "중국인들은 왜 동북3성을 떠나는가".

References

▷ 논문(학위논문, 학술지)

· 김천규, 2014, "중국의 지역발전정책과 신형도시화정책: 빈부격차 해소위한 국가의 노력", 지역과 발전, 18, pp.78-80.

· 진병진, 2008, "중국의 동북진흥계획 추진성과와 전망", 한국동북아논총, 47, pp.5-31.

· 최재헌·김숙진, 2016, "중국 조선족 디아스포라의 지리적 해석: 중국 동북3성 조선족 이주를 중심으로", 대한지리학회지, 51(1), pp.167-184.

▷ 보고서

· 강승호·최병헌, 2004, "중국 동북3성 진흥계획과 인천의 대응", 인천연구원.

· 김민정·김주혜, 2015, "중국 지방 성·시별 진출 정보", 대한무역투자진흥공사(KOTRA).

· 김부용·임민경, 2012, "한·중 경제협력 20년 회고와 전망: 동북 3성", 중국 성(省)별 동향 브리핑, 3(12), 대외경제정책연구원(KEIP).

· 김수한, 2012, "중국 동북진흥전략의 진화: 랴오닝연해경제벨트와 북중협력", INChina Brief, 221.

· 김천규, 2012, "중국지역정책의 변화전망과 우리에게 주는 시사점", 국토정책 Brief, 370.

· 김천규·이상준·김흠, 2011, "중국 동북지구 지역발전계획의 특성분석 연구", 협동연구총서, 중국 종합연구, 경제·인문사회연구회.

· 김천규·이상준·임영태·이백진·이건민, 2014, "동북아 평화번영을 위한 두만강유역 초국경협력 실천전략 연구", 국토연구원.

· 양평섭·나수엽, 2009, "중국경제 60년 평가와 전망", 오늘의 세계경제, 9(34), 대외경제정책연구원(KIEP).

· 원동욱·강승호·이홍규·김창도, 2013, "중국의 동북지역 개발과 신북방 경제협력의 여건", 대외경제정책연구원(KIEP).

· 이근·한동훈, 2007, "중국 정부의 지역경제 발전 계획/전략 및 시사점", 외교통상부.

· 이상훈·허유미, 2016, "중국의 지역별 산업고도화 추진 현황 및 시사점: 랴오닝성", 대외경제정책연구원(KIEP).

· 이수행·조응래, 2015, "중국의 일대일로와 시사점", 이슈&진단, 193, 경기연구원(GRI).

· 장윤미, 2016, "중국 동북지역 국유기업의 위기 요인 진단", INChina Brief, 324.

· KOTRA 신흥자본유치팀, 2011, "중국 성시별 해외투자 연구", 대한무역투자진흥공사(KOTRA).

▷ 언론보도 및 인터넷 자료

- 다롄선박중공(大連船舶重工), http://www.dsic-offshore.cn/ListsImg.aspx [2017.03.]
- 서울신문, 2016.03.15., ""무능·부패 관료 퇴진" 거리로 나온 中 노동자들".
- 아주경제, 2015.08.10., "[특파원스페셜] 중국인들은 왜 동북3성을 떠나는가".
- 오마이뉴스, 2010.08.29., "눈길 끄는 김정일의 중국 이동 루트".
- 이주영, 2016.09.01., "동북 3성의 경제 현황과 공급측 개혁의 영향", CSF 중국전문가포럼. [2017.03.]
- 중국국가박물관(中国国家博物馆), http://www.chnmuseum.cn/tabid/138/InfoID/73292/frtid/149/Defa ult.aspx [2017.03.]
- 중화인민공화국국가통계국(中华人民共和国国家统计局), 2008, 「중국경제조사연감(中国经济普查年鉴)」, http://www.stats.gov.cn/tjsj/pcsj/jjpc/2jp/indexce.htm [2017.03.]
- 중화인민공화국국가통계국(中华人民共和国国家统计局), 각 연도, 「중국통계연감(中國統計年鑒)」, http:// www.stats.gov.cn/english/statisticaldata/annualdata [2017.03.]
- 중화인민공화국중앙인민정부(中华人民共和国中央人民政府), http://www.gov.cn/test/2005-08/11/con tent_27116.htm [2017.03]
- 지린성 정부, http://korean.jl.gov.cn/xw/201405/t20140516_1664934.html [2017.03]
- 한국무역협회 북경지부, 2014.12.26., "동북3성, 경제 성장 둔화 및 유출 인구 증가", 한국무역협회, http:// www.kita.net/trade/global/overmarketing/05/index.jsp?sCmd=VIEW_CHINA&nPostIndex=12926 [2017.03]
- 헤이룽장성(발표내용), 2015.03.11., "헤이룽장성의 에너지절약 및 환경보호산업 발전 4대 조치", CSF 중국 전문가포럼(번역 제공), http://csf.kiep.go.kr/news/M001000000/view.do?articleId=6618 [2017.03]

중국 둥베이 삼성의 도시와 교통

최선영(박사과정), 이승훈(석사과정), 손정렬(지리학과 교수)

I. 만주와 둥베이 삼성의 도시

1. 만주의 영역적 정의와 둥베이 삼성

만주(滿洲)의 영역은 정의에 따라 여러 지역을 포함한다. 가장 작은 지역으로 정의하는 개념부터 차례대로 살펴보면 다음과 같다. 첫째, 둥베이(東北)지방만을 일컫는 것으로, 랴오닝성(遼寧省), 지린성(吉林省), 헤이룽장성(黑龍江省)을 아우르는 '둥베이 삼성(東北3省)'이 이에 해당한다. 둘째, 앞의 둥베이지방에 네이멍구자치구(內蒙古自治區)의 동북부를 포함하는 지역을 만주 지역으로 간주한다. 셋째 정의는 두 번째 정의에 허베이성(河北省) 북부의 옛 러허성(熱河省)지역을 포함하며, 넷째는 앞선 정의에 해당하는 지역에 우수리강과 아무르강 밖의 러시아 영토에 해당하는 외만주(外滿洲) 지역을 포함한다. 마지막으로 둥베이 삼성, 네이멍구자치구의 동북부, 허베이성 북부의 옛 러허성 지역, 외만주 지역과 사할린섬(Ostrov Sakhalin)을 총칭하여 만주로 보기도 한다.1) 이번 답사는 둥베이 삼성을 중심으로 이루어졌으며, 본 글에서는 첫 번째 정의를 기준으로 둥베이 삼성의 도시와

---

1) 나무위키(http://namu.wiki).

교통에 대하여 알아볼 것이다.

2. 둥베이 삼성의 도시 체계, 그리고 도시화

1) 중국의 도시 체계

　신해혁명(辛亥革命)으로 중화민국(中華民國)이 설립된 이후 중국의 행정구획은 헌법 규정에 의해 제1급 성급행정구(省級行政区), 제2급 현급행정구(县級行政区), 제3급 향급 행정구(乡級行政区)의 3단계로 구분된다. 〈중화인민공화국헌법 제30조〉에 따라 전국은 성(省), 자치구(自治区), 직할시(直轄市)로 나뉘며, 직할시와 비교적 큰 시(市)는 그 아래 구(区)와 현(县)을 둔다. 성과 자치구는 자치주(自治州), 현(县)과, 자치현(自治县), 시(市) 로 나뉘고 현과 자치현은 다시 향(乡), 민족향(民族乡), 진(镇)으로 나뉜다.

　4개 직할시와 하이난성(海南省) 및 성이 직접 관할하고 있는 현과 현급시에서는 성급(省級)-현급(县級)-향급(乡級)인 3급 행정구획제도가 실시되고 있으나 몇몇 도시를 제외하 고는 대부분 성급(省級)-지급(地級)-현급(县級)-향급(乡級)의 4급 행정구획제도 위주로 이루어져 있다. 이와 별개로 특별행정구(特別行政区)는 2급(二级)으로 이루어져 있다.[2]

　2006년 중국 국가 행정구 체계에 따라 둥베이 삼성은 성급 행정구인 랴오닝성, 지린성, 헤이룽장성을 포함하며 각 성들은 각각 14개, 7개, 13개의 지급 행정구 및 100개, 69개, 128개의 현급 행정구를 포함하게 되었다.[3]

2) 둥베이 삼성의 인구성장과 도시화

　만주족의 고향인 둥베이지방은 여러 민족이 거주하며 자연자원이 풍부하다. 이를 기반

---

2) 황매희 편집부, 2010, 중국행정구획총람, 황매희, pp.107-108.
3) 황매희 편집부, 앞의 책, p.105.

으로 지역발전을 도모하고 나아가 민족융합을 통하여 20세기 이래 전국에서 가장 빠르게 인구가 증가했다. 특히 1949년에서 1990년에 걸쳐 약 40여 년간 랴오닝성의 인구증가율은 116.7%, 지린성과 헤이룽장성은 각각 146.2%, 250.1%로, 새로 증가한 인구의 상당수는 농업과 광공업 발전에 따른 이주민인 것으로 보인다.4)

그러니 중국의 가장 중요한 공업기지였던 둥베이 삼성은 개혁개방 이후 중국의 지역경제 발전전략이 연해 지역을 중심으로 추진됨에 따라 1990년대 이후 빠른 속도로 쇠퇴하였고, 둥베이 삼성의 인구 역시 급감하였다. 2002년부터 2013년까지 약 10년간 이 지역의 인구증가율은 국가 전체 인구증가율인 약 5.93%를 넘지 못했으며, 랴오닝성은 4.45%, 지린성은 1.94%, 헤이룽장성은 0.58%의 저조한 인구증가율을 보였다〈그림 3.2.1〉. 이는 같은 기간 가장 높은 인구증가율을 보인 베이징(약 48.62%), 톈진(약 46.20%), 상하이(약 41%)와 대조적이다.

한편, 중국의 국가통계청에서 제시한 자료에 따르면 2005년부터 2013년까지 둥베이 삼성의 도시 인구율은 50~70% 사이에 머무르면서 상대적으로 낮은 도시 인구비율을 보인다〈표 3.2.1〉. 도시 인구율은 도시와 비(非)도시 인구 간 비율을 유추해 볼 수 있는 자료로서, 랴오닝성과 지린성, 헤이룽장성의 도시 인구는 비도시 지역의 인구를 크게 앞서지 않는다. 이와 대조적으로 인구증가율이 높은 베이징, 톈진, 상하이는 70~90%의 높은 도시 인구율을 보임으로써 도시 인구가 비도시의 인구를 월등히 상회한다.

전통적으로 도시화는 "한 국가 또는 사회에 대한 도시 지역의 인구집중 또는 도시 지역 인구비율의 증가"5) 혹은 "인구와 경제적 활동이 도시에 집중되는 현상"6)으로 정의된다. 국가 수준에서 중국은 베이징, 톈진, 상하이 등 대도시 지역으로의 인구집중이 심화되고 있으며 이에 따라 대도시 지역을 중심으로 도시화가 확산되면서 지역 간 인구 편차가 커지

---

4) 박인성·문순철·양광식, 2000, 중국경제지리론, 한울아카데미, pp.176-177.

5) Davis, K., 1965, "The urbanization of the Human Population", Scientific American, 213(3), p.3.

6) Friedmann, J., 1973, Urbanization, planning, and national development, Sage Publications, p.65.

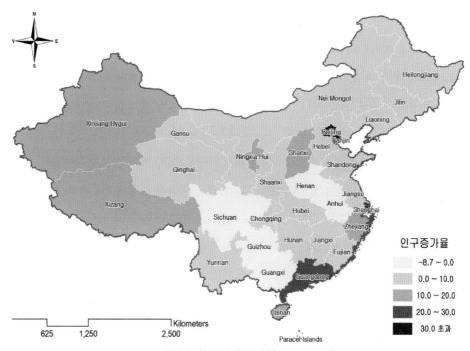

그림 3.2.1 | 중국의 인구증가율(2002~2013년)

출처: 중화인민공화국 국가통계국의 '2002~2013년 중국의 지역별 인구수'의 연 데이터(annual data)를
참고하여 연구자가 직접 작성

〈표 3.2.1〉 중국 주요 도시와 둥베이 삼성의 도시 인구율 변화

(단위: %)

지역	2005	2006	2007	2008	2009	2010	2011	2012	2013
전국	42.99	44.34	45.89	46.99	48.34	49.95	51.27	52.57	53.73
베이징	83.62	84.33	84.50	84.90	85.00	85.96	86.20	86.20	86.30
톈진	75.11	75.73	76.31	77.23	78.01	79.55	80.50	81.55	82.01
상하이	89.09	88.70	88.70	88.60	88.60	89.30	89.30	89.30	89.60
랴오닝	58.70	58.99	59.20	60.05	60.35	62.10	64.05	65.65	66.45
지린	52.52	52.97	53.16	53.21	53.32	53.35	53.40	53.70	54.20
헤이룽장	53.10	53.50	53.90	55.40	55.50	55.66	56.50	56.90	57.40

출처: 중화인민공화국 국가통계국

고 있다. 둥베이 삼성은 인구성장률이 상대적으로 저조하고 도시 인구가 비도시 지역의 인
구규모와 비슷하므로 도시화 수준이 높지 않다고 볼 수 있다.

둥베이 삼성의 도시화가 중국 전역과 비교하여 낮은 수준이긴 하지만, 둥베이 삼성은 선양(瀋陽), 창춘(長春), 하얼빈(哈爾濱), 다롄(大連) 등 크고 유명한 도시들을 다수 포함하고 있다. 이러한 주요 도시들은 중국 내륙과 한반도를 이어 주는 요충지이자 조선족 교포들이 밀집해 있는 지역으로서 역사, 문화, 정치, 경제 등 다방면에서 한국과 긴밀한 관계를 유지하고 있다.

아울러 둥베이 삼성은 주장강삼각주지역(珠江三角洲地區), 양쯔강삼각주지역(長江三角洲地區), 환보하이경제권(環渤海經濟圈)과 함께 중국경제 성장의 4대 축으로서 2003년 중국정부가 둥베이지방의 진흥을 위한 정책을 추진하기로 함에 따라 러시아, 몽골, 한반도를 잇는 동북아 경제의 교통·물류 중심지로 성장 잠재력이 큰 지역이다.[7] 다음으로는 「둥베이진흥계획」의 중심축을 이루는 둥베이 삼성과 각각의 성에 해당되는 대표 도시들에 대하여 역사, 경제, 교통 등을 중심으로 간략하게 살펴보고자 한다.

3. 둥베이 삼성과 주요 도시

1) 랴오닝성(遼寧省, 요녕성)

랴오닝성은 남한의 1.5배에 해당하는 14.6만㎢의 면적을 가지고 있으며, 선양, 다롄, 단둥(丹東), 잉커우(營口), 차오양(朝陽), 후루다오(葫芦島) 등의 주요 도시를 포함하여 2개의 부성급시(副省級市)와 14개의 지급시(地級市)로 이루어져 있다〈그림 3.2.2〉. 2014년 기준 랴오닝성 전체 인구는 약 4,390만 명이고 이 중 84%가 한족이며 그 외에 44개의 다양한 민족이 거주하고 있다.

2014년을 기준으로 랴오닝성의 GDP는 약 2.86조 위안이며 GDP 성장률은 5.8%로, 이는 중국 전체 GDP의 약 9%에 해당한다. 무역은 수출액 588억 달러, 수입액 552억 달러 등

---

7) 박상수·두헌, 2011, "중국의 신 비즈니스 거점화(NBH: New Business Hub) 전략에 대한 연구 – '五點一線', '長吉圖' 지역 개발 전략과 동북 삼성의 투자환경을 중심으로–", 중국학, 40, p.416.

총 1,140억 달러 규모이다. 이 지역에 약 3,900여 개의 우리나라 기업이 진출해 있으며 이 중 80%가 다롄에 입지해 있다. 수출가공형 업종과 중소 규모의 기업이 주를 이루고 최근 에는 삼성, LG, 만도, CJ, 하나은행 등 대기업의 진출이 증가하고 있다.

한편, 「둥베이진흥계획」의 일환으로, 2009년 「랴오닝연해경제벨트(辽宁沿海经济带发 展规划)」가 국가중점지역계획이 되고 2010년 선양경제구(沈陽經濟區)가 '국가신형공업 화종합개혁시범구(国家新型工业综合配套改革试验区)'로 지정되는 등 국가급 프로젝트 가 진행되면서 랴오닝성은 둥베이 삼성의 소비·유통·물류의 중심축으로서 그 역할이 기 대되고 있다. 이 개발 정책에 따르면 랴오닝성에는 2020년까지 다롄을 중심으로 동북아 국 제항운센터와 국제물류센터를 갖춘 임항산업 클러스터가 조성될 예정이며,8) 중국 최초의

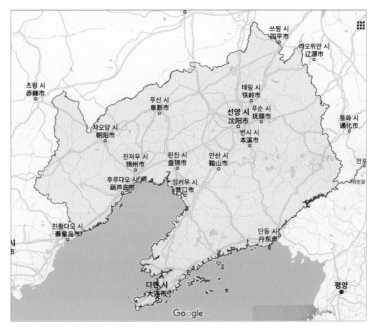

그림 3.2.2 | 랴오닝성 행정 경계
출처: Google Maps

---

8) 박상수·두헌, 앞의 논문, p.419.

신형공업화육성시범구인 선양은 필요한 모든 개혁을 시범적으로 먼저 적용할 수 있는 권한을 부여받음으로써 랴오닝성의 도시화 추진의 거점으로 성장하고 있다.9)

(1) 선양(瀋陽, 심양)

선양은 둥베이 삼성에서 제일 큰 도시이며 7200년에 이르는 오래된 역사를 가지고 있나. 현재 랴오닝성의 성도(省都)로 행정, 경제, 문화, 교육의 중심지이다. 선양은 위나라에서부터 수나라를 거쳐 당나라 때까지 고구려의 영토였으며, 창춘, 하얼빈과 더불어 고구려와 발해의 중심 도시였다. 만주사변을 일으킨 일본이 1932년 중국 동북 지방에 만주국을 세우면서 선양은 펑톈(奉天, 봉천)이라는 지명을 가지게 되었으며, 이때부터 펑톈은 일제 시대의 주요 거점 도시로 발전하였다. 제2차 세계대전 이후 만주국이 붕괴하자 중국은 현재의 선양으로 지명을 개칭하였다.

선양은 주변 지역의 석탄과 철광석 등 풍부한 자연자원을 바탕으로 오랫동안 중국 최대의 중화학공업도시로 자리매김해 왔다. 최근에는 우주항공·공작 기계·중장비·방위 산업과 같은 중공업 육성에 힘을 쏟고 있으며 동시에 소프트웨어, 자동차, 전자 산업의 발전도 꾀하고 있다. 2010년 선양경제구가 신형공업화육성거점으로 선정되면서 선양은 주변 7개 도시와 방사형 관계를 형성하여 도시 간 연계를 강화하고, 도시 외곽 지역을 신도시로 육성하는 등 선양을 중심으로 하는 대도시권, 이른바 '선양 메갈로폴리스(大瀋陽)'를 구축하고자 노력하고 있다.10)

선양의 도시화전략은 도시의 교통 인프라와도 연관된다. 선양은 둥베이 삼성의 교통 중심지로 중국의 첫 번째 고속도로인 선다고속공로(沈大高速公路)의 기점이며, 철도 교통도 발달하여 베이징, 다롄, 단둥, 하얼빈, 퉁화(通化), 청더(承德)로 통하는 철도가 있다. 현

---

9) 임민경, 2010, "선양경제구 발전계획을 통해 본 랴오닝성 도시화 추진 전략", 중국 성(省)별 동향 브리핑, 대외경제정책연구원(KIEP), p.2.

10) 임민경, 앞의 보고서, p.11.

재 지하철은 총 2호선까지 건설되었으며 2020년까지 총 10호선의 지하철 시스템을 구축할 계획이다.11) 아울러 선양의 중심 부근에는 선양 타오셴 국제공항(沈阳桃仙国际机场)이 있다.

선양에는 한국인 거리라고 불리는 시타제(西塔街, 서탑가)가 있다. 이 장소는 원래 조선족 밀집 지역이었으나 대한항공, 아시아나항공, CJ, 하나은행, 신한은행, 산업은행, 롯데백화점 등 국내 기업들이 대거 선양에 진출함에 따라 거주하는 한국인이 많아지면서 한국인거리로 변모하였다. 시타제에는 조선족을 위한 학교, 병원, 은행, 교회뿐만 아니라 한국어간판의 각종 상점과 한국인이 자주 이용하는 목욕탕, 식당 등이 있다.

(2) 다롄(大蓮, 대련)

러시아어로 '먼 곳'이라는 뜻을 가지고 있는 다롄은 랴오둥반도(遼東半島) 끝에 자리 잡은 항구 도시로, 1897년 러시아가 랴오둥반도를 조차하여 1898년부터 다롄의 항만을 개발하면서 근대 해항도시로 발돋움하였다. 1905년 포츠머스 조약 체결로 일본이 러시아로부터 다롄의 조차권을 양도받고 19세기 제국주의 침략에 대항하기 위한 군사시설을 설치하면서 다롄에 중국인이 점차 증가하였다. 1951년 다롄은 중화인민공화국 정부에 반환되었고 1978년 중국의 개혁개방정책이 시작되면서 괄목할 만한 성장을 이루며 현재의 모습에 이르렀다.12)

다롄의 도시 내부에는 러시아 조차 시기와 일본 식민 지배 당시에 조성된 근대식 건축물과 거리가 도시의 역사를 고스란히 보여 준다. 일본의 관동군 사령부, 법원, 만주철도 청사, 구(舊) 일본 거리 등과 함께 중산광장(中山广场)을 중심으로 100여 년의 역사를 간직한 유럽식 건축물이 많이 남아 있어 독특한 도시 경관을 보여 준다. 이는 다롄이 1990년대에 '규

---

11) railway-technology 홈페이지(http://www.railway-technology.com/projects/shenyang-metro/).
12) 우양호, 2015, "해항도시의 항만경제와 도시발전의 상관성 - 중국 다롄(大連)의 특징과 사례", 해항도시문화교섭학, 12, pp.85-88.

모가 아니라, 아름다움을 중시한다'는 전략을 수립하고 도시환경 개선과 우수한 주거환경 확립을 위해 노력한 결과이기도 하다.13)

오늘날 다롄은 중국 14개 연해 개방 도시 중 하나로, 랴오닝성을 비롯한 둥베이 삼성의 대외 관문으로서 동북아 국제항운과 국제물류, 지역금융의 중심지 역할을 하고 있다. 다롄은 랴오닝성에서 경제 규모가 가장 그며, 2012년에는 중국 도시 경쟁력 부문에서 11위, 금융경쟁력 부문에서는 8위를 차지하였다.14) 다롄에는 중국에서 가장 큰 조선, 내연 기관, 정유, 베어링 관련 업체뿐만 아니라 외국 은행 및 금융 기관의 지사와 대리점을 다수 유치하였으며 우리나라의 포스코건설, 고려해운, 현대 LCD, LS산전, 파크랜드 등도 진출해 있다. 랴오닝성 인민정부의 주도로 이루어진 2007년 「랴오닝연해경제벨트」 역시 다롄을 중심으로 잉커우, 단둥, 진저우, 후루다오 등의 항구를 육성하고자 하는 노력의 일환이다. 다롄은 동북아 지역의 중심이자 중국환보하이권 및 둥베이경제구의 접점에 위치하는 항구도시라는 지정학적 이점을 활용하여 광역경제권의 거점도시로 성장하고 있다.

아울러 다롄은 항만시설을 기반으로 하는 해상교통과 더불어 육상교통망도 발달된 곳으로 교통의 결절지로도 기능하고 있다. 다롄은 하얼빈으로 연결되는 남만주 철도의 시작점이며, 둥베이 삼성의 주요 도시들을 연결하는 화난철도망과 함께 항만과 화난철도망 사이를 잇는 약 150km의 전용철도가 건설되어 있다. 2015년 다롄에는 지하철 1호선이 개통되었고, 지상의 궤도전차 및 경전철 등과 함께 지상, 지하를 연계한 입체 교통시스템이 지속적으로 구축되고 있다. 도심 근처에는 베이징, 서울과 같은 주변 대도시들과 연결된 다롄 저우수이쯔 국제공항(大连周水子国际机场)이 있다.

한편, 다롄은 현대화된 국제도시표준과 지속가능한 발전전략에 따라 도시기초시설과 환경시설을 강화하고, 도시기능과 시민들의 정주환경을 전면적으로 개선하였다. 2015년 기준 다롄의 도시광장은 58개, 도시공원 41개, 도시녹화를 위한 복개율은 약 45%에 달할 정

---

13) 라오창, 2004, 세계 경제를 움직이는 중국도시 현장보고서, 한스미디어, p.213.

14) 코트라 홈페이지(kotra.or.kr).

도로 양호한 도시환경을 갖춰 나가고 있다. 그 결과, 중국정부로부터 환경보호 모범도시와 관광도시 등의 칭호를 받기도 하였다.15)

2) 지린성(吉林省, 길림성)

지린성의 면적은 중국 전체 면적의 약 2%에 해당하는 18.7만㎢이며 1개의 부성급시와 7개의 지급시, 1개의 자치주로 이루어져 있다〈그림 3.2.3〉. 지린성의 주요 도시로는 창춘, 지린, 퉁화, 랴오위안(遼源市), 바이산(白山), 옌볜조선족자치주(延边朝鮮族自治州) 등이 있으며, 인구는 2014년 기준 2,750만 명으로 한족이 90.97%를 차지하고 있고, 총 44개 민족으로 구성되어 있다. 이 중 옌볜조선족자치주는 조선 말기에 이주한 한국인이 개척한 곳으로 약 40%가 조선족으로 이루어진 중국 최대 조선족 밀집 지역이다.

지린성은 랴오닝성과 마찬가지로 둥베이 삼성의 중공업 중심기지이며, 특히 자동차공

그림 3.2.3 | 지린성 행정 경계
출처: Google Maps

15) 우양호, 앞의 논문, p.92.

업 및 석유화학산업이 발달하였다. 2014년 기준 지린성의 GDP는 1.38조 위안이며, GDP 성장률은 6.5%이다. 총교역규모는 263억 달러로, 이 중 수출액은 57.8억 달러이고 수입액은 206억 달러이다. 지린성에는 우리나라 기업이 약 450개 진출해 있으며 그중 80%가 창춘에 위치하고 있다. 랴오닝성과 마찬가지로 중소 규모의 수출가공형 기업이 가장 많으며, 이 지역에 진출한 국내기업으로는 금호타이어, 금호고속, 하나은행, CJ, 포스코 등이 있다.

러시아, 북한과 인접한 지린성은 이들 국가와의 국경무역에 대한 관심이 지대하다. 지린성은 2009년 「둥베이진흥계획」의 지역경제 발전전략의 일환으로 '창지투개발개방선도구(长吉图开发开放先导区)'로 지정되었다. '창지투'는 지린성의 창춘시 및 지린시 일부 지역과 옌볜조선족자치주를 의미하며, 이 프로젝트의 목적은 이들 지역을 중심으로 접경 국가와의 경제협력 모델을 구축하기 위한 시범방안을 마련하고 중국의 국경개발개방선행구와 시범구를 건설하는 것이다.16) 창춘시와 지린시, 옌볜조선족자치주는 두만강 지역의 핵심지역으로, 중국은 북한의 참여를 유도하여 이 지역을 동북아 개방의 중요 창구이자 둥베이 지방의 새로운 성장거점으로 육성하고자 노력하고 있다.17)

(1) 창춘(長春, 장춘)

청나라 후기에 세워진 창춘은 지린성의 정치·경제·문화·교통의 중심을 담당하고 있는 성도이다. 이곳은 과거 부여와 고구려의 영토였으며, 발해를 거쳐 이후 중국의 요나라, 금나라, 원나라, 명나라에 속하였다. 19세기 말부터 20세기 초까지 창춘은 청일전쟁과 러일전쟁을 거치며 러시아 소유의 동청철도(東淸鐵道)와 일본 소유의 남만주 철도(南滿洲鐵道)의 교차점으로 빠르게 성장하였다.

1932년 창춘은 신경(新京)이라는 명칭으로 일본이 세운 만주국의 수도가 되었으며, 일

16) 채욱·이장규·김부용, 2011, "중국의 발전전략 전환과 권역별 경제동향", 대외경제정책연구원(KIEP), pp.90−91.

17) 최우길, 2010, "중국 동북진흥과 창지투(長吉圖)선도구 개발계획: 그 내용과 국제정치적 함의", 한국동북아논총, 57, p.46.

본은 프랑스 파리와 호주 캔버라의 도시계획과 전원도시 운동의 주창자였던 에버니저 하워드(Ebenezer Howard)의 이론에 따라 「대신경도시계획(大新京都市計劃)」을 마련하였다. 이 계획을 통해 창춘의 도로시스템은 '런민광장'과 '런민대가'로 불리는 대동광장(大同廣場)과 대동가(大同街)를 중심으로 방사형의 도로망을 갖추게 되었다. 이와 함께 도시 곳곳에 대규모 녹지를 조성하고, 도시 전역에 상하수도시스템을 완비하는 등 근대적 계획도시로 변모하였으며, 1932년에서 1939년까지 7년간 인구가 2배 이상 증가하였다.[18]

근대적 도시경관과 문화유산이 도시 곳곳에 잔존하는 창춘에는 1953년 소련의 지원으로 중국 최초의 이치자동차 공장이 설립되었고 이를 기반으로 창춘은 오늘날 중국 최대의 자동차 산업의 거점으로 성장하였다. 창춘의 주요 산업은 교통 설비와 기계 제조 산업으로, 아우디, 폭스바겐, 도요타, 마쓰다 등의 외국 자동차 기업과의 제휴가 활발하게 이루어지고 있으며 매년 국제 모터쇼를 개최한다. 우리나라 기업으로는 금호타이어, 아시아나 항공 등이 진출해 있다. 한편 창춘은 1937년 일본이 설립한 만주영화협회 본사가 있던 곳으로, 창춘시 남서부에 중국 최초의 영화촬영소인 창춘영화촬영소(長春映畫撮影所)가 위치하고 있으며 현재 이곳은 영화촬영지이자 관광명소로 활용되고 있다.

창춘의 주요 교통시설로는 창춘과 하얼빈, 창춘과 지린, 창춘과 바이산을 잇는 고속도로와 창춘과 훈춘, 창춘과 지린을 잇는 고속철도 등이 있으며 최근 지하철 1호선이 개통되었다. 도심 북동쪽에는 타이완과 오사카, 도쿄, 방콕, 서울 등을 잇는 창춘 룽자 국제공항(長春龍嘉國際機場)이 있다.

3) 헤이룽장성(黑龍江省, 흑룡강성)

헤이룽장성은 중국에서 6번째 큰 지역으로, 총면적은 47.3만㎢이며 부성급시인 하얼빈을 포함하여 11개의 지급시와 1개의 자연지구가 속해 있다〈그림 3.2.4〉. 인구는 한족 외

---

18) 박만원, 2016, "박만원 특파원의 百市爭名 중국도시 이야기, 10. 창춘", 매일경제신문 Luxmen, 66, pp.192-195.

에 조선족, 만주족, 몽고족, 회족 등 54개 소수민족으로 구성되어 있으며 총인구는 2014년 기준 3,834만 명이다. 그중 조선족은 33만 명에 이르고, 한국인 교민의 경우에는 유학생 2,718여 명을 포함하여 약 9,541여 명이 거주하고 있다.

중국 최대의 석유공업기지인 헤이룽장성은 석탄, 석유를 비롯한 각종 광물자원이 풍부하다. 이에 숭상업이 총공업생산의 대부분을 차지하였으나 최근 경공업 비중이 늘어나고 있다. 한편 헤이룽장성은 넓은 경작지와 임야를 보유하고 있는 전국 1위의 식량과 목재 생산지이기도 하다. 이 지역의 GDP는 2014년 기준 총 1.52조 위안이며 총무역액은 348억 달

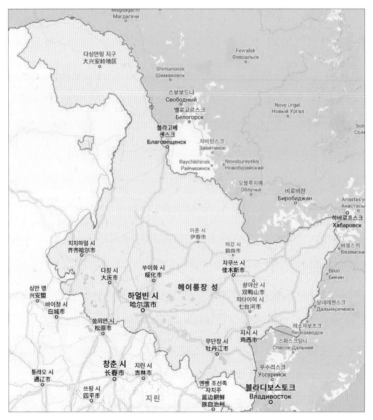

그림 3.2.4 | 헤이룽장성 행정 경계
출처: Google Maps

러로 수출액과 수입액은 각각 152억 달러, 196억 달러이다. 만도자동차, CJ사료, 동부한농, 국민은행, 하나은행 등 약 127개 국내 기업이 진출해 있다.

헤이룽장성은 러시아와 약 3,000㎞에 이르는 국경선을 접하고 있어 러시아 개방의 교두보로서, 변경무역이 활발하다. 러시아의 WTO 가입 및 중국의 변방 개방 확대라는 새로운 기회를 맞이하여 헤이룽장성은 하얼빈-무단장(牡丹江)-쑤이펀허(綏芬河)-둥닝(東寧) 등 국경항구도시를 연계한 '하무쑤동 대(對)러시아무역가공구'를 통한 성장을 추진하고 있다.[19] 특히 쑤이펀허 종합보세구는 「둥베이진흥계획」의 국가전략 중 하나로 2009년 설립을 정식으로 승인받았으며, 헤이룽장성은 하얼빈-다칭(大庆)-치치하얼(齐齐哈尔)의 성내 중심 대도시를 연결하는 이른바 '하다치 공업회랑(哈大齐工业走廊)'을 통해 대러 협력 추진 및 첨단기술과 현대 물류산업 중심의 서비스산업 클러스터 육성을 꾀하고 있다.[20]

(1) 하얼빈(哈爾濱, 합이빈)

하얼빈은 헤이룽장성의 성도이자 중국에서 10번째로 큰 도시로, 금나라와 청나라 왕조의 발원지이다. 만주어로 '그물을 말리는 곳'이라는 뜻을 가지고 있는 하얼빈은 19세기 말까지 쑹화강(松花江) 연안의 자그마한 어촌에 불과하였으나, 러시아에 의해 1896년부터 1903년까지 동청철도가 건설되면서 상공업시설이 증가하고 인구가 이 지역으로 점차 몰려들었다. 1905년 러일전쟁에서 러시아가 패하자, 16개 국가가 이곳에 영사관을 설립하고, 33개국 16만 명의 교민이 몰려들면서 하얼빈은 국제적인 도시가 되었다. 1932년 일본의 식민 지배를 거쳐 1946년 해방 이후 하얼빈은 중공업 중심의 신흥 공업도시로 탈바꿈하였으며, 개혁개방 이후 현재까지 의약, 자동차, 식품, 전자정보 등 하이테크 산업을 중심으로 하는 새로운 산업구조를 형성하였다.

---

19) 최영진, 2013, "중국의 동북지역 개발과 환동해권 진출의 교두보: 훈춘과 쑤이펀허 통상구의 비교 연구", 중소연구, 37(1), p.130.

20) 채욱 외, 앞의 보고서, p.94-98.

하얼빈은 선양, 다롄, 창춘에 비해 경제규모가 작지만, 2003년 국가적으로 추진된 「둥베이진흥전략」에 따라 대규모 투자가 이루어져 경제가 다시 활성화되었으며, 2014년에는 중앙정부가 하얼빈시를 러시아 협력을 위한 중심도시로 지정하면서 대(對)러시아 교역의 거점으로 부상하고 있다. 따라서 하얼빈은 하다치 공업회랑의 핵심도시이자 하무쑤둥 개발지구의 대외개방 창구로서 향후 동북아 지역의 물류 및 무역 중심지가 될 것이다. 한편, 하얼빈은 헤이룽장성에서 가장 큰 소비시장을 보유하고 있는 도시로 외국인의 쇼핑 중심지이며, 하얼빈의 대표적인 중앙다제(中央大街) 상권은 이국적인 경관으로 관광객들에게 인기가 많다. 하얼빈에 진출해 있는 한국기업의 상당수는 규모가 영세한 의류업체, 식당 등 서비스업 중심이며 아시아나 항공, 하나은행, KB국민은행, CJ CGV 등 17개의 대기업이 진출해 있다.[21]

헤이룽장성의 핵심적인 교통결절지인 하얼빈은 구롄(古蓮), 란링(兰棱), 쑤이펀허, 만저우리(滿洲里) 등 주변 지역뿐 아니라 선양, 나아가 러시아까지 연결되어 있는 철도 노선을 보유하고 있으며, 2013년 중국 최초로 영하 38도 이하에서 운행하는 지하철을 개통하기도 하였다. 러시아와의 협력을 위해 베이징과 하얼빈을 잇는 징하 고속도로(京哈高速公路) 확장 및 하얼빈 타이핑 국제공항(哈爾濱太平國際機場) 확충을 통해 종합교통망 건설이 지속적으로 추진되고 있다.

II. 둥베이 삼성의 교통

1. 철도교통

현재까지 총 70여 개의 철도망이 중국 전역에 부설되어 있고 그 길이는 2015년 기준 약 12.1만km에 달한다.[22] 둥베이 삼성의 가장 기본적인 교통망 역시 철도라고 할 수 있다. 둥

---

21) 최지원·오종혁, 2014, "중국 도시 정보 시리즈–하얼빈시(哈爾濱市)", p.19, 대외경제정책연구원(KIEP).

베이 삼성에 위치한 광공업 중심지들과 농업·목축업·임업기지들은 세로로 철도가 연결되어 있다. 그 외의 도시들은 선양, 창춘, 하얼빈을 중추도시로 하여 나머지 도시들과 지선으로 연결되어 있으면서 비교적 완전한 철도망을 구축하고 있다.23) 둥베이 삼성의 철도는 중국의 다른 지역보다 더 조밀하다. 둥베이 삼성의 철도의 밀도는 100㎢당 3.06㎞로 중국 평균인 0.76㎞의 4배에 달한다. 70개 이상의 간선과 지선으로 이루어진 방대한 철도망이 건설되어 있을 정도로 둥베이 삼성은 중국에서 철도망이 잘 발달된 지역 중 하나라고 할 수 있다.24) 〈그림 3.2.5〉와 같이, 다롄, 선양, 창춘, 하얼빈을 관통하는 파랑색 선은 시속 300㎞ 이상인 고속 철도, 녹색 선은 시속 200~299㎞인 고속 철도, 주황색 선은 개선된 고속 철도, 회색 선은 고속 철도가 아닌 일반 철도로 각각의 도시들을 연결한다.25)

둥베이 삼성 지역은 전국 최고 수준의 철도망 구축으로 대규모의 물류 운송을 담당한다.26) 특히, 랴오닝성은 교통인프라를 두루 잘 갖추었는데, 선양시와 단둥시를 연결하는 '선단 철로'는 중국과 북한을 연결해 주는 주요 철도이다. 그리고 선양시와 허베이성의 산하이관을 연결하는 '선산 철로(瀋山鐵路)'의 화물 수송량은 굉장히 많은 편이다.27) 다롄시는 베이징, 선양, 창춘, 칭다오, 단둥과 철도로 직접 연결되어 있다.

지린성의 경우, 성 내 철도 총길이는 6,330㎞로 주요 간선철도가 사방으로 뻗어 나가면서 총 28갈래의 철도선이 부설되어 있고 훈춘에서 러시아까지 연결되어 있다.28) 헤이룽장성은 가장 긴 철도 노선을 보유한 지역으로 대부분의 주요 도시에 철도가 개통되어 있다.

---

22) 위키피디아 백과사전(http://www.wikipedia.org).

23) 지광수·김안호·홍금우·김정식, 2007, 중국지역연구, 조선대학교 출판부, p.222.

24) 신호윤, 2008, "동북3성 진흥전략과 한·동북3성 경제협력방안", 산은경제연구소 조사연구 2월, p.8.

25) 위키피디아 백과사전(http://www.wikipedia.org).

26) 위키피디아 백과사전(http://www.wikipedia.org).

27) 지광수 외, 앞의 책.

28) 길림성투자촉진망 홈페이지(http://korean.investjilin.com).

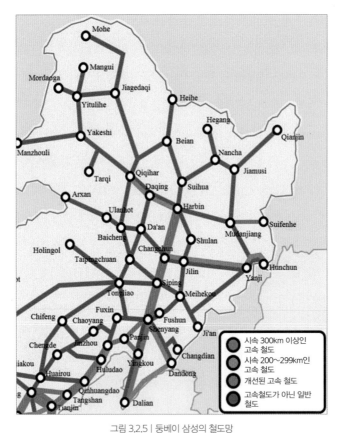

시속 300km 이상인
고속 철도

시속 200~299km인
고속 철도

개선된 고속 철도

고속철도가 아닌 일반
철도

그림 3.2.5 | 둥베이 삼성의 철도망
출처: https://en.wikipedia.org/wiki/Rail_transport_in_China#/media/File:Rail_map_of_China.svg

2. 도로교통

둥베이 삼성의 도로 역시 철도와 마찬가지로 중국 평균보다 1.3배 높은 밀도를 자랑한다. 도로교통은 철도망을 보완하는 단거리 운송수단이다. 총도로연장의 증가 추세를 살펴보면, 2012년 말 중국의 고속도로 총연장길이는 9만 7,355㎞였는데, 2012년 한 해에만 1만 2,409㎞가 건설되었을 정도로 도로교통망이 빠르게 확충되고 있다. 중국은 한 해 평균 약 6,000㎞ 이상의 고속도로를 건설하고 있으며29) 이에 발맞추어 여객과 화물운송량 역시 날로 증가하고 있는 추세이다.

둥베이 삼성의 도로는 '퉁장-다롄', '창춘-훈춘', '쑤이펀허-하얼빈, 만저우리', '단둥-산하이관' 등 4개의 국도간선과 기타 간선도로로 구성되어 있으며, 이 도로가 둥베이지방 도로망의 기본이다.30) 〈그림 3.2.6〉을 보면 남-북 방향으로는 파란 선으로 표시된 고속도로가 건설되어 있고 동-서 방향으로는 녹색 선으로 나타나는 고속도로가 건설되어 있으며, 노란 선으로 표현된 대도시 중심의 환선 고속도로가 건설되어 있다.

랴오닝성에 있는 선다 고속도로는 북쪽의 선양과 남쪽의 다롄을 이어 주며, 현재 중국에서 가장 긴 고속도로이다. 이 고속도로는 공업도시인 선양, 랴오양, 안산, 잉커우, 다롄을 지나 다롄과 잉커우의 항구와 연결되기 때문에 둥베이지방의 물류 수송에 있어 중추적인 역할을 한다.31) 이와 함께 다롄과 선양, 다롄과 단둥 간 고속도로 역시, 랴오둥반도 지역의 경제 발전에 기여하고 있다. 지린성의 도로는 창춘을 중심으로 방사선 형태의 도로를 따라 성 안팎이 연결되어 있으며 현재까지 개통된 도로의 전체 길이는 9만 4,200㎞이다. 이미 성 안팎의 모든 마을이 도로로 잘 연결된 상태이다. 이 덕분에 지린, 하얼빈, 선양은 하루만에 왕복이 가능한 1일 생활권에 속하게 되었고, 다른 대도시인 다롄과 베이징도 하루 안에 이동이 가능하다.32)

29) 위키피디아 백과사전(http://www.wikipedia.org).

30) 지광수 외, 앞의 책.

31) 위키피디아 백과사전(http://www.wikipedia.org).

32) 길림성투자촉진망 홈페이지(http://korean.investjilin.com).

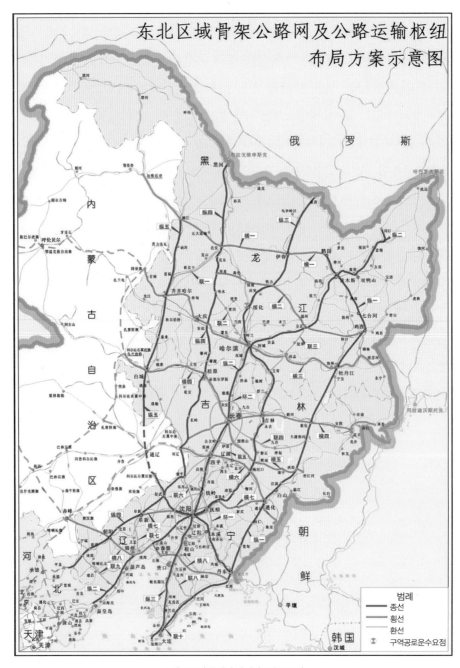

그림 3.2.6 | 둥베이 삼성의 고속도로망
출처: http://tieba.baidu.com/p/347063408

3. 해상교통33)

해상교통의 경우, 둥베이 삼성 중 유일하게 해안을 끼고 있는 랴오닝성의 항만이 잘 발달되어 있다. 지린성이나 헤이룽장성에서 생산되는 원자재와 부자재를 대량으로 운송해야 하는 경우에는 랴오닝성의 항만을 주로 이용한다. 이런 상황에서 중국 둥베이지방은 항구 접근성을 높이기 위해 최근 수륙연계형 물류 인프라 건설을 추진하고 있다. 바다로의 접근성이 취약한 내륙도시에서도 항구의 주요 기능을 처리할 수 있도록 내륙항을 건설하고 있다. 대표적인 내륙항으로는 지린시 내륙항, 창춘 내륙항, 퉁화 내륙항이 있다.

지린성의 해상교통은 러시아의 자르비노와 포시에트항, 북한의 나진항에 이르는 두만강 경로를 이용한다. 헤이룽장성에서는 바다로 출구를 확보하기 위해 랴오닝성의 다롄항, 단둥항 혹은 지린성의 훈춘에서 북한을 통해 바다로 빠지는 경로와 러시아의 블라디보스토크, 나홋카항으로 나가는 쑤이펀강 경로를 이용하는 수송노선이 구축되었다.

랴오닝성의 다롄항은 중국에서 세 번째로 큰 항구이다. 다롄항은 황해와 인접한 랴오둥 반도에 위치하며, 1899년에 건설되었다. 역사적으로 둥베이 삼성의 관문 역할을 해 왔던 다롄항은 1960년대 이후에는 중국의 경제 발전에 크게 기여하였다. 현재 다롄항은 다롄 본항(大連本港), 대요만항(大窯灣港), 북량항(北良港), 점어만유항(鮎魚灣油港), 다롄만 어항(大連灣漁港), 화상도석탄항(和尙島石炭港)의 6개 기능별 항구로 나뉘어져 있으며 2010년 이후, 가장 큰 부두를 가진 대요만항을 확장·개발하고 있다〈사진 3.2.1〉.

다롄항은 전 세계 160여 개 국가 및 중국 내 약 300개 항만과 교역을 하고 있으며, 총 85개의 국내외 컨테이너 항로가 개통되어 있다.34) 헤이룽장성, 지린성, 랴오닝성 및 동부 네이멍구 지역을 경제 배후지로 하여 다롄항은 매년 적어도 1억 개 이상의 화물을 취급한다. 또한 다목적 항구로서 중국 둥베이지방뿐만 아니라 북아시아, 동아시아 그리고 환태평양

---

33) 임민경, 2011, "중국 동북지역 물류 인프라 건설의 최근동향: 수륙 연계형 물류 구축", 중국 성(省)별 동향 브리핑, 대외경제 정책연구원(KIEP), pp.3-11.
34) 우양호, 앞의 논문, p.96.

사진 3.2.1 | 다롄항
출처: https://internchina.com/the-history-of-dalian/

지역을 아우르는 항구의 역할을 한다. 특기할 만한 점은, 다롄항구는 정부가 아닌 다롄항 그룹(Dalian Port Corporation Limited)이 소유하고 운영한다는 것이다.35)

4. 항공교통

영토가 넓은 중국은 항공교통 역시 잘 발달되어 있으며, 각 성의 대도시에는 국제공항이 있다. 랴오닝성에는 다롄 저우수이쯔 국제공항, 선양 타오셴 국제공항이 있고, 지린성에는 창춘 룽자 국제공항, 옌지 차오양촨진 공항이, 헤이룽장성에는 무단장 하이랑 공항과 하얼빈 타이핑 국제공항이 위치해 있다.

랴오닝성의 다롄 저우수이쯔 국제공항에는 1994년에 서울–다롄 간 직항로가 개설되었

---

35) 위키피디아 백과사전(http://www.wikipedia.org).

으며, 상하이, 베이징 등 78개 도시를 연결하는 항공노선이 개통되어 있다. 창춘의 룽자 국제공항의 경우에는 러시아, 일본, 한국 등 주변국과의 항공 네트워크가 잘 형성되어 있고 보잉 757을 비롯한 대형 항공기의 이착륙이 가능하다.36) 둥베이 삼성의 각 성별 주요 국제공항의 특성은 〈표 3.2.2〉로 정리하였다.

중국인민항공청(Civil Aviation Administration of China, CAAC)에 따르면 선양의 타오센 국제공항은 2014년 한 해 동안 총 1,280만 272명이 이용하면서 중국 내 공항 중 21번째로 승객 수가 많았고 화물 역시 13만 8,318.4톤을 처리하였다. 가깝게는 러시아, 북한, 한국에서부터 멀리 일본, 싱가포르, 캐나다, 독일까지 72개 도시에 취항하고 있고 99개의 국내 노선, 20개의 국제 및 지역 노선을 갖추고 있다.

하얼빈의 타이핑 국제공항도 선양의 국제공항 못지않게 많은 주요 아시아 국가의 63개

〈표 3.2.2〉 둥베이 삼성의 주요 국제공항 비교

	선양 타오센 국제공항[1]	창춘 룽자 국제공항[2]	하얼빈 타이핑 국제공항[3]
연간 여객 처리량[4] (2014년 기준)	12,800,272명	7,421,726명	12,239,026명
연간 화물 처리량 (2014년 기준)	138,318.4톤	73,560.9톤	106,559.8톤
운항 항공사 수	30개	17개	27개
운항 노선 수	119개(99개 국내 노선, 20개 국제 및 지역 노선)	–	99개
취항 도시 수	72개	37개	63개
주요 국제 취항 도시	러시아(이르쿠츠크), 북한(평양), 한국(서울, 제주, 대구, 부산, 청주), 일본(도쿄, 삿포로, 후쿠오카, 오사카, 나고야), 싱가포르, 캐나다(밴쿠버), 독일(프랑크푸르트)	러시아(블라디보스토크), 한국(서울), 일본(도쿄, 센다이, 나고야)	러시아(모스크바, 블라디보스토크, 하바롭스크), 북한(평양), 한국(서울, 제주도), 일본(도쿄, 오사카, 니가타), 태국(방콕, 푸껫)

주: 1) 바이두(http://baike.baidu.com) 沈阳桃仙国际机场, 2) 바이두(http://baike.baidu.com) 长春龙嘉国际机场,
3) 바이두(http://baike.baidu.com) 哈尔滨太平国际机场, 4) 위키피디아 백과사전(http://www.wikipedia.org)
출처: 바이두(www.baidu.com), 위키피디아 백과사전(www.wikipedia.org)

---

36) 위키피디아 백과사전(http://www.wikipedia.org).

도시에 취항하고 99개의 노선을 갖추고 있다. 2014년 한 해 이용승객 수와 화물 처리량은 각각 1223만 9,026명과 10만 6,559.8톤으로 선양 국제공항과 맞먹는 수준이다.

창춘의 룽자 국제공항은 앞의 두 공항보다는 규모가 조금 작지만 러시아, 한국, 일본 등 주요 국가의 37개 도시에 취항하면서 국제공항으로서 역할을 수행하고 있다.

III. 결론

랴오닝성, 지린성, 헤이룽장성을 가리키는 둥베이 삼성은 광활한 토지와 풍부한 자연자원을 이용하여 중국의 농업과 광공업의 발전을 이끌었다. 오늘날 이 지역은 국가와 성급 차원의 경제 발전전략을 바탕으로 광역경제권을 형성하여 동북아 지역의 교통·물류 중심지로 발돋움하고 있다. 둥베이 삼성은 조선족을 포함한 다양한 민족이 거주하는 지역이기도 하며, 20세기 중·후반 폭발적인 인구증가와 함께 급격한 도시화를 겪었다. 하지만, 중국 중앙정부의 개혁개방 정책에 따라 동부연해지역 중심의 경제 발전전략이 시행되면서 둥베이 삼성은 빠른 속도로 쇠퇴하게 되었다.

2003년 「둥베이진흥계획」이 발표되고, 둥베이 삼성의 주요 도시를 중심으로 대규모 국경개발·개방시범구, 산업클러스터, 연해경제벨트 프로젝트가 추진되면서 둥베이 삼성은 중국의 대외개방 및 지역 발전전략의 중심지역이 되었다. 이는 중국이 국경을 마주하고 있는 북한과 러시아와의 경제 협력을 통하여 동북아 지역의 지경학적 변화의 주도권을 잡으려는 시도로 해석할 수 있으며,[37] 우리나라의 입장에서 둥베이 삼성은 국내 기업의 진출 및 경쟁력 강화를 통해 남북한 교류를 촉진할 수 있는 완충지가 될 수 있다는 점에서 지정학적인 의의를 갖는다.[38]

오늘날 둥베이 삼성의 도시 발전전략은 개별 도시의 개발보다는 주변 도시와의 광역권

---

37) 최우길, 2010, 앞의 논문, p.46.
38) 주선양대한민국총영사관, 2015, 동북 삼성 방문안내서, p.11.

형성에 초점을 맞추며 핵심 거점도시의 육성뿐 아니라 국내외 인접 도시와의 연계 협력을 추진함으로써 도시 간 기능을 배분하고 있다. 랴오닝성은 둥베이진흥계획의 선두주자로 선양경제구를 중심으로 거대한 대도시권을 형성하고 둥베이지방과 환보하이지역의 접점인 다롄을 중심으로 랴오닝연해경제벨트를 구축하는 발전전략을 추진하고 있다. 지린성은 창춘시와 지린시의 일부 및 옌벤조선족자치주를 중심으로 하는 창지투개발개방선도구 지정을 통해 두만강 지역 개발을 위한 북한과의 경제 협력을 도모하고 있다. 헤이룽장성은 하얼빈을 중심으로 하다치 공업회랑과 하무쑤둥 대러시아무역가공구를 개발함으로써 러시아를 비롯한 주변 지역과의 경제 협력 및 연계를 강화하고 이를 통해 첨단 산업 및 물류 클러스터 조성을 꾀하고 있다.

교통인프라는 광역경제권의 필수요소이며 도시 및 지역 간 교역을 증대시키고 배후지와의 연계를 강화하며 지역의 시장경쟁력을 높인다. 현재 둥베이 삼성의 교통망은 철도를 중심으로 도로·해상·항공 교통이 두루 발달했지만, 교통시스템의 체계성이 다소 떨어진다. 이에 중국 중앙정부는 2016년 9월, 향후 3년간 추진할 「신(新) 둥베이진흥 전략 실시방안」을 발표하고, 대대적인 교통 인프라 건설을 명시하였다.[39] 성공적인 광역경제권 구축을 위해서는 중앙과 지방, 그리고 지방 간 협력적인 거버넌스와 효율적인 네트워크, 지역주민의 적극적인 참여와 유연한 제도 구축 등 다양한 요소가 고려되어야 한다. 신흥산업 육성과 더불어 교통인프라 투자는 지역경제 개발 및 광역경제권 구축의 기본 요건으로, 중앙정부와 지방정부의 지속적인 노력을 통한 둥베이 삼성의 성장을 기대해 본다.

---

39) 코트라 홈페이지(kotra.or.kr).

References

▷ 논문(학위논문, 학술지)

• 박상수·두헌, 2011, "중국의 신 비즈니스 거점화(NBH: New Business Hub) 전략에 대한 연구: '五點一線', '長吉圖' 지역개발 전략과 동북 삼성의 투자환경을 중심으로", 중국학, 40, pp.415-452.

• 박선영, 2008, "중국의 동북3성 개발", 중국사연구, 53, pp.309-356.

• 우양호, 2015, "해항도시의 항만경제와 도시발전의 상관성: 중국 다롄(大連)의 특징과 사례", 해항도시문화 교섭학, 12, pp.83-114.

• 최영진, 2013, "중국의 동북지역 개발과 환동해권 진출의 교두보: 훈춘과 쑤이펀허 통상구의 비교 연구", 중소연구, 37(1), pp.129-166.

• 최우길, 2010, "중국 동북진흥과 창지투(長吉圖)선도구 개발계획: 그 내용과 국제정치적 함의", 한국동북아논총, 57, pp.35-59.

• Davis, K., 1965, "The urbanization of the human population", Scientific American, 213(3), pp.40-53.

▷ 보고서

• 신호윤, 2008, "동북3성 진흥전략과 한·동북3성 경제협력방안", 산은경제연구소 조사연구 2월.

• 임민경, 2010, "선양경제구 발전계획을 통해 본 랴오닝성 도시화 추진 전략", 중국 성(省)별 동향 브리핑, 대외정책경제연구원(KIEP).

• 임민경, 2011, "중국 동북지역 물류 인프라 건설의 최근동향: 수륙 연계형 물류 구축", 중국 성(省)별 동향 브리핑, 대외정책경제연구원(KEIP).

• 주선양대한민국총영사관, 2015, 동북 삼성 방문안내서.

• 채욱·이장규·김부용, 2011, "중국의 발전전략 전환과 권역별 경제동향", 대외경제정책연구원(KIEP).

• 최지원·오종혁, 2014, "중국 도시 정보 시리즈-하얼빈시(哈爾濱市)", 대외경제정책연구원(KIEP).

▷ 단행본

• 라오창, 2004, 세계 경제를 움직이는 중국도시 현장보고서, 한스미디어, p.320.

• 박인성·문순철·양광식, 2000, 중국경제지리론, 한울아카데미, p.418.

• 지광수·김안호·홍금우, 김정식, 2007, 중국지역연구, 조선대학교 출판부, p.301.

• 황매희 편집부, 2010, 중국행정구획총람, 황매희, p.1018.

• Friedmann, J., 1973, Urbanization, planning, and national development, Sage Publications, p.351.

▷ **언론보도 및 인터넷 자료**

• 길림성투자촉진망, http://korean.investjilin.com

• 두피디아, http://doopedia.com

• 바이두, http://www.baidu.com

• 박만원, 2016, "박만원 특파원의 百市爭名 중국도시 이야기, 10. 창춘", 매일경제신문, Luxmen, 66, pp.192
  −195.

• 위키피디아 백과사전, http://www.wikipedia.org

• 주선양대한민국총영사관, http://chn-shenyang.mofa.go.kr

• 중화인민공화국 국가통계국, http://www.stats.gov.cn

• 코트라 홈페이지, http://www.kotra.or.kr

• InterChina 홈페이지, https://internchina.com/the-history-of-dalian/

• railway-technology 홈페이지, http://www.railway-technology.com/projects/shenyang-metro/

3

중국 둥베이 삼성의 토지와 주택[1]

허정화(박사과정), 김지우(석사과정), 김용창(지리학과 교수)

I. 서론

둥베이 삼성의 토지와 주택을 이해하기 위해 사회주의 경제체제하의 중국의 토지 주택 제도를 전반적으로 살펴보고 이를 기초로 둥베이 삼성만의 고유한 특징을 파악하고자 한다. 토지 부분에서는 중국의 토지제도와 토지이용 원칙, 이와 관련된 국가계획을 살펴보고, 관련 문헌과 중국정부의 통계를 이용하여 둥베이 삼성의 토지 이용현황과 문제점을 정리하였다.

중국의 주택에 대해서는 먼저 1949년 중화인민공화국 건설과 1980년대 개혁개방을 전후하여 중국의 주택제도가 어떻게 변화하였는지 파악하였다. 그리고 최근 도시화와 시장 경제체제를 경험하면서 복지에서 상품으로 전환된 중국 주택의 특성과 함께 이와 관련된 문제를 해결하기 위한 중국정부의 다양한 주택 정책, 그리고 주택 가격의 변동을 살펴보고자 한다.

---

1) 둥베이 삼성 토지 및 주택원고 작성을 위해 단둥 출신 지리학과 박사과정생인 김소미 양의 자료 지원과 인터뷰 협조가 있었으며 이에 감사드리는 바입니다.

II. 둥베이 삼성의 토지계획 및 이용현황

1. 중국의 토지제도 개요

1) 토지의 이용체계

중국의 토지는 용도에 따라 농업용지, 건설용지, 기타용지로 나뉜다. 좀 더 세부적으로 농업용지는 논, 밭, 임야, 목초지, 기타용지로 나뉘며, 건설용지는 도시부지, 농촌부지, 교통부지, 수리시설부지, 기타 건설부지로 나뉜다.

2) 토지이용의 특성

국가 형성의 역사적 배경, 사회제도, 토지의 특성에 따라 토지이용이 달라진다. 중국은 농민들을 위한 농지개혁을 통해 국가를 수립했으며, 사회주의 계획경제체제에서 사회주의 시장경제체제로 전환 중이다. 또한, 인구는 많고 가용 토지자원은 상대적으로 부족한 편이다. 중국의 1인당 평균 경지면적은 1,000㎡로 세계 평균의 절반에도 미치지 못한다. 이러한 특성들은 일반적인 토지이용 원칙과 결합하여 중국 토지이용의 기본 원칙을 형성하는 데 영향을 미쳤다.

3) 토지이용의 기본 원칙[2]

중국은 토지이용과 관련하여 다음과 같은 기본 원칙을 수립하였다. 먼저 농업과 농업생산 용지를 우선적으로 보장하였다. 이는 중국이 인구가 13억이 넘는 국가로서 원활한 식량 공급을 위해 농업과 농업생산 용지를 우선적으로 확보할 필요가 있기 때문이다. 둘째, 토지를 집약적으로 이용하도록 하였다. 제한된 토지에서 농업을 우선시하면서도 2·3차 산

---

2) 박인성·조성찬, 2011, 중국의 토지개혁 경험: 북한토지개혁의 거울, 한울 아카데미, pp.243-253.

업용지도 충분히 공급하기 위해서는 집약적 토지이용을 추구해야 한다. 이는 반대로 2·3차 산업이 발전해야 농업 발전을 위한 충분한 자본·기계·화학·비료·기술·인적자본 등이 공급될 수 있기 때문이다. 셋째, 경제효과를 생태효과 및 사회효과와 연계·통합하고자 하였다. 토지의 다양성과 사회성 때문에 토지의 이용은 경제효과, 생태효과 및 사회효과를 유발하고, 이러한 세 가지 효과는 사실상 하나로 연결된다. 넷째, 개발과 합리적인 보호의 조화를 추구하였다. 중국의 토지개발과정에서 자연과의 조화는 무시한 채 이용의 측면을 강조하는 풍조가 난무했고 그 결과, 토지의 퇴화가 심각한 상황이다. 그래서 '경제효과–생태효과–사회효과' 간 조화를 추구할 수 있는 인간과 토지의 조화로운 관계를 발전시키고자 한다. 마지막으로 여러 경제 주체 간의 조화 및 효율성과 형평성을 동시에 추구하였다. 경제 발전으로 인해 토지의 용도와 수요 주체가 다양해지고 이로 인한 갈등이 발생한다. 이에 농지와 건설용지 간의 배분을 고려할 때, 경지를 보호하면서 토질이 우수한 토지는 우선적으로 농지로 활용하고 그다음으로 건설에 필요한 용지를 공급한다.

위와 같은 중국의 토지이용의 원칙을 보면 농업용지를 우선적으로 보장하고 토지를 집약적으로 이용한다는 점에서 다른 동아시아 국가들과 유사한 토지이용의 특징을 보인다. 또한, 경제 성장을 추구하면서도 인간사회와 토지환경의 조화를 이루겠다는 이상적인 내용을 담고 있다.

2. 토지이용계획의 분류 체계

중국의 토지이용계획은 토지이용총체계획을 중심으로 그 외에 상세 계획, 전문 계획으로 구성되어 있다. 토지이용총체계획은 전국–성–시(지구)–현–향으로 이루어진 5개 행정등급의 총체계획으로 나뉘며, 총체계획은 상세계획과 부문계획을 규제함으로서 토지이용계획의 위계를 형성한다.

토지이용총체계획은 행정등급 또는 계획기간에 따라 구분할 수 있다. 먼저 전국, 성, 지구, 현, 향 등 전체 5개 행정등급의 계획으로 나뉜다. 전국단위는 국무원에서 계획을 수립

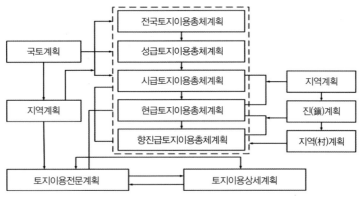

그림 3.3.1 | 중국의 토지이용계획 체계
출처: 정매화, 2007, p.70.

하고 실행하며, 전국의 토지이용 전략목표를 설정한다. 전국단위를 제외한 성, 시, 현, 향급 단위는 각 급 인민정부가 계획을 수립하며 토지관리 위주의 업무를 담당하고 있다. 계획기간 기준으로는 15년에 걸쳐 행해지는 토지이용총체 계획, 5년 단위로 시행되는 중기 토지이용계획, 연도별 토지이용계획으로 구분된다.

3. 토지이용계획 체계의 문제점

1) 불완전한 계획 체계

중국의 토지이용계획 체계는 토지이용총체계획과 토지이용전문항목계획의 두 단계로 나누어져 있다. 하지만 '국민경제 및 사회발전계획'은 '국민경제 및 사회발전계획–5년계획–전문계획–부문계획'의 총 4개 단위로 나뉘어 있고, '도시체계계획'은 '도시체계계획–도시총체계획–규제 및 상세계획–각 분구계획'의 4개 단위로 나뉘어 있다. 상호 보완이 필요한 토지이용계획체계, 국민경제 및 사회발전계획, 도시체계계획이 서로 다른 단위로 되어 있어 계획체계 간의 조화와 협력이 어려운 상황이다.

2) 불명확한 역할 분담

중국의 토지이용총체계획은 국가-성-시-현-향의 5급으로 구분되어 수립되지만, 각급 지방정부별 토지이용총체계획의 기능은 불명확하다. 또한 국가급, 성급, 시급의 토지이용 총체계획 형식이 동일하고 내용도 유사하며 현급 및 향급의 토지이용총체계획의 내용 역시 차이가 크지 않다. 즉, 거시적 측면에서 토지이용은 자세하게 분류한 반면, 정책의 시행을 위한 지방 단위의 계획은 내용이 비슷하고 구체적인 시행내용이 부족하다.

3) 토지이용계획 수립시점과 계획기간의 시작연도의 불일치

앞서 언급한 불완전한 계획 체계와 토지이용에 대한 각급 지방정부별 불명확한 역할 분담 문제는 '제3차 토지이용총체계획' 수립기간이 비교적 길어 그 계획기간(2006~2020년)의 시작연도가 본 계획의 수립 및 실시 시작 연도와 일치하지 않는 데서 발생하였다. 2008년 제3차 토지이용총체계획이 수립되었는데, 국가급 계획은 2002년에, 성급은 2005년에 시작했고, 현 및 향급 계획은 아직도 시작되지 않았다. 즉, 현 및 향급 토지이용총체계획의 수립이 늦어져서 계획의 실시 시작연도가 계획기간 시작연도에 비해 3년 이상 지나 버려서 토지이용총체계획과 현실 토지이용 간의 모순이 발생하게 되는 것이다.

4) 토지이용총체계획과 산업배치계획의 불충분한 연결

산업을 담는 그릇의 역할을 하는 토지는 이동 불가능성과 이용의 배타성이라는 특성이 있으므로 각 생산 영역에서 토지를 어떻게 분배할 것인지의 문제가 발생하게 된다. 현재의 토지이용상태는 산업구조를 반영한 것으로, 이미 결정된 토지이용구조는 산업구조의 변화와 발전을 크게 제약하게 된다. 산업이 발전하게 되면 이에 상응하여 토지에 대한 수요 및 공간구조의 변화가 수반되어야 하는데, 이를 토지이용총체계획이 규제하고 있어 즉각적인 토지이용구조의 변화를 어렵게 한다. 결국 남은 대안은 제한된 토지자원을 집약적으로 이용하고, 탄력적인 토지이용을 통해 합리적인 산업배치계획을 수립하는 것이다.

그러나 실제로는 토지이용총체계획과 산업배치가 어긋나 산업 간 연계성이 부족한 경우가 빈번하게 발생한다. 가령, 많은 지역에서 지방정부 주도의 공업단지가 우후죽순처럼 조성되고 있으며, 대학들이 맹목적으로 캠퍼스를 확장하는 문제를 토지이용총체계획이 제대로 규제하지 못하고 있다.

5) 토지이용총체계획과 도시계획의 부조화

토지행정주관부서와 건설행정주관부서가 개별적으로 토지를 관리하는 중국의 관리체계 특성으로 인해 토지이용총체계획과 도시계획은 서로 분리되어 있나. 토시관리법에서 도시총체계획은 토지이용총체계획의 계획지표를 받아들이고 서로 연계되어야 한다고 규정하고 있어서 각 계획 간 충돌을 해결하기 위한 법적 장치가 구비되어 있는 것처럼 보인다. 하지만 실제 운영에 있어서 도시계획이 관할하고 있는 도시용지 규모가 토지이용총체계획이 확정한 도시용지 규모보다 크고 도시계획의 권위가 토지이용총체계획보다 크다. 이로 인해 도시계획을 실시하면서 오히려 상위계획이라 할 수 있는 토지이용총체계획을 수정하는 일이 빈번하게 발생한다. 근래에 중국의 경지면적이 대량 유실된 이유도 도시계획에서 도시규모를 끊임없이 확장하는 것으로부터 비롯되었다.

4. 둥베이 삼성의 토지이용 특징3)

둥베이 삼성은 헤이룽장성, 지린성, 랴오닝성 3개의 성을 가리키며 중국의 구(舊) 공업 및 식량생산기지였다. 3개 성 토지의 총면적은 78만 7,300㎢이며 이는 전국의 8.2%를 차지한다.

---

3) 중화인민공화국 국토자원부(Ministry of Land and Resources of the People's Republic of China)의 각 성별 국토자원청 (Department of Land and Resources) 「토지이용총체계획(2006~2020년)」에서 발췌하여 요약한 내용이다.

1) 헤이룽장성

(1) 토지용도 분류

농업용지가 83%를 차지하고 그중 임야의 비율이 가장 높다〈표 3.3.1〉.

〈표 3.3.1〉 헤이룽장성의 토지용도에 따른 분류

용지 구분	총면적(비율)	세부 용도	면적(㎢)	비율(%)
농업용지	377,847㎢(83.5%)	논	116,695	30.9
		밭	603	0.2
		임야	228,851	60.6
		목초지	22,261	5.9
		기타	9437	2.4
건설용지	14,735㎢(3.2%)	도·농 부지	11,024	74.8
		교통부지	1,157	7.9
		수리시설부지	2,080	14.1
		기타 건설부지	474	3.2
기타용지	60,063㎢(13.3%)	-	-	-

(2) 토지이용의 특성

첫째, 헤이룽장성의 토지생산성은 낮지만, 토지면적은 넓다. 1인당 경지면적은 0.31ha로 전국 평균의 3배를 웃돈다. 둘째, 전체 성 면적 중 83.5%를 농경지로 사용하고 있을 정도로 농업용 토지가 큰 비율을 차지한다. 다만 가뭄과 홍수 피해가 커서 넓은 농지에 비해 생산성이 높지 않다. 셋째, 토지비옥도는 높은 편이다.

(3) 토지문제

첫째, 토지생산성은 낮은 편이며, 농업용·건설용 토지이용의 집약도와 효율성이 낮다. 또한 토지와 건축물에 대한 수요는 많으나, 공급이 부족하기 때문에 수요와 공급의 불균형이 발생하고 있다. 마지막으로 토지의 황폐화가 심각하다. 이는 홍수와 태풍과 같은 자연재해와 과도한 벌목과 방목, 무차별적인 개간 등 인위적인 요인에서 기인한다.

2) 지린성

(1) 토지용도 분류

지린성의 토지를 용도에 따라 분류했을 때, 헤이룽장성과 마찬가지로 농업용지 비율이 제일 높고 그중 임야가 많은 면적을 차지한다.

〈표 3.3.2〉 지린성의 토지용도에 따른 분류

용지 구분	총면적(비율)	세부 용도	면적(㎢)	비율(%)
농업용지	163,973㎢(85.79%)	논	55,368	33.6
		밭	1,156	0.7
		임야	92,441	56.4
		목초지	10,456	6.5
		기타	4,552	2.8
건설용지	10,498㎢(5.49%)	도·농 부지	7,342	69.9
		교통·수리시설 부지	2,200	20.9
		기타 건설 부지	956	9.2
기타용지	16,653㎢(8.72%)	–	–	–

(2) 토지이용의 특성

지린성은 지형, 식생, 토양 등의 자연조건이 농업에 유리하여 농업, 임업, 목축업이 발달할 수 있었다. 각 지역마다 다른 자연환경은 특색 있는 토지이용을 보여 준다. 동부 지역은 백두산이 있는 산림 지역이며, 중부 지역은 평원, 서부 지역은 초원이 펼쳐진다. 이러한 자연조건에 따라 농업은 중부와 서부, 목축업은 서부, 임업은 동부 지역에서 발달하였다.

(3) 토지이용 전략

첫째, 중국은 농지를 보호하여 농경지를 확보하기 위해 노력하고 있으며 중국의 대표적인 식량생산기지인 지린성의 토지생산력을 높이고자 한다. 둘째, 경제 발전을 위한 토지를 확보하기 위해 집약적으로 토지를 이용한다. 셋째, 토지를 이용하는 데 문제가 없도록 꾸준히 토지를 정비·관리하고 있다. 마지막으로 생태 건설을 통해 지속가능한 발전을 추구한다.

(4) 토지문제

지린성 토지이용의 한계는, 첫째, 토지이용구조가 불합리하다. 중부 지역은 인구가 많은 데 비해 토지공급이 제한적으로 이루어져 토지 공급과 수요의 차이가 발생한다. 둘째, 사회기반시설이 부족하다. 오수·쓰레기 처리시설 같은 환경 기초시설 건설이 지연되고 있다. 셋째, 과도한 토지개발로 인하여 토양이 유실되고, 서부 초원지대는 방목으로 인해 토지황폐화가 진행되고 있다.

3) 랴오닝성

(1) 토지용도 분류

랴오닝성의 토지를 용도에 따라 분류했을 때, 다른 두 성과 마찬가지로 농업용지의 비율이 높긴 하나, 상대적으로 건설용지의 비율도 높게 나타나고 있다.

(2) 토지이용의 특성

첫째, 랴오닝성은 다양한 지형 특성을 보인다. 대체로 북고남저로 육지에서 바다를 향해 경사져 있고, 서쪽은 구릉지대가 나타나고 동쪽으로 갈수록 산지가 주를 이룬다. 둘째, 전반적으로 토지이용률이 높아 유휴 토지가 부족하다. 2005년 기준으로 랴오닝성의 토지이

<표 3.3.3> 랴오닝성의 토지용도에 따른 분류

용지 구분	총면적(비율)	세부 용도	면적(㎢)	비율(%)
농업용지	112,284㎢(75.8%)	논	40,908	36.4
		밭	5,982	5.3
		임야	56,902	50.6
		목초지	3,494	3.2
		기타	4,998	4.5
건설용지	13,701㎢(9.3%)	도·농 부지	10,280	75
		교통·수리시설 부지	3,421	25
기타용지	22,079㎢(14.9%)			

용률은 85.09%에 달하였다. 셋째, 중국 평균보다 높은 도시화율을 보인다. 2005년, 중국의 도시화율은 58.7%인데, 랴오닝성의 도시화율은 이를 초과한다. 넷째, 이 지역은 자원이 풍부하여 개발 잠재력이 크다. 특히, 랴오닝성은 보하이만의 해안가에 풍부한 해양자원을 보유하고 있다.

둥베이 삼성의 토지이용의 특성을 요약하면 다음과 같다. 첫째, 농업용지의 비중이 높고 그중 임야면적이 넓다. 이는 농업을 중시하는 중국정부의 정책이 강하게 반영된 것으로 보인다. 또한 임야 비중이 높은 이유는 중국정부가 강력한 산림보호 정책을 시행하고 있기 때문이다. 한편 랴오닝성의 경우 다른 두 성에 비해, 건설용지의 비율이 높았는데, 이는 랴오닝성의 높은 도시화율과 밀접한 관련이 있는 것으로 보인다.

각 성이 가지고 있는 토지이용의 문제점은 유사한 점이 많다. 우선 토지의 공급이 수요를 따라가지 못한다. 이를 위해 각 지방정부는 집약적 토지이용을 추구하고 있다. 또한, 과도한 토지이용으로 인하여 토지의 황폐화가 심각하다. 자연재해에 오염과 같은 인위적인 요인이 결합하여 토지의 황폐화가 더욱 악화되고 있다. 최근 도시화로 인한 토지이용의 문제도 대두되고 있다. 도시화가 진행되고 있지만 이에 관련된 토지 관련 규제나 계획이 현실을 유연하게 반영하지 못하고 있다.

III. 중국 주택제도의 이해 및 향후 전망

중국은 빠른 경제 성장과 함께 도시화가 진행되면서 인프라시설을 정비하고 주택과 상업·위락시설의 수요도 커지고 있다. 주택 부문은 개방개혁과 1998년 주택 민영화 정책의 선언으로 주택 실물 분배 위주의 복지 차원에서 주택을 사유화·상품화하는 쪽으로 정책이 변화하였다. 이후 도시화로 발생하는 주택문제를 해결하기 위해 다양한 주택 정책을 실시하고 있다.

1. 중국의 주택제도 변화

1) 개방개혁 이전

1949년 10월에 출범한 중국 공산당정권은 주택의 개념을 사유재(私有財)에서 국유재(國有財)로, 또 시장에서 거래되는 상품에서 국가가 배급·분배하는 복지상품으로 바꾸어 나갔다. 주택은 국가기관, 기업, 사회단체, 사업장·직장과 같은 사회적 단위에 무상으로 제공되는 대상으로 간주되었으며 낮은 임대료 정책이 시행되었다. 이 시기의 주택제도는 공유제를 기초로 한 준공급제 방식으로 무상공급과 저렴한 임대료에 기초하였고 직장단위별로 주택을 공급함에 따라 복리의 성격이 매우 강하였다.

그러나 당시 재정투자는 중화학공업 등 '생산' 부분에 치중되었기 때문에 주택과 같은 '생활'에 대한 투자는 매우 저조하였다. 이에 해당 기간 중국 주민의 평균적인 주거 수준은 이전보다 열악하였으며, 주택의 건설과 분배를 위한 체계가 마련되지 않아 주택의 재고량이 부족하였다. 또한 주택수요가 급증하는 상황에서도 특정 계층이 주택을 불합리하게 과다하게 점유하는 문제도 발생하였다.

2) 개방개혁 이후

1980년대 개혁개방 정책이 시행되고 경제특구가 설립됨에 따라 복지주택을 배분받을 수 없는 집단은 상품주택시장을 통해서 주택을 구매할 수 있었다. 주택 거래가 활발해짐에 따라 1998~2002년 중국 부동산 시장은 안정적으로 성장하였다. 주택제도의 개혁이 진행되고 주민소득 수준이 상승하면서 주택은 주요 소비상품으로 부상하였다.

중국은 개혁개방 이후 경제 성장에 집중하는 모습을 보였으며, 특히 부동산 관련 산업의 발전을 위해 부동산 지원 정책을 시행하였다. 하지만 이러한 정책은 실제로 개발에 참여한 일부 업자에게만 부(富)를 집중시켰다는 비판을 받았고, 정작 주거를 목적으로 하는 실수요 집단인 일반 서민이 주택을 매입하는 것은 어려워졌다. 이에 대한 대책으로 중국정부는 직접적인 개입을 통해 주택가격을 조절하고자 바오장싱주팡(保障性住房, 보장성주택)의 량셴팡(兩限房, 양한방)을 도입하였다.

2. 중국의 주택형태

중국의 주택형태는 일반 분양주택인 상핀팡(商品房, 상품방)과 저가형 주택으로 불리는 바오장싱주팡으로 나눌 수 있다〈표 3.3.4〉.[4]

〈표 3.3.4〉의 보장성주택 중 징지스융팡(經濟適用房, 경제적용방)의 경우 2012년 주택개혁 이후 정부가 거래의 주체가 되어 개인 간의 거래가 제한되었다. 량주팡(廉組房, 염조방)은 저가의 임대주택으로 정부가 소유하고 있다. 또한 량셴팡(兩限房)은 세대당 면적과 분양가격을 제한하는 주택 유형이다. 즉, 바오장싱주팡은 서민을 위한 주거상품으로 기본적인 주거권을 보장해 준다.

---

4) 장혜진·권기범·백준홍, 2008, "중국주거시설의 부동산 개발사업 현황분석 및 진행 절차에 관한 연구", 대한건축학회논문집 계획계, 24(8), p.80.

<표 3.3.4> 중국의 주택제도

구분		특성
상핀팡(상품방)		• 고급주택 • 고소득층을 위한 주택 • 시장가격으로 거래되는 주택상품
바오장성주팡 (보장성주택)	징지스융팡 (경제적용방)	• 국민주택개념의 소형주택 • 1994년 도입 • 주택건설 표준에 맞게 건설된 주택 • 거래 제한
	량주팡(염조방)	• 저가의 임대주택 • 도시의 최저소득계층에게 임대해 주는 임대주택
	량셴팡(양한방)	• 가격·면적의 제한형 주택

3. 주택분야 투자 및 가격 동향

2002년 중국정부는 부동산 가격 상승을 억제하기 위해 관련 정책들을 발표했음에도 불구하고 이를 막지 못하였다. 이러한 현상은 전국적으로 나타났고 부동산 가격의 상승률은 물가상승률인 5%를 초과하였으며, 다롄의 경우 2006년 기준 주거용 부동산 가격의 상승률이 20%가 넘었다〈그림 3.3.2〉.

2003년 주택의 시장화·상품화가 심화되면서 주택을 재산으로 바라보는 시각이 확대되었으며 부동산 투자도 확대되었다. 관련 통계에 따르면, 고정자산 투자액의 평균 20%가 주택 분야이며, 2006년에는 전년 투자 대비 25%이상 증가하였다.5)

〈그림 3.3.3〉에서도 GDP 증가율 대비 주택투자 증가율이 2008년 금융위기 전까지 지속적으로 상승해 왔다.6) 2007년 말 중국 주요 70개 대도시 및 중등도시의 평균 주택 매매가격은 전년 대비 9.5% 상승하였다. 그러나 2008년 중국정부의 거시규제 정책과 미국발 금융위기 등으로 같은 해 말에는 전년과 비교하여 11.6%까지 하락하였다. 2009년에는 중국정부의 경제부양책과 인민폐 가치 상승에 따른 국제 핫머니 유입, 통화팽창 예측 등의 영

---

5) 장혜진 외, 앞의 논문, p.76.
6) 박인성, 2012, "중국의 부동산시장과 주택정책 동향", 국토연구, pp.60~68.

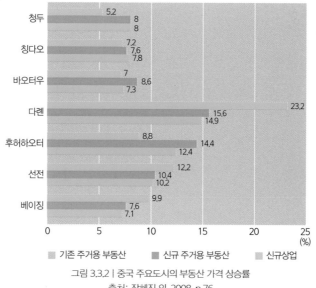

그림 3.3.2 | 중국 주요도시의 부동산 가격 상승률

출처: 장혜진 외, 2008, p.76

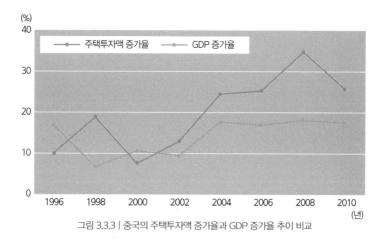

그림 3.3.3 | 중국의 주택투자액 증가율과 GDP 증가율 추이 비교

향으로 다시 상승하였다. 2009년 10월에는 중국 70개 대도시 및 중등도시의 평균 주택 매매가격이 전년대비 20% 상승하였다. 2010년에 들어서는 중국정부가 주택가격 상승을 억제하기 위해 강력한 규제 정책을 시행한 결과, 베이징, 상하이와 같은 1선도시의 주택가격이 하락하기 시작했고 2012년 1월 중국의 70대 대·중 도시 중 신축 상품 주택가격이 하락

한 도시는 48개였고, 나머지 도시들도 안정을 유지하였다.[7]

2012년 발표한 중국 국무원 정부공작보고 발표 내용을 근거로 향후 중국 주택 정책의 주요 방향을 전망해 보면, 투기 및 투자수요를 억제하기 위한 부동산 규제와 보장성주택 건설을 확대할 것으로 보인다. 또한 2011년 초부터 상하이와 충칭시에서 실험적으로 시행하고 있는 주택재산세 징수를 중국 전역으로 확대할 것으로 보인다.[8]

Ⅳ. 요약 및 결론

중국은 농민을 위한 농지개혁을 통해 국가를 수립한 만큼 농업을 우선시하는 토지이용 행태를 보여 준다. 이는 농업과 농업생산 용지를 우선 보장한다는 토지이용의 기본 원칙에서도 잘 드러난다. 둥베이 삼성은 대체로 중국의 식량생산기지 역할을 해 왔으며, 헤이룽장성, 지린성, 랴오닝성 모두 농업용지의 비중이 매우 높게 나타난다. 중국의 토지이용계획은 각각의 계획을 행정등급과 계획기간에 따라 구분하고 있다. 하지만 불완전한 계획 체계, 주체별 역할 분담의 부재 등의 문제를 개선할 필요가 있다.

주택정책의 경우, 중국은 건국 이래 사회주의 경제체제하에서 성공적인 주택복지체계를 정착시키기 위해 다양한 주택정책을 시행해 왔다. 개혁개방과 양적 성장 추진과정에서 도시화와 함께 주택의 공급과 수요의 불균형, 계층 격차 등의 문제를 해결하기 위해 시장경제의 흐름에 편승하기도 하고 때로는 국가 주도의 거시적인 규제시스템을 통해 주택가격을 조절해 왔다. 하지만 사회주의 국가인 중국에서 도시 주택문제는 끊이지 않고 있다. 이미 베이징, 상하이 등 중국 대도시의 주택가격은 서울을 뛰어넘었으며, 결혼적령기의 청년은 주택을 구입하기 어려워졌고, 동시에 주택 미분양 사태도 일어나고 있다.

중국의 토지·주택정책을 종합하면, 토지정책은 식량을 생산하는 농업 우선의 원칙을 고

---

7) 박인성, 앞의 논문, p.62.
8) 박인성, 앞의 논문, p.67.

수하고 있고, 주택의 경우 보장성주택 정책에 집중하면서 복지상품으로 주택을 바라보는 입장을 견지하고 있다. 그러나 중국이 세계경제에 미치는 영향을 고려할 때 이제 중국의 토지와 주택 문제는 더 이상 자국민의 식량생산이나 생활에 국한된 사안이 아니다. 중국에서 자본주의가 강화되고 있는 만큼, 토지·주택정책에서도 시장경제의 성격이 짙어질 것이다. 이러한 흐름은 비단 자국을 넘어서 다른 나라, 같은 아시아권이면서도 지리적으로 근접한 우리나라에도 영향을 미칠 것이고 그것이 우리가 중국을 이해해야 하는 이유이다.

국내업체의 중국 부동산 개발 사업 사례

국내 건설업체들은 1990년대 초반 중국과의 수교 이후 IMF 전까지 금융권의 지원을 받아 중국 부동산 분야에 대거 진출했으나, 외국 기업과의 분양경쟁, IMF 금융위기로 인한 사업 중지나 철수 등의 어려움을 겪었다. 그러나 1998년 중국정부의 주택 민영화제도의 시행으로 일반 주민이나 외국인이 주택을 구매할 수 있게 되면서 부동산 시장이 활성화되고 국내 기업의 진출이 다시 조금씩 증가하고 있다. 특히, 정보통신 기술 발달에 따른 스마트시티 개발에 대한 관심이 높아지면서 한·중 스마트시티 개발 협력에 대한 논의도 진행되고 있다.

① A사의 중국 선양시 SR국제신성[1]
중국 선양시에 대지면적 24만 210㎡에 연면적 81만 6,398㎡로 공동주택을 포함한 호텔, 상가, 학교, 클럽하우스 등을 건설하는 개발 프로젝트이다. 이 프로젝트는 중국시장에서 상위 1%의 부유층을 대상으로 하였다. 한국식 오픈형 내부설계, 한국식 온돌난방, 중국 최초의 대형 지하주차장, 단지 내 정수시설, 정전 방지 시스템 설계, 80% 녹지 공간을 갖춘 한국식 조경 설계, 단지 내 국제 학교·유치원 유치, 주민의 편의를 고려한 호텔식 클럽하우스 등 단지 내에 많은 시설을 보유함으로써 경쟁력을 가지게 되었다. 본 사업은 자금력을 바탕으로 선 시공 후 분양을 채택하고 온라인 청약분양방식을 통해 고소득층의 선호에 맞는 제품과 서비스를 제공하였다.

② B사의 중국 선양시 주택프로젝트
B사는 합자법인을 통해 중국 랴오닝성 선양 시내 약 17만 4,900㎡의 대지에 3,000~3,500세대의 아파트 건립을 추진하였으나 이후 사업을 철수하였다. 사업의 실패 원인은 B사의 자금동원력, 역량 등을 내부적으로 검증하지 않은 채 무리하게 진출했기 때문이다. 또한 현지와 합자법인이라는 형태로 진행함으로써 현지에 대해 철저하게 검토하지 않았다. 중국정부는 2006년 6월부터 총투자금의 50% 이상을 자기자금으로 충당하지 못하는 부동산 개발업체에는 착공 허가를 내주지 않고 있다. 또한 30평형 이하 소형아파트를 전체의 70% 이상 짓도록 하여 개발이익이 줄어들자 철수를 결정하였다.

③ SK는 단둥에서 부동산, 물류, 에너지 분야에 뛰어들어 성공을 거두고 있다. 2006년 아파트를 건설하여 성공리에 분양하고 SK는 현재 압록강신대교가 건설될 랑두(浪頭) 지역에 대규모 부지를 확보하고 보세창고, 업무빌딩, 아파트 건설을 추진 중이다.[2]

---
1) 장혜진 외, 2008, p.81에서 인용하였으나 개발기간은 확인되지 않음.
2) 조선미디어블로그 China Inside, 2011.05.20., "'한반도의 관문' 단둥(丹東)을 주목하라".

References

▷ 논문(학위논문, 학술지)

• 박인성, 2012, "중국의 부동산시장과 주택정책 동향", 국토연구, 368, pp.60-68.

• 장혜진·권기범·백준홍, 2008, "중국주거시설의 부동산 개발사업 현황분석 및 진행 절차에 관한 연구", 대한 건축학회논문집 계획계, 24(8), pp.75-82.

• 정매화, 2007, "중국 토지이용제도의 특성에 관한 연구: 토지이용규제의 내용과 수단을 중심으로", 서울대학 교 박사학위논문.

▷ 단행본

• 박인성·조성찬, 2011, 중국의 토지개혁 경험: 북한토지개혁의 거울, 한울 아카데미, pp.243-253.

▷ 언론보도 및 인터넷 자료

• 「랴오닝성토지이용총체계획(遼寧省土地利用总体规划, 2006~2020년)」, 중화인민공화국 국토자원부 (Ministry of Land and Resources of the People's Republic of China) 랴오닝성 국토자원청(Department of Land and Resources of Liao-Ning, http://www.mnr.gov.cn/gk/ghjh/201811/t20181101_23246 96.html)

• 조선미디어 블로그 China Inside, "'한반도의 관문' 단동(丹東)을 주목하라", 2011.05.20., http://blogs.cho sun.com/hbjee/2011/05/20/%ed%95%9c%eb%b0%98%eb%8f%84%ec%9d%98-%ea%b4%80%eb %ac%b8-%eb%8b%a8%eb%8f%99%e4%b8%b9%e6%9d%b1%ec%9d%84-%ec%a3%bc%eb%aa%a 9%ed%95%98%eb%9d%bc/

• 「지린성토지이용총체계획(吉林省土地利用总体规划, 2006~2020년)」, 중화인민공화국 국토자원부 (Ministry of Land and Resources of the People's Republic of China) 지린성 국토자원청(Department of Land and Resources of JiLin, http://dlr.jl.gov.cn/)

• 「헤이룽장성토지이용총체계획(黑龙江省土地利用总体规划, 2006~2020년)」, 중화인민공화국 국토자 원부(Ministry of Land and Resources of the People's Republic of China) 헤이룽장성 국토자원청 (Department of Land and Resources of Heilongjiang Province, http://www.hljlr.gov.cn/hljgtzyt/)

4 학술답사기 ①

국경도시로서의 단둥, 그 이상의 단둥

길홍준 · 김은솔 · 정운지 · 최은제(다롄 인문지리팀)

Ⅰ. 답사를 시작하기 전에

1. 도시 개괄

단둥은 압록강을 사이에 두고 북한의 신의주와 국경을 맞대고 있는 도시로 랴오닝성의 동남부에 위치해 있다. 단둥의 면적은 1만 4,981㎢(두산백과사전 기준)이며 북한과의 국경선은 306㎞로 북한과 중국 국경의 약 1/41)을 점한다. 단둥은 북한의 2개의 도, 1개의 시, 8개의 군과 접하며, 북쪽으로는 번시, 서쪽으로는 안산 및 잉커우, 서남쪽으로는 다롄과 마주한다. 또한, 동남부는 압록강과 접해 있고 남쪽은 황해와 맞닿아 해안선이 총 120㎞에 달한다. 단둥은 강과 바다를 사이로 북한과 접하고 있어 육상뿐 아니라 수상물류운송도 가능하다.

단둥의 인구는 약 240만 명으로 랴오닝성의 약 5.7%에 해당한다. 단둥의 지역내총생산액(GRDP)은 2010년 기준 728억 위안으로, 랴오닝성에서 차지하는 비중은 작은 편이다. 그중 1 · 2 · 3차 산업의 비율이 각각 13.5%, 51.4%, 35.1%로 2 · 3차 산업비율이 비교적 높

---

1) 북한–중국 국경선은 약 1,280㎞에 이른다.

으나, 랴오닝성의 다른 도시와 비교하면 1차 산업비율이 다섯 번째로 높은 도시이다. 견직물공업 및 제지·비누제조·철강·기계 공업이 발달하였으며, 그 외에도 목재, 콩, 콩기름 등을 수출한다. 단둥의 행정구역은 전싱구, 위안바오구, 전안구 등 3개의 시할구, 둥강시와 펑청시 등 2개의 현급시, 콴뎬만족자치현으로 구성되어 있다. 단둥의 민족 구성은 한족, 만주족, 몽골족, 후이족, 조선족 등 29개 소수민족으로 이루어져 있으며 만주족과 조선족이 다수 거주한다.

2. 도시 기능

단둥은 북·중 접경 지역이라는 전략적 중요성으로 인해 국경도시로서의 기능을 한다. 단둥의 경제는 한반도와의 관계에 기반을 두고 있었다. 단둥에서 근대적 의미의 무역이 시작된 것은 1905년에 세관이 개설되면서부터였으며, 이후 단둥의 섬유, 화학공업 등 대부분의 산업이 정비되었다. 그러나 중일전쟁과 한국전쟁 이후 한반도와의 경제적 교류가 약화되면서 1970년대까지 운영되었던 세관이 폐쇄되었고 북한과 중국 간에는 국가 간의 바터(barter) 무역, 즉 금전 거래가 없는 물물교환 형식의 무역만 행해져 왔다. 1982년에 단둥세관이 다시 운영되었으며, 이때부터 회사 간의 계약을 통해 물품을 수입·수출하는 형태의 일반무역이 시작되었다. 1992년에는 중국 중앙정부가 변경무역 교역 관리 완화조치를 시행함에 따라 중국−북한 간에 내륙국경을 넘어 행해지는 변경무역이 크게 증가하였다. 이후 1996년에 중국정부가 변경무역에 대한 우대 정책을 내놓으면서, 2000년 8월에 단둥 지역의 변경무역 승인을 받은 기업 수는 40개의 국가급 기업을 비롯해 126개에 이르게 되었다.

현재 중국의 대북무역은 지린성, 헤이룽장성, 랴오닝성으로 이루어진 둥베이 삼성에 편중되어 있다. 실제로 랴오닝성은 중국 전체 대북무역액의 50% 전후를 차지한다. 그러나 여기서 주목할 점은 실질적으로 중국의 대북무역이 랴오닝성 안에서도 단둥을 중심으로 이루어지고 있다는 사실이다. 2011년 『단둥통계연감』에 따르면, 2010년 단둥의 대북무역은 중국 전체 대북무역의 60%에 해당하는 규모였다. 즉, 통계상 중국의 공식적인 대북무역의 절반 이상이 단둥을 통해 이루어질 정도로 단둥은 대북무역에서 중요한 위치를 차지하고 있다. 실제로 2012년 4월 중국정부가 대북제재를 단행했을 때, 단둥의 무역종사자들이 시 정부 앞에 모여서 시위를 했을 만큼 대북무역은 단둥 지역 주민들의 경제적 이해관계와 밀접하게 연결되어 있다. 중국 단둥과 북한 신의주를 연결하는 왕복4차선의 신압록강대교가 건설되면서 북한이 대외개방을 추진할 경우, 압록강 주변지역이 우선적으로 개발될 가능성이 높다.

단둥은 전력 공급의 중심지이기도 하다. 현재 단둥에는 북한과 공동으로 운영하는 수풍발전소와 그 하류의 태평만 발전소 등 압록강에 건설된 2개의 수력발전소를 비롯해 화녕단둥화력발전소, 진산열병합발전소, 콴뎬의 타이핑샤오수력발전소가 가동 중이다. 한편, 압록강 하류의 둥강에는 1999년 세워진 28대의 풍력 발전기가 20.1MW의 전력을 생산하고 있다. 이들 발전시설의 총 전력은 1,950MW에 달하며, 이는 단둥의 전력 수요를 충족시키고도 남는 것으로 평가된다. 이런 가운데 단둥은 2012년부터 1,200MW 규모의 보스허양수발전소를 본격 가동하려는 계획을 세우고 화녕화력발전소의 2·3기 증설, 진산열병합발전소 2기 건설을 추진하였다. 또한 둥강에 460여 대의 풍력발전기를 추가적으로 건설하여 풍력발전량을 500MW 수준으로 끌어올리는 계획을 수립하였다. 이러한 추가적인 전력 공급계획에 따르면, 단둥시가 추진하는 랑터우 신도시와 둥강 산업단지 개발로 인해 전력 수요가 증가하더라도 추가적인 발전설비로 인해 50% 이상의 전력여유분이 확보될 것으로 내다보고 있다. 따라서 이는 이후 북한과의 공동 개발을 염두에 둔 대북 송전용이라는 분석이 지배적이다. 북한은 이전에 추진됐던 신의주 특구개발과 압록강 유역의 북한 지하자원 개발, 중공업 시설 건설 등에 필요한 전력을 마련할 수 없는 상황이다. 중국은 단둥의 전력 공급량 확대를 통해 차후 북한의 전력난 해소에 도움을 줌으로써 대북 영향력을 증대시킬 것이다.

II. 국경도시 단둥

4~5명으로 구성된 팀으로 단둥 답사를 다녔기 때문에 지역을 포괄하는 조사가 어려웠으며, 남북분단이라는 특수한 상황으로 인해 인터뷰나 방문조사에서도 어려움이 따랐다. 지정학적 경관을 해석하는 데 있어 전문성과 시간도 부족하였다. 이러한 한계를 보완하기 위해 북한과 중국 사이의 관계 변화에 따른 단둥의 지정학적 경관의 변화를 면밀하게 파악하고자 관련 문헌을 찾아보거나 답사 안내자에게 묻는 것과 더불어 지리학에서 사용하는 '경관분석법'을 사용하였다.

우리는 세 가지 측면에서 접경 지역인 단둥을 이해해 보고자 한다. 삶의 터전으로서의 접경 지역, 국제 정세의 영향을 받은 접경 지역, 인접한 지역의 문화가 융화되는 접경 지역이라는 세 가지 특징을 통해 단둥의 지역정체성을 알아보았다.

1. 삶의 터전으로서의 접경 지역

단둥이 접경 지역으로서 북·중 관계 변화에 큰 영향을 받을 것이라 생각했지만, 실제로 주민들은 그와는 크게 상관없이 일상생활을 영위하고 있었다. 북한과의 접경 지역인 단둥의 지정학적 경관이 주민들의 일상생활에 어떤 영향을 미치는지 답사과정에서 관광경험을 통해 간접적으로 확인하였다.

1) 북한 한복 대여점

단둥의 압록강 공원에 있는 북한 한복 대여점에서는 북한에서 입는 한복을 빌려주고 사진도 촬영해 준다. 압록강 공원뿐 아니라 단둥 곳곳에서 북한을 보여 주는 경관을 관찰할 수 있는데, 이는 접경 지역의 특성이 잘 드러난 예라고 할 수 있다. 다른 상점에서는 북한 기념품도 다수 판매하고 있었다. 단둥은 중국이지만 북한의 한복 대여와 같은 관광업이 여기저기서 발견되는 것으로 보아, 접경 주민들은 지역의 특수한 상황과 경관을 자신들의 생

사진 3.4.1 | 북한 한복 대여점
출처: 직접 촬영

업에 활용하고 있는 듯하다.

2) 압록강 유람선과 북한의 나룻배

단둥의 압록강에는 북한을 조망할 수 있는 유람선이 있다. 유람선을 타고 압록강을 따라가다 보면, 배가 멈추고 잠시 후 작은 나룻배를 탄 북한 상인이 접근한다. 나룻배에 실려 있는 것은 달걀이나 김치, 북한 담배와 술 등이다. 북한 상인은 관광객에게 물건을 팔고 흥정도 한다. 유람선을 운행하는 중국인이 일부러 배를 멈추고, 동승한 가이드가 북한 사람이 파는 물건을 중국어로 통역해 주며 그의 상업 행위를 도와주기도 한다. 북한 상인은 자신의 장사를 도와준 중국인과 이를 눈감아 준 북한의 군인에게 수

사진 3.4.2 | 나룻배에서 물건을 파는 북한상인
출처: 직접 촬영

익의 일부를 나누어 주어야 할지도 모른다. 이러한 관계를 생각한다면 북한 상인에게 남는 돈이 얼마 없을 것 같지만, 북한 물가를 생각하면 그것도 상당히 큰돈이라 장사를 계속할 수 있을 것이다. 북한 주민이 북한에서 구해 온 물건들을 파는 독특한 장면은 접경 지역이라는 단둥의 지정학적 특성이 북한 주민의 생계에 영향을 미치고 있음을 보여 준다.

3) 북한요리를 전문으로 하는 음식점

북한과 접한 도시로서 단둥은 북한 관료들이 거쳐 가는 장소일 뿐만 아니라 거주공간이기도 하다. 단둥에는 간판에 북한 국기가 걸려 있는 음식점을 어렵지 않게 볼 수 있다. 그가게 주인이 북한 사람인지 아닌지 확실히 알 수는 없지만, 중국의 거리에 버젓이 북한 국기를 걸어 놓고 장사를 하는 모습은 곧 삶의 터전으로서의 접경 지역을 보여 준다. 단둥의한 호텔 식당에서는 다수의 북한 사람이 식사를 하는 모습도 볼 수 있었다. 아마도 그들은 중국으로 출장 온 북한의 관료들인 듯 보였고 단둥에서 머무르는 동안 현지 주민처럼 생활하고 있었다.

이상으로 압록강 나룻배의 북한 상인, 북한 한복 대여점, 북한 요리를 전문으로 하는 음식점 등을 보며 접경 지역인 단둥이 지정학적 특성을 활용하여 삶의 터전으로 기능하고 있

사진 3.4.3 | 북한 국기가 걸려 있는 식당
출처: 직접 촬영

다는 것을 확인하였다. 그 외에도 북한 돈을 파는 사람도 있었고, 한글과 중국어가 혼용된 간판도 많이 볼 수 있었다. 답사를 오기 전에는 북·중 관계가 변함에 따라 단둥의 경관도 달라질 것이라고 생각하였다. 하지만 답사에서 관찰한 바에 따르면, 단둥에 유입된 북한의 문화는 단둥 주민들의 일상생활에 영향을 미치고 있지만 그 변화속도가 빠르지는 않았다. 아마도 이후에도 정세 변화가 어느 정도 있더라도 경관이 즉각 변화하지는 않을 것이다.

2. 주변 정세의 영향을 받은 접경 지역

단둥은 지정학적 측면에서 국제 정세의 변화에서 자유로울 수 없는 곳이다. 북한의 신의 주와 맞닿아 있는 곳이기에 중국과 북한의 관계가 드러나는 경관을 볼 수 있었고 간접적으로나마 북한의 폐쇄적인 정책을 체감할 수 있었다. 일반 주민들의 생활공간 이외에도 단둥이 국제정세의 영향을 받는 지역이라는 점을 다음과 같은 조형물과 경관을 통해 확인할 수 있었다.

1) 조중우의교(朝中友誼橋)

1911년에 신의주와 단둥을 잇는 압록강단교가 준공되고, 1943년에는 복선으로 된 압록 강철교가 만들어졌다. 압록강 철교는 6·25 전쟁 때도 파괴되지 않았으며, 1990년 중국과 북한의 합의에 따라 명칭을 압록강 철교에서 조중우의교로 변경하였다. 이 명칭은 '조선 (북한)과 중국은 의리 있는 친구'임을 뜻한다. 그러나 우리가 본 조중우의교는 양국이 교류를 하고 있다는 것을 보여 주는 정도였다. 조중우의교는 양국이 유일하게 이용할 수 있는 다리이지만 통행량은 많지 않아 보였다. 우리가 도착한 뒤 한참이 지나서야 몇 대의 차량이 북한 쪽에서 나왔고 그 후에는 볼 수 없었다. 정해진 시간에만 차량이 통행할 수 있고 짧은 시간 동안 관찰하였다는 점을 고려하더라도 터무니없이 적은 통행량이었다. 단둥과 신의주는 매우 가깝지만 우리가 답사했던 당시에는 북한의 폐쇄적인 정책으로 인해 교역량은 얼마 되지 않는 듯했다.

사진 3.4.4 | 중국 화물차가 지나가고 있는 조중우의교
출처: 직접 촬영

2) 철조망

국경지대에서는 삼엄한 경계 분위기를 풍기는 철조망을 볼 수 있다. 무장한 북한군이 탈북하면서 이곳 철조망은 2중으로 강화되었고, 국경의 정문 앞에는 중국군이 천막을 치고

사진 3.4.5 | 압록강변을 따라 세운 철조망
출처: 직접 촬영

사진 3.4.6 | 철조망 앞 경고판
출처: 직접 촬영

순찰을 돈다. 긴 압록강변을 따라 철조망이 빼곡하게 들어서 있으며 압록강 하구에 있는 '황금평(중국 영토에 맞닿아 있는 북한 측 영토)' 철조망 앞에서는 경고문도 볼 수 있었다. 경고판에는 북한 사람과 대화를 나누거나 음식을 던져 주는 행위를 금지한다는 내용이 적혀 있었다. 이는 중국이 폐쇄적인 태도로 국경을 엄격하게 관리하고 있다는 것을 보여 준다. 북한 역시 자국민의 이동을 철저히 통제함으로써 양국의 국경 근처의 도시 간 교류나 소통의 단절을 초래한다.

3) 압록강단교

압록강단교는 1911년 준공되었으나, 6·25 전쟁 때 미군에 의해 파괴되어 중국 쪽에 절반만 남아 있어 '단교'라는 이름이 붙게 되었다. 미군이 이 다리를 폭파시킨 이유는 6·25 전쟁 당시 중국군의 퇴로를 완전히 차단하고, 북한에 대한 중국의 전쟁 지원으로 굳건해진 두 나라 사이의 우호적인 관계를 끊기 위해서였다. 다리의 기능을 생각한다면 충분히 복구할 수도 있었지만, 오늘날까지 압록강단교는 끊어진 형태로 남아 있다. 아마도 북한의 폐

사진 3.4.7 | 절반만 남아 있는 압록강단교 전경
출처: 직접 촬영

쇄적인 정책, 중국과의 불안정한 관계, 남북한 휴전 등이 다리의 재건에 장애가 됐을 것이다. 국경도시인 단둥이 중국과 북한의 교류가 적극적으로 이루어질 수 있는 지역이 될 수 있음에도, 단절을 상징하는 압록강단교가 이 도시의 주요 관광지라는 점은 역설적이다.

3. 융합 산물로서의 접경 지역

단둥은 주민들의 삶의 터전인 한편, 국제 정세에 영향을 받은 경관이 복합적으로 섞여있다. 중국, 북한, 한국 세 나라의 영향을 받으며 단둥은 새로운 국경도시의 면모를 갖춰 가고 있다.

1) 압록강단교와 그 주변

단둥에는 중국과 북한 사람 외에 한국인도 많다. 단둥으로 진출한 한국 기업에 소속된 사람들뿐 아니라, 한국인에게 금지된 땅인 북한을 좀 더 가까이 보러 온 한국인도 있다.

압록강단교는 중국과 북한의 국경에 위치하지만 역설적이게도 남한과 북한의 단절을 상징한다고도 볼 수 있다. 중국은 이러한 역사를 관광업에 이용하여 중국과 한국의 관광객을 끌어들이고 있다. 압록강단교는 한국인에게 유명한 관광명소가 되었으며, 단둥 시내에는

사진 3.4.8 | 북한 식당　　　　　　　　　사진 3.4.9 | 한국 상점
출처: 직접 촬영　　　　　　　　　　　출처: 직접 촬영

관광객들을 사로잡기 위한 여러 시설과 한국인과 중국인을 상대로 한 한국과 북한의 음식점이 빼곡하게 들어서 있다. 한국인은 자신의 슬픈 역사를 간직한 압록강단교에서 웃으며 사진을 찍고, 단둥 시내에서 관광을 한다.

세 나라가 절묘하게 섞인 또 다른 예는 한복을 빌려주는 곳에서 찾을 수 있었다. 한복을 대여해 주는 사람은 주로 그곳에 거주하는 중국인이었고, 한복은 남한에서 유행하는 스타일이라기보다 북한의 것에 가까웠고, 한복을 빌리는 사람은 한국인이었다.

단둥은 중국 도시이지만, 중국 문화만 존재하지 않는다. 북한의 영향을 받고 있지만 그 정도는 크지 않으며, 한국인이 들어와 새로운 문화를 만들어 내기도 한다. 단둥은 한국, 북한, 중국 세 나라의 영향을 모두 받으면서 독특한 경관을 창출해 내고 있었다.

Ⅲ. 답사를 마치며

지금까지 단둥을 세 가지 관점에서 살펴보았다. 단둥은 첫째, 삶의 터전으로서의 접경 지역이고, 둘째, 국제 정세의 영향을 받는 접경 지역이며, 셋째, 앞의 두 가지 특성이 융합된 산물로서의 접경 지역이었다.

먼저, 단둥을 삶의 터전으로 바라봄으로써 접경 지역도 주민들이 생계를 유지하며 일상적인 삶을 영위하는 지역이라는 것을 확인할 수 있었다. 접경 지역이라고 하면 우리는 보통 불안정한 분위기를 풍기는 풍경을 떠올린다. 불안한 정치·경제 상황에 따라 동요하는 주민들을 생각하기도 한다. 그렇기에 접경 지역에 대한 연구가 외부적인 상황에 중점을 둠으로써 정작 그곳 주민들의 생활은 가려지곤 한다. 접경 지역의 주민들에게 중요한 것은 외부에서 오는 불안정함이 아닌 '삶'이다. 주민들은 외부환경에 좌우되지 않고 안정된 삶을 유지해 나간다. 여기에서 우리가 주목한 것도 외부상황보다 '그곳 주민들이 안정된 삶을 유지하는 방식'이었다. 우리는 주민의 삶과 가장 밀접하면서도 지역주민이 주체가 되는 상업을 살펴보았다. 그곳 국경지대 주민들은 독특한 상업을 발달시키고 있었다. 북한 상인은 나룻배 위에서 압록강 유람선 승객에게 물건을 팔고 있었고, 한복 체험 장소와 북한 간판을 걸어 놓은 상점도 있었다. 접경 지역의 특성상, 중국에 들어온 북한의 문화는 단둥 주민의 일상생활에 영향을 미치고 있었고, 나아가 상업의 형태로 자리 잡고 있었다. 즉, 불안정 속에서도 안정을 유지하기 위한 주민의 노력이 독특한 형태의 상업경관을 형성하였다는 것을 깨달을 수 있었다.

둘째, 단둥을 국제 정세의 영향을 받아 온 접경 지역으로 이해함으로써 국가의 정치적·지정학적 영향력이 일상생활 속에 녹아든다는 것을 느낄 수 있었다. 외부상황이 일상생활에 영향을 미친다는 점은 놀랍지 않다. 그럼에도 불구하고, 우리가 이 점을 인상 깊게 느낀 이유가 있다. 외부환경의 영향은 일상에서 유행하는 패션이나 디자인, 그리고 이를 금지하는 제도 등으로 나타나기 마련인데 단둥은 경관과 시설물로 외부의 영향을 직접 드러내고 있었다. 신의주와 단둥을 잇는 조중우의교, 북한과 중국 국경의 철조망, 압록강단교가 그 예이다. 우리는 이런 시설을 직접 보고 사진을 찍으면서 그리 순탄치 않은 북한과 중국의 관계를 직감할 수 있었다. 차가 드물게 오가는 조중우의교, 이중으로 된 철조망과 삼엄한 분위기, 끊겨 있는 압록강단교의 모습 때문이었다. 경관과 시설물을 통해 국가와 지정학적 위치기 장소의 지역에 영향을 미치고 있음을 확인할 수 있었다.

마지막으로, 융합 산물로서의 접경 지역, 단둥이라는 관점을 통해 우리는 접경 지역의 특성이 복합적으로 만들어 내는 새로운 경관을 직접 보고 그 의미를 알 수 있었다. 여기에서 새로운 경관은 여러 문화가 접하는 접경 지역에서 융합 산물로서 나타난다. 중국은 중국과 한국인을 대상으로 남한과 북한의 역사가 담긴 압록강단교를 관광명소로 만들고 중국의 색깔이 어우러지게 함으로써 새로운 경관을 만들었다. 단둥에서는 접경지라는 지리적 특성을 관광업에 효과적으로 이용하여 차별적인 경관을 많이 만들어 냄으로써 관광업이 발전하고 있다. 앞으로도 단둥은 중국, 북한, 한국과 영향을 주고받으며 새로운 국경도시의 면모를 갖춰 갈 것이다.

References

▷ **논문(학위논문, 학술지)**

· 강주원, 2012, "중조 국경도시 단둥에 대한 민족지적 연구: 북한사람, 북한외교, 조선족, 한국사람 사이의 관계를 통해서", 서울대학교 박사학위 논문.

· 문종철, 2012, "한인의 단동 이주와 생활", 단국사학회 사학지, 45, pp.43-66.

· 박종철·정은이, 2014, "국경도시 단동과 북한 사이의 교류와 인프라에 대한 분석", 한국동북아논총, 72, pp.131-152.

▷ **언론보도**

· 연합뉴스, 2012.01.04, "中단동 대규모 전력개발…"北지원 송전용"".

새 수도(新京)는 이상향을 담고
: 창춘의 도시구조

김민성 · 조성아 · 홍명한 · 박은영 · 하지연(창춘 인문지리팀)

Ⅰ. 답사를 시작하기 전에

사람들이 도시에 대해 떠올리는 이미지는 천양지차이다. 어떤 사람에게 도시는 '더럽고 시끄러운' 곳이지만, '인류 최고의 발명품'이라고 평가하는 학자도 있다.[1] 도시에 대한 개개인의 평가는 다를 수 있지만, 분명한 사실은 전 세계인의 50%가량이 도시에 살고 있고, 도시인구가 더욱 증가할 것이라는 점이다.[2] 도시가 인간에게 점점 중요해지는 상황에서 '어떻게 도시를 잘 만들어 나갈 것인가'에 대한 고민은 필수적이다. 도시의 공간구조를 어떻게 설계하느냐에 따라 도시의 거주 만족도는 달라질 수 있다.

도시구조는 그 도시에 사는 사람들에 의해 자발적으로만 만들어지지는 않는다. 특히 18~19세기 당시 식민 지배를 경험한 아시아, 아프리카, 아메리카 대륙의 많은 도시는 제국주의 열강에 의해 강제로 도시구조가 만들어졌다. 반스(J. E. Vance)가 주장한 상업모델(mercantile model)은 식민지 항구에 정착한 서구 열강이 그곳에 도시를 만들고 나서 내륙으로 확장하는 과정을 잘 보여 준다.[3]

---

1) 에드워드 글레이저 저, 이진원 역, 2011, 도시의 승리: 도시는 어떻게 인간을 더 풍요롭고 더 행복하게 만들었나, 해냄, p.22.
2) UN World Population Prospects, The 2015 Revision.

우리 팀이 연구 지역으로 선정한 창춘은 본래 청나라 사람에 의해 만들어진 도시이긴 하지만, 1930년대 신경(新京)이라는 이름으로 만주국의 수도가 되면서 중국 동북지방의 중심 도시가 되었다. 당시 일제는 조선과 만주 지방의 도시를 식민 지배에 유리한 공간으로 바꾸어 나가고 있었고 창춘도 다르지 않았다. 우리 팀은 이번 답사를 통해 식민지 제국에 의해 만들어진 도시구조를 이해하고 그것이 현재 주민의 삶에 미치는 영향이 어떠한지 알고 싶었다. 답사 지역 중에서 창춘을 집중적으로 관찰하고 조사함으로써 만주국 시기에 만들어진 창춘의 도시구조를 고찰하고 역사적 유산을 공간적으로 해석하는 데 초점을 맞추었다.

II. 창춘, 긴 봄이 오길 바라는 주민들이 사는 도시[4]

창춘이란 지명은 긴 봄이 오길 바라는 옛 사람들의 소망에서 기원하였다. 이 소망에서 우리는 창춘의 자연환경이 어떠한지 짐작할 수 있다. 여기서는 창춘의 지리적 특성, 창춘에 남아 있는 일제의 흔적에 대해 구체적으로 소개한다.

1. 인문지리

창춘은 지린성의 성도이며 2010년 기준 약 760여 만 명이 거주하고 있는 중국 둥베이지방의 최대 도시이다. 러시아의 철도 부설로 18세기 말에서 19세기 초 둥베이 대평원 중앙부 교통의 중심지로 부상하게 된 창춘은 결정적으로 일제 강점기 당시 만주국의 수도가 되면서 거대 도시가 되었다. 행정구역은 차오양(朝阳), 콴청(宽城) 등 6구 3시 1현으로 되어 있다.

---

3) Potte, R., Conway, D., Evans, R. and Lloyd-Evans, S., 2012, Key Concept in Development Geography, Los Angeles: Sage.

4) 전명윤·김영남, 2014, 중국 100배 즐기기, 알에이치코리아, pp.276-285, 두산백과와 위키백과를 참고하여 정리하였습니다.

창춘은 중국 내에서 자동차 산업이 가장 번성한 도시로 유명하다. 중화인민공화국이 수립된 후 1956년 창춘에 중국 최초의 자동차 공장이 세워졌으며, 중국 최대 자동차업체인 이치(一汽)와 폭스바겐의 합작 공장이 있다. 창춘의 북쪽 교외 지역에는 노동자 주택단지가 조성되어 있으며, 지린대학, 창춘 지질학원 등의 교육시설과 공원, 영화촬영소 등 문화시설이 많이 들어서 있어 지린성의 중심지 역할을 한다.

2. 자연지리

쑹랴오(松遼)평원 중부 지역 이퉁(伊通)강 연안에 있는 창춘은 우리나라 사람들이 잘 알고 있는 '만주벌판'의 한가운데에 있다. 창춘의 최난월 평균 기온은 22.9℃로 다른 북반구 중위도 지역과 유사하다. 창춘은 겨울이 매우 길고 최한월 평균 기온이 −16.9℃로 대륙 동안 지방의 전형적인 냉대기후 특징을 보인다. 연강우량은 522~615㎜로 적은 편이다.

3. 창춘의 만주국 당시 유적지

일제에 의해 세워진 괴뢰국(傀儡國)인 만주국은 10여 년의 짧은 역사를 남긴 채 사라졌지만, 일제가 남긴 흔적들은 수도였던 창춘에 여전히 남아 있다. 우리 팀은 답사 기간 동안 대표적인 일제의 잔재인 위만황궁 박물관과 위만주 국무원을 방문하려고 하였다. 그런데 창춘은 위에서 언급하였듯이 '자동차 도시'로서 대형 자동차 공장이 있을 뿐만 아니라 개개인이 소유한 자동차도 많다. 이와 더불어 답사할 당시 창춘은 지하철 공사로 도로가 많이 통제되고 있어 도심의 교통체증이 매우 심각하였다. 위만황궁 박물관은 직접 방문하였으나 원래의 계획과 달리 위만주 국무원은 차창 밖으로 바라보는 데 그쳐야 했다.

위만황궁 박물관은 과거 만주국의 황궁이었으나 지금은 박물관으로 사용되고 있다. '중국의 마지막 황제' 푸이가 만주국의 황제였을 당시, 이곳에 있는 즙희루(汁熙樓)에 머물렀다. 중국으로서 이는 부끄러운 역사의 잔재이지만, 박물관 입구에는 당시 역사를 잊지 말자는 비석을 세워 반면교사로 삼고 있다.

사진 3.5.1 | 위만황궁 박물관 입구 전경
출처: 직접 촬영

사진 3.5.2 | 위만황궁을 축소해 놓은 모형
출처: 직접 촬영

　위만주 국무원은 만주국 당시 최고 행정기관이다. 이 건물은 일본의 국회의사당을 본떠 건축되었는데, 동서양의 건축양식을 혼합한 구조이다. 1930~1940년대에 사용될 당시에는 관동군사령부와 연결되는 통로가 있었으나 현재는 출입할 수 없으며, 지린대학 의과대학으로 함께 사용되고 있어 1층 전시관만 이용 가능하다.

III. 도시구조란 무엇인가

　본격적인 논의에 앞서 지리학적 개념인 도시구조에 대해 알아보고자 한다. 먼저 도시구조의 상위 개념으로는 공간구조가 있다. 지리학에서 정의하는 공간구조란 "지리적 사상(사물과 현상)을 담고 있는 부분공간들이 질서 있게 일련의 관계를 맺으면서 배열된 패턴의 형태"를 뜻한다.5) 그런데 공간이란 개념은 매우 포괄적이다. 도시도 공간이고, 농촌도 공간이고, 우리가 거주하는 집도 공간이다. 따라서 이 개념을 도시에 한정한다면, 도시 내에서의 구성 요소의 배열상태, 배열방식, 요소 간의 관계를 도시구조로 정의할 수 있다.

　이러한 방식으로 도시구조를 정의한다면, 효율적인 도시 운영을 위해서는 도시계획이 반드시 선행되어야 한다. 미국의 도시계획을 사례로 들어보자. 보통의 사람은 미국의 전원도시를 생각하면서 '안락함', '평화로움', '격자형 도로' 등의 이미지를 떠올린다. 이는 1900년대 초반 미국의 도시계획에 대한 논의에서 나온 결론이었다. 미국의 조경가인 옴스테드(F.L. Olmstead)와 도시계획가인 번햄(D. Burnham) 등은 당시 미국의 도시계획을 논하면서 합리적인 정책으로서의 도시계획을 강조하고 최상의 공익을 추구하기 위한 방법으로서의 도시계획을 천명하였다.6)

　물론 일본이 식민지 지배 당시 만든 도시들은 미국의 도시계획과는 차이점이 있다. 당시 식민 지배를 받은 우리나라와 중국에서는 매우 높은 인구증가율을 기록하고 있었다. 따라서 일본의 식민지 도시계획은 인구수용을 위한 측면이 강했다.7) 이에 더하여 효율적인 식민지 통치를 위한 생각들이 일제 지배자들의 마음에 자리 잡고 있었을 것이다.

　우리 팀은 위와 같이 도시의 공간구조와 서구 및 식민지 지배 당시의 일본의 도시계획 등과 같은 학술적 논의에 기반을 두고 창춘의 도시구조를 연구하고자 하였다. 연구과정에

---

5) 남영우, 2007, 도시공간구조론, 법문사, p.96.

6) 조재성, 2004, 미국의 도시계획: 도시계획의 탄생에서 성장관리전략까지, 한울아카데미, p.30.

7) 하시야 히로시 저, 김제정 역, 2005, 일본제국주의, 식민지 도시를 건설하다, 모티브북.

222　　　　　　　　　　　　　　　　　　GEO-INSIGHT on **DONGBEI** • **BAEKDUSAN**

서 검증할 가설은 다음과 같다.

　창춘은 전형적인 식민지 형태의 도시구조를 띠고 있으며, 한국 및 중국 내의 다른 도시
　와 많은 유사점을 가진다.

　이를 검증하기 위해 각종 참고문헌을 바탕으로 일제 강점기 당시에 한국과 창춘을 포함
한 중국 도시가 어떻게 만들어졌는지 살펴보았다. 이와 더불어 창춘의 시가지를 직접 답사
함으로써 그 내용들을 확인하고, 당시 설계된 도시구조가 현재 창춘 시민의 삶에 어떤 영
향을 주고 있는지 알아보았다.

Ⅳ. 일제의 식민지 도시로서의 창춘 건설과 그 계획

　일본이 만든 식민지 도시에서는 그들이 남기고 간 역사로 인하여 여전히 많은 문제가 생
겨나고 있다. 예를 들어, 일제가 1937년에 만든 '조선총독부 체신청 별관'을 서울시가 철거
할 때, 이를 남겨서 반면교사로 삼아야 된다는 의견과, 일제의 잔재를 청산하는 게 우선이
라는 의견이 충돌하였다. 이 사건은 일제에 의해 건설된 다수의 식민지 도시를 가진 한국,
중국, 대만 등지에서 식민지 당시 만들어진 도시 및 그 구조물이 시민의 삶에 영향을 미치
고 있음을 보여 주었다.

　일제는 식민지를 확장하기 시작한 19세기 말에서 20세기 초 무렵 계획도시를 구상하였
다. 일제에 의해 건설된 식민지 도시는 세 가지 유형으로 분류된다. 첫째 일본에 의해 새롭
게 도시가 만들어진 경우, 둘째 전통적 도시와 식민지 도시가 이중으로 구조화되어 있는
경우, 셋째 기존의 도시와 식민지 도시가 병존하는 경우다. 창춘은 이 중 셋째 유형에 해당
되는 것으로 보인다.8)

　창춘 주변 지역은 청나라 민족의 발상지로 한족은 18~19세기가 되어서야 거주하기 시

사진 3.5.3 | 지하철 공사가 한창인 런민광장의 모습
주: 창춘 시내는 '미래의 창춘'을 만들어 나가기 위해 각종 공사가 한창이다.
출처: 직접 촬영

작하였다. 그 당시 중국인 거리인 청네이(城內, 창춘성)가 완성되었다. 일제는 기존에 한족 거주지가 형성되어 있는 와중에 그들이 지향하는 제국 도시로서의 이상향을 창춘에 적용하고자 하였다. 창춘역 남동쪽에 있던 청네이와 완충지대로서 상부지(商埠地)를 두고, 창춘역 주변에 새 도시를 건설하였다.9)

만주국의 수립과 창춘의 개발은 1930년대에 이루어졌다. 당시 일본은 '초근대적 제국'으로서의 '대일본제국'이 성립되는 것에 기대감이 가득하였다.10) 창춘을 비롯한 동북 삼성의 개발계획은 일본의 근대 도시적 이상향과 목표가 함축된 것이었다. 창춘은 1933년에서 1937년까지 시행된 국도(國都)건설계획사업에 의해 건설된 유일한 도시였다.11) 일본은 당시 구미에서 나타났던 최신의 도시계획 기법과 기술을 창춘에 적용하였다. 흔히 '로터리'

---

8) 하시야 히로시, 앞의 책, p.19.

9) 하시야 히로시, 앞의 책, pp.49-51.

10) 김백영, 2009, "천황제제국의 팽창과 일본적 근대의 기획: 일본형 식민지도시의 특성에 대한 비교사적 분석", 도시연구, 1, pp.65-67.

11) 김백영, 앞의 논문, p.68.

라고 불리는 다심방사상 도로, 우리나라 신도시에서도 흔히 볼 수 있는 격자형 도로, '신작로'와 같은 대형 도로, 서양식 건축에 아시아식 지붕을 올린 흥아식 건물 등이 대표적이다.

하지만, 만주국은 '정상국가'가 되지 못한 채 제2차 세계대전 이후 패망하고, 창춘 또한 짧았던 수도로서의 역할을 다하였다. 중요한 점은 그 당시 일본의 이상향은 실현되지 못했을지 몰라도 아직까지 그때의 도시계획의 흔적은 고스란히 남아 중국인 및 조선족의 이동이나 장소성 형성 등 삶의 결정적인 부분에 영향을 주고 있다는 것이다.

V. 일제 식민지 도시로서의 창춘의 특성

창춘은 일본 식민지 도시특성이 잘 드러나는 도시이다. 첫째 창춘은 식민지의 계획된 종주도시라고 할 수 있다. 식민지 도시는 해당 국가의 자원 수탈을 목적으로 만들어진다. 그러므로 철도와 해운의 요충지에 위치하며, 제국주의 국가는 의도적으로 식민지 도시의 교통을 발달시킨다. 구미의 식민지 도시 개발 역시, 전형적으로 식민지의 항구도시화를 수반하였다.[12] 창춘에서도 식민지 계획도시의 보편적 특성이 나타나는데, 창춘을 지나는 철도와 방사형 도로들을 들 수 있다.

창춘이 지니는 또 하나의 도시 특성은 해운보다 철도 네트워크를 주요 연결수단으로 삼았다는 점이다.[13] 창춘시도 기존에 존재하던 남만주철도의 노선을 따라서 식민지 도시가 만들어진 경우이다.

일본의 식민지 도시는 경제적 수탈의 창구 역할을 하였지만, 행정적 기능도 수행하였다. 창춘은 만주국의 수도로서, 일본의 경제적 수탈의 창구였을 뿐만 아니라 정치적 중심지이기도 하였다. 이는 일본의 식민지 정책이 '동화'를 통한 통치였기 때문이다.[14] 일본의 식민

---

12) 김백영, 앞의 논문, p.51.
13) 김백영, 앞의 논문, p.50.
14) 김백영, 앞의 논문, pp.49-54.

사진 3.5.4 | 런민광장 주변 원형 도로
주: 창춘의 중심부에 있는 런민광장은 방사형 도시구조의 핵심적인 역할을 한다.
출처: 직접 촬영

지 도시는 일본인이 거주하는 지역으로, 인근에서 중심지로 발전하였다. 즉, 창춘의 도시 성장은 일본의 독특한 식민지 도시계획과 밀접한 연관이 있었다.

창춘의 도시구조는 비슷한 시기에 개조된 오스만의 파리와 유사점이 많다〈그림 3.5.1, 그림 3.5.2〉. 도시의 기하학적 가로망과 기념비적 건축물의 배치, 녹지와 시가지의 조화는 15) 일본의 도시계획이 프랑스의 영향을 많이 받았음을 보여 준다. 이는 르 코르뷔지에의 도시계획과도 맞닿는 부분인데, 가로망 외에도 적절한 녹지 배치를 통해 도시의 지속적인 발전을 이루는 것이 그의 사상이기 때문이다.16) 창춘이 지니고 있는 도시경쟁력은 일본을 통해 이식된 프랑스의 도시계획과 무관하지 않다.

우리나라에서 창춘과 유사한 도시구조를 볼 수 있는 지역은 창원시 진해구다. 하시야 히로시의 분류에 따른다면 진해는 일본에 의해 새로 만들어진 제1유형의 도시이지만, 그 구조는 창춘과 매우 유사하다. 진해만은 러일전쟁 기간에 강제로 점유되고, 이후 일제의 해

---

15) 김백영, 앞의 논문, p.68.

16) 르 코르뷔지에 저, 정성현 역, 2007, 도시계획, 동녘.

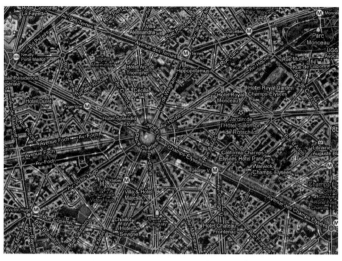

그림 3.5.1 | 파리 개조 사업 이후의 방사형 도시구조

출처: Google Maps

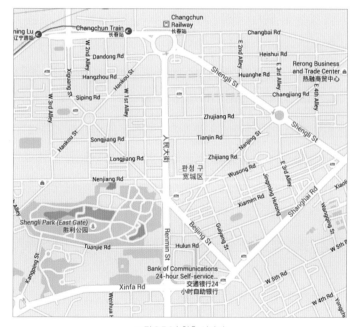

그림 3.5.2 | 창춘 시가지

주: 창춘역의 남쪽 방향으로 런민대로(人民大街)를 비롯한 대형도로들과 원형교차로들이 도시구조를 형성하고 있다.

출처: Google Maps

군 기지가 들어서게 되었다. 일제는 이 과정에서 종래 거주하던 주민들을 내쫓고 신도시를 건설하였다.17)

진해에서도 창춘과 마찬가지로 방사형 및 격자형 도로와 철도역 등 일제가 식민지의 효율적 경영을 위해 만든 계획적 도시구조를 발견할 수 있다. 〈그림 3.5.3〉은 일제가 진해를 신도시로 만들었을 당시의 지도이고, 〈그림 3.5.4〉는 현재 진해 중심가의 모습이다. 새로운 건물들이 들어선 것 외에는 완벽하게 일치하는 것을 볼 수 있다. 특징적인 것은 진해의 중원광장이 창춘의 런민광장과 유사한 기능을 한다는 것이다. 일제가 진해를 식민도시로 건설할 당시 중원광장을 중심으로 여러 중요한 기능을 배치한 것과 마찬가지로, 창춘에도 런민광장 주위에 만주국 중앙은행(현재 중국인민은행), 만주국 전신전화주식회사(현재 지린성전신공사) 등 주요 기관을 배치하였다. 이처럼 일제의 식민지 도시는 중심부라 할 수 있는 방사형 광장에 역을 비롯하여 기타 중요한 건물들을 배치하였다는 공통점이 있다.

일제 강점기에 창춘에 세워진 건물들의 건축 양식인 '흥아(興亞)식' 건축에도 주목할 필요가 있다. 만주국 국무원이나 위만황궁 박물관은 모두 서양식 건축물에 아시아식 지붕을 올린 흥아식 건축양식으로 만들어졌다. 겉으로 보았을 때는 동서양 건축 양식을 혼합한 한국과 일본의 여느 건물들과 차이점을 발견하지 못할 수도 있다. 예를 들어, 서울대학교는 관악캠퍼스를 만들 당시 인문대학이나 공과대학 건물들을 서양식 건축에 동양식 처마를 본뜬 지붕을 올려 만들었으며, 예술의 전당의 지붕은 갓 모양을 형상화하고 있다. 하지만 여기에는 중요한 차이점이 있다. 바로 일본이 겉으로는 아시아와의 연대를 외치면서 흥아식 건물을 지었다고 하더라도 그 내면에는 '침략'이 자리 잡고 있다는 점이다.18) 어떤 지향점과 마음가짐을 가지고 건축을 하느냐, 즉 건축가의 뜻이 어떠한가에 따라 비슷한 형태의 건축물이라도 그 의미는 달라진다.

---

17) 허정도, 2011, "일제에 의한 진해신도시계획의 식민성 고찰", 인문논총, 28, pp.181-210.
18) 하시야 히로시, 앞의 책, p.122.

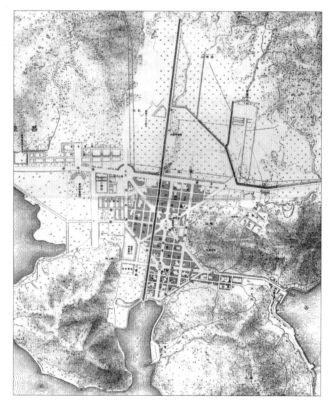

그림 3.5.3 | 1916년 진해의 모습(일본육지측량부 지도)

출처: 허정도(2011)의 논문에서 재인용

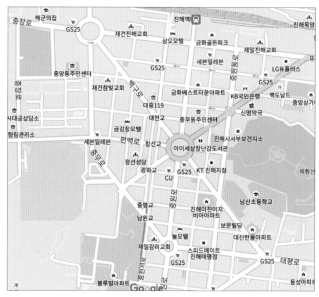

그림 3.5.4 | 현재의 창원시 진해구

출처: Google Maps

사진 3.5.5 | 창춘 시내에서 흔하게 볼 수 있는 흥아식 건축양식
출처: 직접 촬영

VI. 창춘을 일제 식민지 도시로 만든 결정적 요소, 철도

위에서 살펴본 '식민지 도시로서의 창춘'이 형성되는 과정에서 가장 중요한 요소는 철도라고 할 수 있다. 창춘을 지나는 철도는 다롄과 하얼빈을 연결하는 동청(東淸) 철도로, 1896년 러시아가 청으로부터 부설권을 획득하여 1901년 준공하였다. 그러나 1906년, 러일전쟁 이후 일본이 승전의 대가로 이 철도의 남쪽인 다롄-창춘을 연결하는 남만주지선을 획득하고, 새롭게 설립한 남만주철도주식회사(이하 만철)에 이 철도의 경영을 맡겼다.

창춘에서는 19세기에 본격적으로 한족 거주지가 형성되었다. 만철은 철도가 지나가던 한족 거주지인 청네이 북서쪽에 부속지를 소유하고 있었는데, 이곳에 새로운 시가지와 철도역을 건설하였다. 이를 계기로 창춘시는 신경 건설 이전까지 시가지가 4개 구역으로 갈라지게 되었다. 즉, 기존 시가지인 청네이, 만철 부속지, 만철 부속지에 대항하는 성격을 가진 상부지, 사아철로관리국(沙俄鐵路管理局)에서 관리하던 관성자(寬城子) 부속지19)라는 4개의 시구로 구분되었다.

만철이 주도한 도시계획에 따라 창춘에서는 철저하게 부속지 개발이 진행되었다. 1907년에 120만 평(약 400ha) 규모의 부속지가 제1기 공사를 통해 시가지로 개발되는데, 이때부터 창춘역을 중심으로 방사–단형의 도로체계가 구축되었다. 역의 남쪽으로 통하는 창춘대로(長春大街) 등 간선도로를 36m 폭으로 건설하였고, 이 도로를 따라서 역에서 남쪽으로 3㎞ 지점에 원형 광장을 설치하였는데 이것이 현재의 런민광장이다. 런민광장 주변에는 대형 공공 건축물을 설치하여 경관상의 미적 요소를 고려함과 동시에, 주요 기관에서 철도까지 접근하기 쉽도록 설계하였다.

이후로도 만철은 지속적으로 인접 지역을 매수하여 부속지를 확장하였다. 1931년 만주사변 전까지 만철의 창춘 부속지는 그 규모가 505ha에 달하였다.20) 규모가 커진 만철은 사업 영역을 계속 확장하였고, 광산, 항만, 지역개발이 대표적인 분야였다. 이를 통해 만철은 철도를 운영하는 국책회사에서, 동인도회사나 동양척식주식회사와 같이 식민지 수탈을 위한 중심 기관으로 변모하였다.21) 철도를 중심으로 만주 지역을 개발한 일본의 전략을 통해 만주는 새로운 모습으로 바뀌게 되었다.

VII. 답사를 마치며

우리 팀은 이번 답사를 통해 창춘의 도시구조에 대하여 알아보았다. 특히 역사적 변동으로 다양한 특성을 띠게 된 창춘의 도시구조가 이색적이었다. 창춘은 일본에 의해 설계된

---

19) 유지원·김영신·김주용·김태국·이경찬, 2007, 근대 만주 도시 역사지리 연구, 동북아역사재단.
20) 유지원 외, 앞의 책, p.269.
21) 이용상·정병현, 2013, "일제강점기의 한국철도와 만주철도의 비교연구", 한국철도학회 논문집, 16(2), pp.151–162.

사진 3.5.6 | 창춘역과 런민대로 일대
출처: 직접 촬영

계획도시의 특성을 지니고 있다. 이는 창춘시의 도로구조나 토지이용에서 알 수 있었다. 그리고 일본의 계획도시 신경은 중국의 국가적, 지역적인 산업 발전전략이 더해져 현재의 창춘이 되었다.

이번 창춘 답사에서 주목한 부분은 일본의 도시계획의 결과물이 창춘에 아직까지도 영향을 미치고 있다는 점이었다. 일본의 도시계획에 의해 만들어진 방사성 도로나 철도가 여전히 중요하게 사용됨으로써 도시기능을 유지하는 데 기여하고 있었다. 당시 창춘에서 이루어진 일본의 도시계획전략이 식민 통치를 위한 것이었다고 하더라도 그 결과물이 현재 도시기능을 유지하고 관광산업을 유치한다는 측면에서 의미가 있다.

창춘은 일본 식민지 도시의 전형적인 구조를 띠고 있고, 우리나라의 진해나 프랑스 파리와 같은 다른 계획도시와도 유사한 측면이 있다. 또한 창춘은 만주국 수도와 일본의 동북아시아 진출의 발판이라는 두 가지 역할 수행에 적합한 도시구조로 계획되었다.

한편 답사와 연구의 한계점도 있었다. 가장 큰 아쉬움은 창춘이 한창 지하철 공사를 하고 있어 도심부의 교통 흐름이 매우 좋지 않았다는 점이다. 실제로 도심에 진입하였지만 교통 정체로 꼼짝하지 못하는 경우가 허다하였다. 위만주 국무원과 런민광장을 방문하지 못한 아쉬움은 다시 한 번 창춘을 방문하고자 하는 마음을 갖게 하였다. 다음번에 기회가 된다면 다른 국가의 계획도시와 식민지의 계획도시를 비교해 봄으로써 각 구조에 대한 이론을 정립해 보고자 한다.

References

▷ 논문(학위논문, 학술지)

· 김백영, 2009, "천황제제국의 팽창과 일본적 근대의 기획: 일본형 식민지도시의 특성에 대한 비교사적 분석", 도시연구, 1, pp.43-79.

· 이용상·정병현, 2013, "일제강점기의 한국철도와 만주철도의 비교연구", 한국철도학회 논문집, 16(2), pp.151-162.

· 정은일·양영준·이상준, "廣場의 도시적 기능과 의미에 관한 연구: 중국 창춘(滿洲 시기 新京) 광장을 중심으로", 대한건축학회논문집, 26(10), pp.21-30.

· 허정도, 2011, "일제에 의한 진해신도시계획의 식민성 고찰", 인문논총, 28, 경남대학교 인문과학연구소, pp.181-210.

▷ 단행본

· 남영우, 2007, 도시공간구조론, 법문사.

· 르 코르뷔지에 저, 정성현 역, 2007, 도시계획, 동녘.

· 에드워드 글레이저 저, 이진원 역, 2011, 도시의 승리: 도시는 어떻게 인간을 더 풍요롭고 더 행복하게 만들었나?, 해냄.

· 유지원·김영신·김주용·김태국·이경찬, 2007, 근대 만주 도시 역사지리 연구, 동북아역사재단.

· 전국지리교사연합회, 2011, 살아있는 지리 교과서 2: 사람과 사람이 더불어 사는 세계, 인문지리, 휴머니스트.

· 전명윤·김영남, 2014, 중국 100배 즐기기, 알에이치코리아.

· 조재성, 2004, 미국의 도시계획: 도시계획의 탄생에서 성장관리전략까지, 한울아카데미.

· 하시야 히로시 저, 김제정 역, 2005, 일본제국주의, 식민지 도시를 건설하다, 모티브북.

· Potte, R., Conway, D., Evans, R. and Lloyd-Evans, S., 2012, Key Concept in Development Geography, Los Angeles: Sage.

▷ 언론보도 및 인터넷 자료

· 두산백과사전 두피디아, http://www.doopedia.co.kr

· 위키백과 한국어판, http://ko.wikipedia.org

· UN World Population Prospects, the 2015 Revision, http://esa.un.org/unpd/wpp

Chapter 04

중국 둥베이 삼성의 Culture

1

중국 둥베이 삼성의 인구와 이주

김율희 · 홍정우(석사과정), 신혜란(지리학과 교수)

I. 서론

전 세계 인류의 1/4이 중국에 집중되어 있는 만큼 중국의 인구변동과 이주는 많은 학자들의 관심주제가 되어 왔다. 대륙 스케일의 인구는 근대 공식적인 인구조사가 시작되기 전까지 학자들이 다양하게 추정하였는데, 총계의 오차범위가 총인구의 절반으로 여겨질 만큼 인구통계의 신뢰도가 낮았다.[1] 현대의 정밀해진 측정 기술의 발전에도 불구하고 여전히 정확한 인구 측정이 어렵지만, 중국의 인구가 부동의 세계 1위라는 사실은 분명하다. 특히 주목할 부분은 13억이 넘는 중국 인구가 세계적으로 급증하는 이주 및 모빌리티 현상[2]에 참여하며 1,000만 명이 넘는 디아스포라[3] 중국인이 세계 각 지역에 흩어져 있다는 점

---

1) Deng, K. G., 2004, "Unveiling China's True Population Statistics for the Pre-Modern Era with Official Census Data", Population Review, 43(2), p.32.

2) 과거와는 다른 맥락과 차원에서 발생하는 이동과 흐름을 이해하기 위한 새로운 개념인 모빌리티(mobility)는 이동을 현 시대의 복잡한 네트워크와 관계가 구성하는 산물로 이해하고자 한다. 영어의 mobility를 '이동성'이라고 번역하지 않고 모빌리티라고 번역하는 것은 이동성이라는 용어가 이동(movement)을 지나치게 부각하기 때문이다. 즉, 모빌리티는 단순히 이동만을 의미하는 것이 아니라, 이동에 내재한 다양한 관계들의 의미와 실천을 의미한다(이용균, 2015).

3) 디아스포라는 팔레스타인을 떠나 세계 각지에 흩어져 살면서 유대교의 규범과 생활습관을 유지하는 유대인을 가리키는 용어이다. 오늘날에는 그 의미가 확장되어 본토를 떠나 타국에서 자신들의 규범과 관습을 유지하며 살아가는 공동체 집단 또는 그들의 거주지를 가리키는 말로 사용된다(두산백과사전).

이다.4)

　중국의 북동부 변방에 위치해 있으며 산업화의 꽃을 피웠던 둥베이도 1990년대 후반에 중공업이 쇠락하며 인구가 대량으로 유출되었다. 중국의 개발 중심지가 베이징이나 상하이 등 대도시로 이동하면서 둥베이는 중국 내에서 변방지로 전락하였지만 국내 학회에서 평가하는 둥베이는 조선족 동포의 핵심 거주지이자 북한과 국경을 마주하고 있는 전략적 요충지이다. 동북아의 정치·경제 네트워크 구축과 남북한 통일 후 인프라 구축에 대비하는 측면에서 둥베이에 대한 국내의 관심은 지속되고 있다. 이런 배경을 토대로 중국 둥베이의 인구와 이주 형태가 어떻게 변화해 왔는지, 그리고 모빌리티의 측면에서 둥베이의 인구와 이주 특성을 논하고자 한다.

II. 중국의 인구조사와 둥베이 삼성의 인구 변천사

　중국 현대 인구자료의 시초는 명나라 태조 때로 거슬러 올라간다. 근대적 인구조사의 첫 시도라 할 수 있는 황책이 태조의 지휘 아래 1381~1382년에 편찬(1391년에 수정본 편찬)되었는데, 조세 행정을 위해 중국 전역의 국민을 대상으로 나이, 성, 직업을 포괄적으로 조사하였다. 14세기 말 중국의 인구는 6,500만 명 이상이었을 것으로 추측된다. 1600년에 들어와 중국의 인구는 2배 이상으로 증가하여 대략 1억 5,000만 명이 되었으며 이 수치는 대규모의 농민 반란 및 왕조 변환의 혼란기로 인해 1700년까지 유지되었다. 1794년 중국의 인구는 3억 1,300만 명으로 100년 만에 2배 이상 증가했으며 1850년내까지 계속 증가하여 4억 3,000만 명에 달하였다.5) 1953년에 공식적으로 중국의 첫 인구보편조사가 이루어졌으며 그 후로 꾸준히 실시된 인구조사에 따르면, 중국의 인구는 늘어나고 있다(〈표 4.1.1〉,

4) United Nations, Department of Economic and Social Affairs, Population Division, 2016, "International Migration Report 2015: Highlights".

5) 허핑티 저, 정철웅 역, 1994, 중국의 인구, 책세상.

〈표 4.1.1〉 중국 인구센서스에 기인한 인구수 변화

연도	인구(만 명)	연평균 증가율(%)
1953	59,435	–
1964	69,794	14.6
1982	100,818	20.4
1990	113,368	14.7
2000	126,583	10.7
2010	133,972	5.7

출처: 옌볜조선족자치주통계국, 2012; 김두섭·유정균, 2013에서 재인용

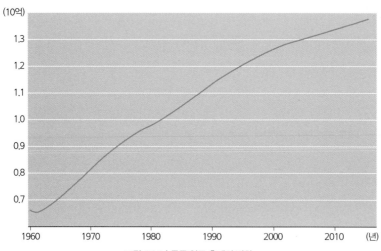

그림 4.1.1 | 중국 인구 총계의 변화
출처: World Bank, 2016

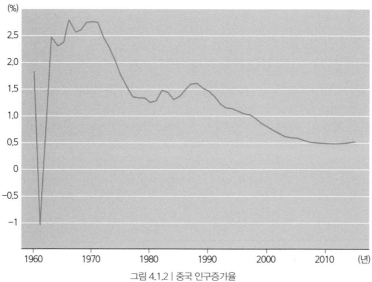

그림 4.1.2 | 중국 인구증가율
출처: World Bank, 2016

〈그림 4.1.1〉). 한편, 〈그림 4.1.2〉에서 볼 수 있듯이 중국 인구의 연평균 증가율은 꾸준히 낮아지고 있다. 이는 1980년부터 인구증가를 억제하기 위해 채택한 1가구 1자녀 정책이 낳은 결과로 보인다.[6] 최근 출산율이 1.1명에 머물고 고령화가 본격화되면서 중국정부는 인구균형 발전이라는 명목하에 35년 된 이 정책을 폐지하였다.[7]

둥베이는 2010년 기준 약 1억 952만 명(중국 전체의 8.18%)의 인구가 거주하는 지역이다. 둥베이는 다른 명칭으로 둥베이 삼성, 즉, 중국 북동부에 위치한 세 개의 성을 지칭하는데 2010년 인구센서스를 기준으로 남서쪽의 랴오닝성에는 약 4,375만 명(3.27%), 중간의 지린성에는 약 2,746만 명(2.05%), 북동쪽의 헤이룽장성에는 약 3,831만 명(2.86%)이 살고 있는 것으로 집계되었다.

〈표 4.1.2〉에 따르면, 둥베이의 인구는 꾸준하게 증가해 왔다. 하지만 2000년부터 10년간 중국의 인구성장률은 5.84%인데 반해 둥베이 삼성의 랴오닝성은 3.22%, 지린성은 0.67%, 헤이룽장성은 3.86%로 더딘 증가율을 보인다. 특히, 조선족특별자치구가 위치한 지린성의 인구는 2017년 이후에는 오히려 감소할 것으로 예상된다.[8]

둥베이는 중국 동포라고도 불리는 조선족 인구가 가장 많은 곳이지만, 해가 거듭될수록

〈표 4.1.2〉 둥베이의 인구수 변화

(단위: 명)

연도	랴오닝성	지린성	헤이룽장성
1953	20,386,458	11,290,073	11,897,039
1964	26,946,200	15,668,663	30,132,771
1982	35,721,693	22,560,024	32,665,512
2000	41,824,412	26,802,191	36,237,576
2010	43,746,323	27,452,815	38,313,991

출처: 중국 인구센서스 통계, 2000, 2010; 최재헌·김숙진, 2016에서 재인용

---

6) 연합뉴스, 2015.10.29., "중국, 35년만에 1자녀 정책폐기···모든 부부 2자녀 허용".

7) 머니투데이, 2017.2.10., "인구 13억5천만 중국도 '저출산' 고민··· "양육비 문제"".

8) 길림신문, 2015.1.5., "길림성인구 2년 뒤부터 마이너스 성장할 듯".

이 지역의 조선족 인구비율은 계속해서 낮아지고 있다. 지린성은 전체 인구 중 조선족 비율이 3.79%로 헤이룽장성 0.86%와 랴오닝성 0.55%에 비해 높은 편이다. 하지만 지린성의 옌볜조선족자치구 전체 인구에서 조선족이 차지하는 비율이 1978~2010년 사이에 40.6%에서 36.5%로 낮아졌듯 둥베이에 살고 있던 전체 조선족의 비율도 1953년 99%에서 2010년 약 88%로 감소하고 있다.9) 이러한 현상은 인구의 자연 감소뿐 아니라, 조선족이 기존 삶의 터전이었던 둥베이지방을 떠나 중국의 타 지역으로 이동하거나 해외로 이주하고 있음을 보여 준다.

III. 이주의 새로운 국면: 둥베이의 모빌리티

전 세계적으로 혁신과 개발이 도시에 집중되어 있는 21세기의 흐름 속에서 둥베이의 위상은 상대적으로 낮은 편이다. 중국의 주요 대도시들의 경제적 성장과 비교해 봤을 때 과거 중공업의 심장부로 명성을 떨쳤던 둥베이는 1980~1990년대 호황기의 경제 상태로 돌아가기에는 역부족인 듯하다.10) 〈표 4.1.3〉과 같이 전국적으로 이촌향도 현상이 계속되면

〈표 4.1.3〉 도시와 농촌 인구의 변화

(단위: %)

연도	도시 인구	농촌 인구
1950	11.18	88.82
1960	19.75	80.25
1970	17.38	82.62
1980	19.39	80.61
1990	26.41	73.59
2000	36.22	63.78
2010	49.95	50.05

출처: 중화인민공화국국가통계국, 2011, 「중국통계연감(中國統計年鑑)」

9) 최재헌·김숙진, 2016, "중국 조선족 디아스포라의 지리적 해석: 중국 동북 3성 조선족 이주를 중심으로", 대한지리학회지, 51(1), p.173.

10) Al Jazeera, 2016.6.17., "China's Shifting Population Growth Patterns".

서 도시로의 인구집중은 심화되고 있다.

2010년 중국 인구센서스 기준으로 총 287개의 현(縣)급 이상의 도시 중 34개의 도시만이 둥베이에 있다.11) 산업화 시기에 둥베이의 생산가능인구를 인근 도시들이 흡수할 능력이 안 되자 사람들은 생계를 위해 둥베이 밖으로 이동하게 되었다. 그중 상당수는 중국의 타 지역으로 이동했지만 일부는 불법 이민자 신분으로 국경을 넘어 러시아에 정착하기도 하였다.12) 이주 현황을 인구 유출유입 이론13)으로 해석해 보았을 때, 지난 수십 년간 지속된 경제 불황은 이 지역에 상당히 큰 타격을 입힌 인구유출 요인에 해당한다. 인구 유출의 세 가지 요인을 꼽아 봤을 때, 첫 번째는 지역의 빈곤 문제이다. 중국 전체 인구에서 둥베이가 차지하는 비율이 8%가 채 안 되지만, 중국 전체 빈곤 구제 예산의 22%가 이 지역에 집중되어 있다.14) 두 번째 유출 요인은 실업인데 중국의 국가적인 경제 성장 정책이 둥베이의 산업구조에 맞지 않는 구조조정을 유발하면서 대규모 실업난을 가져왔다. 둥베이는 농업과 중공업이 산업의 중추를 이루고 있는데 중공업 단지의 73% 이상이 국유기업이었다고 한다. 그러나 1997년 당시 국무원총리였던 주룽지(朱镕基)가 랴오닝성을 방문한 이후 국유 기업들은 본격적으로 민영화되었고 성도인 센양(瀋陽)은 붉은 자본가(red capitalist)15)들의 탄생지가 되었다.16) 이후에 급격히 진행된 민영화는 둥베이에 심각한

---

11) 랴오닝에는 14개, 지린에는 8개, 헤이룽장에는 12개 현(縣)급 이상의 도시가 위치해 있다(중화인민공화국국가통계국, 2011).

12) 일자리를 찾아 불법 이주를 감행한 둥베이 주민들로 인해 극동 러시아와 둥베이지방 사이에는 갈등의 기운이 감돌고 있다(Sullivan and Renz, 2010). 이는 이미 국경지대로서 둥베이지방이 지정학적으로 얼마나 불안한지를 대변해 주는 또 하나의 사례이다.

13) 전통적으로 이민은 항상 인구의 유출유입 이론(push-pull theory)으로 설명되어 왔다. 일반적으로 재난과 경제적 불황은 한 지역의 인구를 밖으로 몰아내지만 살기에 안정적이고 자원이 풍부한 지역은 떠돌아다니는 인구를 끌어당긴다. 정치적 갈등이나 가난 등 사람들이 옛 거주지에서 강제적으로 떠밀려 이주를 하게 만드는 요인을 유출요인으로 분류하고 반대로 사람을 특정 장소로 이주하게끔 유인하는 요인을 유입요인이라 한다.

14) Wishnick, E., 2005, "Migration and Economic Security: Chinese Labor Migrants in the Russian Far East", p.72, In Akaha, T. and Vassilieva A.(Eds.), Crossing national borders: Human migration issues in Northeast Asia, United Nations University Press.

15) 붉은 자본가는 견고한 공산체제가 서서히 무너지고 덩샤오핑이 개혁개방을 선언했던 당시 국가 공무원이었던 이들이 공장주 등의 자본가로 탈바꿈해 중국의 급격한 경제 성장에 기여했던 사람들이다.

16) Al Jazeera, 2016.6.17., "China's Dongbei model goes national".

경제적 타격을 안겨 주었고 국유기업에서 해고된 인구가 중국 전체의 18.3%였다면 둥베이의 각 지역들은 그 2배의 수치를 기록하였다. 헤이룽장성은 31.3%, 지린성은 31.9%였으며 랴오닝성이 37.3%로 제일 높았다.17) 마지막으로 중국이 개혁개방의 일환으로 세계무역기구에 가입하게 되자 둥베이지방의 농산품18)도 전 세계의 농산품과 경쟁하게 되었고 그 결과, 이 지역 소득이 대폭 감소하였다.19)

위시닉(Wishnick)은 둥베이에서 떠밀려 극동 러시아로 넘어온 중국인 노동자 250명 정도를 대상으로 이주 동기와 직종에 대한 설문조사를 진행했는데 이주 동기의 1위는 실업상태 탈피(49.2%), 2위는 해외 지사 파견(21.6%), 3위는 새로운 직장 모색(16%)이었다. 같은 설문 결과에서 노동자들의 직업 1위는 개인상인(47.6%), 2위는 사업가(15.6%), 3위는 건설 노동자(13.6%)로 나왔다.20) 둥베이 노동자들은 중국에서 한 달 월급 600위안을 받느니 러시아에서 훨씬 더 높은 1,000~5,000위안을 받기 위해 고향을 떠났지만, 전 세계의 수많은 이주노동자가 그랬듯이 그 대가로 합법적 지위를 포기해야 했다. 외국인 노동자들이 국내에서 일할 수 있는 제도인 고용허가제 등을 도입할 만큼 저임금 노동 시장의 인력이 충원되지 않는 한국과 마찬가지로 일본과 러시아 역시 근로자가 부족함에도 불구하고 엄격한 이민법을 채택하고 있어서 불법 이주나 단기 체류가 이 지역의 이주 및 모빌리티의 일환으로 자리 잡게 되었다.

이 과정에서 둥베이의 이주 및 모빌리티 특징을 유추해 볼 수 있다. 동북아시아의 높은 이민 장벽21)과 실업이라는 현실에 부딪힌 사람들은 생계를 유지하기 위해 국경지대를 넘나드는 상업 활동을 선택하였다. 관련 학계에서 인구의 유출입 현상을 이해하는 과정에서 이민의 복합적인 과정과 이민자들의 역할을 단순화시키는 한계를 보완하기 위해 연쇄 이

---

17) Wishnick, E., op. cit.

18) 둥베이 삼성의 주요 농작물은 쌀, 옥수수, 콩, 맥류 등이 있다. 헤이룽장성은 콩이, 지린성은 옥수수가 유명하다.

19) Wishnick, E., op. cit., p.72.

20) 설문조사는 2004년 7월 기준이다(Wishnick, 2004).

21) Migration Policy Institute, 2004.10.1., "Cross-Border Human Flows in Northeast Asia".

주(chain migration)나 초국가주의(transnationalism)22) 등의 시각을 대안으로 제시하였는데 둥베이의 지정학적인 현실을 표현할 수 있는 적절한 단어는 '모빌리티'인 듯하다. 냉전이 끝나고 남북한이 분단된 지 70년이 넘어가지만 중국, 러시아, 북한, 남한, 일본까지 5개국이 전략적으로 영향력을 행사하려 했던 둥베이는 여전히 동북아 정세에 따라 불안정성이 높은 지역이다. 우리는 이번 답사를 통해 국경지대 사람들이 정세 변화의 긴장 속에서도 일상생활을 유지하려는 노력을 확인하였다.

둥베이 삼성에서만 가능한 상업적 기회는 이 지역 특유의 모빌리티 형태를 낳고 있다. 〈사진 4.1.1〉은 투먼 국경도시의 기념품 가게로 이곳에 주로 오는 관광객이 중국인, 한국인이라는 것을 간접적으로 보여 준다.

〈사진 4.1.2〉는 중국 측 관광객들이 압록강에서 유람선을 탈 때 자주 목격할 수 있는 광경인데, 북한 상인이 나룻배에서 유람선에 탑승하고 있는 중국 상인에게 상품을 전달하면 이를 남한 관광객에게 기념품으로 판매한다. 이 사례들은 초국가주의적 모빌리티의 단면을 보여 준다. 북한과 중국 상인들이 관광을 하러 온 남한, 또는 다른 해외 여행객들을 한 공간에서 만나며 그 순간 다양한 교류를 하는 것만으로도 초국가주의는 실현된다. 여기서 초국경적 이동을 한 주체는 관광객들이지만 북한과 중국 상인 역시 낯선 사람들과 교류를 하며 초국가주의에 동참하고 있다. 상업 활동이 낳은 또 다른 형태의 모

사진 4.1.1 | 투먼 국경도시의 기념품 가게 전경
출처: 직접 촬영

---

22) 인구 유출유입 이론은 이주 과정과 이주자의 역할을 단순화시킨다는 비판을 받는다. 특히 이주자들의 복합적인 역할을 문화, 역사, 정체성의 시각에서 봐야 한다는 목소리가 높아지면서 학자들은 대안을 제시하였다. 이민자들의 송출국에서의 삶과 유입국에서의 삶을 연결해 보려는 연쇄이주적 시각이나 이민자들이 국경을 초월해 이동하는 행위와 소통을 통해 초국경적 일상생활을 유지해 간다는 것에 초점을 둔 초국가주의가 대안으로 제시되고 있다.

사진 4.1.2 | 압록강 나룻배에서 장사하는 북한 상인
출처: 심우진, 2015

빌리티로 중국 상인들의 일상적 모빌리티를 들 수 있다. 북한과 중국의 경제적 관계가 호전되면서 북한 당국이 중국 상인들에게 상업 권리를 허용하여 북한 땅에서 장사를 할 수 있게 해 주었다. 〈사진 4.1.3〉에서 볼 수 있듯이, 두만강 국경다리를 넘으면 함경북도 온성군 남양구가 나오는데 허가를 받은 50여 명의 중국 상인이 아침 9시부터 저녁 5시까지 남양시장에 판매대를 설치해 주민들에게 물품을 판매하였다고 한다.23) 답사 때도 중국 여권을 지닌 사람들은 다리를 자유롭게 건넜지만 남한 여권 소지자들은 다리 중간의 경계선까지만 접근할 수 있었다.

마지막으로 둥베이의 이주민을 생각하면 조선족을 빼놓을 수 없다. 중국 조선족의 대부분이 둥베이를 터전으로 잡았지만 지난 반세기 동안 조선족의 이주는 동북아를 넘어 전 세계로 뻗어 갔으며 이제는 뉴욕, 암스테르담, 로스앤젤레스, 런던 등 세계의 어느 도시를 가도 조선족을 만날 수 있을 것이다. 1990년대에 들어와 조선족의 이주를 독려하는 환경이

---

23) 데일리NK, 2012.6.20., "김정은, 중국 상인에 문 열었다···출퇴근 영업".

사진 4.1.3 | 투먼의 두만강 국경다리
출처: 직접 촬영

마련됐는데, 한국과 중국이 수교하면서 한국으로 많은 조선족 인구가 유출되었다. 중국 내에서는 거주 이전의 자유를 제한하던 호구제가 폐지되고 대도시의 개발과 무역이 본격화되면서 중국의 개발을 지탱해 줄 값싼 노동력이 지방에서 충당되기 시작하였다. 조선족도 이 기회를 틈타 중국의 다양한 도시로 진출했는데 칭다오의 조선족 이주자는 중국 노동자와 한국 기업체를 이어 줄 수 있어 한국기업의 운영에 필수적이라고 한다.24) 기업체 사장들은 한국어와 중국어에 능숙한 조선족을 회사 일을 시작할 때부터 관리자로 뽑는데, 이들은 일반 중국 노동자보다 월급을 많이 받을 수 있고 높은 계층으로 올라갈 수 있는 기회

---

24) 신혜란, 2016, 우리는 모두 조선족이다, 이매진, p.23.

를 갖기도 한다.25) 이들의 생활력은 중국과 한국이 아닌 제3국에서도 빛을 발한다. 영국의 한인타운 지역 뉴몰든에서는 이주한 조선족이 불법과 합법 사이의 신분을 오가며 남한 사장, 탈북자들과 일하면서 한인타운의 일원으로 그 지역의 정체성을 함께 만들어 가기도 한다.26) 또한, 그들은 한곳에서만 머무르지 않고 일과 비자에 따라 이 나라에서 저 나라로 옮겨 다니며 유목민적 삶을 실천한다. 조선족의 이주 증가는 농촌을 기반으로 했던 중국 조선족 집거구의 합병과 해체를 초래했으며, 둥베이를 떠나 한국과 중국 전역으로 이주한 조선족은 새로운 디아스포라 조선족 타운을 만들어 내고 있다. 이주와 모빌리티를 통해 조선족은 생활 영역을 개방적으로 확대하고, 초국가주의를 논하는 현시대 속에서 디아스포라 공간을 형성하고 확대해 가는 주체로 우뚝 서고 있다.27)

Ⅳ. 결론

21세기는 이동과 흐름의 사회이다. 이는 선진국 혹은 대도시 간의 교류만을 의미하는 것이 아니며 옛 서구 중심적인 해석도 아니다. 역사적으로 이주 송출 지역으로만 여겨졌던 아시아는 대표적인 다문화 사회인 중미 지역을 제치고 유럽(7,600만 명)에 이어 7,500만 명의 이주민을 받아들이는 대륙이 되었다.28) 중국의 이민 규제가 엄격하게 유지되는 한편, 합법적으로 통계에 잡힌 이주민 수는 80만 명에 불과하지만,29) 중국이 동남아시아와 아프리카의 개발 사업에 진출하고 있는 상황이 계속 유지된다면 중국 내의 이주민들이 급격히 늘어날 가능성을 배제할 수 없다. 전 세계적으로 한곳에 정주하는 형태의 이주보

---

25) 신혜란, 앞의 책, p.207.

26) 신혜란, 앞의 책, p.207.

27) 최재헌·김숙진, 앞의 논문, pp.179-181.

28) United Nations, Department of Economics and Social Affairs, Population Division, 앞의 보고서.

29) Wang, 2014, "Recent Trends in Migration Between China and Other Developing Countries", International Organization of Migration(IOM) Workshop.

다 계속해서 이곳저곳으로 옮겨 가는 모빌리티가 보편화되면 둥베이의 인구 및 이주의 특성은 도태되는 과거의 흔적이라기보다는 미래지향적인 현상이라고 할 수도 있다. 한편, 이 지역의 미래가 중국, 남한, 북한, 러시아를 잇는 삼각축 해양 네트워크에 있다고 보는 시각도 있다.30) 이 관점에서는 좌측 날개인 다롄-단둥, 우측 날개인 나선특별시-훈춘-블라디보스토크 그리고 삼각축의 정점인 부산-낙동강 지역이 도시 연합을 이루며 둥베이라는 변방이 중심이 되는 동북아 신네트워크의 미래를 제시한다.31) 둥베이는 국내에서도 더욱 유심히 지켜보아야 할 기회의 땅이며 동북아시아의 새로운 중심지로 거듭날 가능성이 높은 지역이다. 이러한 가능성은 이 지역의 인구와 이주, 모빌리티의 새로운 진화를 만들어 낼 것이다.

---

30) 이창주, 2014, 변방이 중심이 되는 동북아 신 네트워크, 산지니.

31) 이창주, 앞의 책.

Reference

▷ 논문(학위논문, 학술지)

• 김두섭·유정균, 2013, "연변 조선족인구의 최근 변화: 1990년, 2000년 및 2010년 중국 인구센서스 자료의 분석", 중소연구, 36(4), pp.121-150.

• 이용균, 2015, "모빌리티의 구성과 실천에 대한 지리학적 탐색", 한국도시지리학회지, 18(3), pp.147-159.

• 최재헌·김숙진, 2016, "중국 조선족 디아스포라의 지리적 해석: 중국 동북 삼성 조선족 이주를 중심으로", 대한지리학회지, 51(1), pp.167-184.

• Deng, K. G., 2004, "Unveiling China's True Population Statistics for the Pre-Modern Era with Official Census Data", Population Review, 43(2), pp.32-69.

• Sullivan, J. and Renz, B., 2010, "Chinese Migration: Still the Major Focus of Russian Far East/ Chinese North East Relations?", The Pacific Review, 23(2), pp.261-285.

▷ 보고서

• Migration Policy Institute, 2004.10.1., "Cross-Border Human Flows in Northeast Asia".

• New Geography, 2015.4.23., "China's Shifting Population Growth Patterns".

• United Nations, Department of Economic and Social Affairs, Population Division, 2016, "International Migration Report 2015: Highlights".

• Wang, H. Y., 2014, "Recent Trends in Migration Between China and Other Developing Countries", International Organization of Migration(IOM) Workshop.

▷ 단행본

• 신혜란, 2016, 우리는 모두 조선족이다, 이매진.

• 이창주, 2014, 변방이 중심이 되는 동북아 신 네트워크, 산지니.

• 허핑티 저, 정철웅 역, 1994, 중국의 인구, 책세상.

• Wishnick, E., 2005, "Migration and Economic Security: Chinese Labor Migrants in the Russian Far East", In. Akaha, T. and Vassilieva, A.(Eds.), Crossing national borders: Human migration issues in Northeast Asia, United Nations University Press.

▷ 언론보도 및 인터넷 자료

• 길림신문, 2015.1.5., "길림성인구 2년 뒤부터 마이너스 성장할 듯".

- 데일리NK, 2012.6.20., "김정은, 중국 상인에 문 열었다…출퇴근 영업".
- 두산대백과사전
- 머니투데이, 2017.2.10., "인구 13억5천만 중국도 '저출산' 고민…"양육비 문제"".
- 연합뉴스, 2015.10.29., "중국, 35년 만에 1자녀 정책폐기…모든 부부 2자녀 허용".
- 중화인민공화국국가통계국(中华人民共和国国家统计局), 「중국통계연감(中國統計年鑒)」, http://www.stats.gov.cn/english/statisticaldata/annualdata
- Al Jazeera, 2016.6.17., "China's Dongbei model goes national", www.aljazeera.com/indepth/opinion/2016/06/china-dongbei-model-national-160605142403332.html
- World Bank. 2016. "China Population", www.data.worldbank.org.

접경 지역의 문화지리
: 두만강 일대의 통제의 경관

박향기(박사과정), 이정만(지리학과 교수)

Ⅰ. 들어가면서

두만강 일대의 접경 지역은 북한, 중국, 러시아 세 나라가 만나는 곳이다. 드넓은 만주와 연해주 지역 중에서 왜 접경 지역에 집중하려 하는가? 첫째, 접경 지역은 국가 간 관계를 민감하게 반영하는 곳이다. 접경 지역은 오래전부터 국가 간에 사건이 발생하였을 때 뉴스나 보도를 통해 가장 먼저 주목하는 곳이기 때문에 접경 지역을 살펴봄으로써 국가 간에 복잡하게 돌아가는 문화·경제·정치적 상호작용을 이해하는 데 도움이 된다. 둘째, 접경 지역은 국가로부터 예외적 공간(space of exception)[1]으로 치부될 위험이 있다. 접경 지역은 주변부라는 이유로 권력을 가진 국가 또는 어떤 주체가 마음대로 해도 되는 공간으로 여겨지거나, 이러한 예외적 통치가 다른 공간보다 빠르고 쉽게 행해질 수 있다. 예외적 공간으로서 접경 지역을 이해하기 위해서는 접경이라는 지리적 조건이 그곳에 사는 주민에게 어떠한 영향을 미치는지 주의 깊게 살펴봐야 한다.

접경 지역은 항상 독특한 문화지리를 갖는다. 접경 지역 특유의 문화를 이해하기 위해서

---

[1] Minca, C., 2005, "The return of the camp", Progress in Human Geography, 29(4), p.408.

지리학자들은 '접경 경관(border landscapes)'이라는 개념을 사용해 왔다. 접경 경관이란 접경 지역에서 국가 간 문화·경제·정치적 과정의 상호작용이 가시적으로 반영되는 결과[2]를 의미한다. 그간 접경 경관의 연구에서는 사회·경제·정치·안보 차원에서 크게 세 가지 주제가 다루어졌다. 첫째, 접경 지역을 둘러싼 국가 간 정치적, 경제적 균형과 관련 법에 관한 연구, 둘째, 중심—주변부 차원의 접경 지역연구, 셋째, 경계선에 관한 연구 등이다.[3] 그러나 문화 또는 심리학적 측면에서 사람들이 접경 경관에 대해서 가지는 감정, 인지, 사고방식 등에 대한 연구는 드문 편이었다.[4]

이 글에서는 기존 연구에서 잘 다루지 않았던 접경 지역 주민들의 감정, 인지, 사고방식 등에 초점을 맞추어 두만강 일대의 접경 지역을 살펴보고자 한다. 특히, 접경 지역의 독특한 경관을 형성하는 요인을 '통제(control)'라고 보고, 접경 지역을 특유의 통제를 받는 '통제의 경관(landscapes of control)'으로 바라보았다. 이렇게 접경 지역을 통제의 경관으로 바라봄으로써 그 지역의 독특한 문화와 접경 지역에서 살아가는 주민들이 받는 예외적 통제가 어떤 방식으로 이루어지는지 이해할 수 있다.

연해주에서 만주로 넘어가는 이번 답사를 통해 우리는 두만강 일대 접경 지역이 어떤 통제의 경관을 보여 주는가에 대해 질문하였다. 이 질문에 답하기 위해 먼저 다른 접경 지역의 통제의 경관 사례를 살펴보았다. 강한 통제와 약한 통제의 경관으로 남북한의 접경 지역과 멕시코 티후아나 접경 지역 두 개의 사례를 비교하였다. 이 과정을 통해 우리는 두만강 일대의 접경 지역에 나타나는 통제의 경관을 좀 더 객관적으로 이해할 수 있었다. 본 절에서는 러시아와 중국의 접경 지역인 '크라스키노', '훈춘', '두만강 유역', 그리고 중국과 북

2) Prescott, V., 1992, "Book reviews: Rumley, D. and Minghi, J.V., editors, 1991: The geography of border landscapes, London: Routledge", Progress in Human Geography, 16(4), p.652.

3) Rumley, D. and Minghi, J. V., 1991, The geography of border landscapes, London: Routledge, p.297.

4) Rumley, D. and Minghi, J. V., 1991, op. cit., p.197; 김상빈, 2002, "지리학에서 경계연구의 동향—중·동부 유럽을 사례로," 지리학논총, 40, p.6; 박삼옥, 2005, 사회 경제공간으로서 접경 지역 소외성과 낙후성의 형성과 변화, 서울대학교출판부. pp. 30-31.

한의 접경 지역인 '투먼 두만강중조국경지대'를 중심으로 통제의 경관이 어떻게 나타나는지 살펴볼 것이다.

II. 접경 지역의 통제의 경관

접경 지역(borderland, border region, border area, Grenzraum)은 경계를 둘러싸고 있는 지역을 말하며 그 크기는 다양하다.5) 접경 지역은 늘 독특한 문화 경관을 형성하게 되는데, 그 이유 중 하나는 통제 때문이다. 지리학자들은 독특한 경관을 가진 접경 지역을 접경 경관으로 정의하고 연구해 왔으며 이 글에서는 '통제의 경관'이라는 개념으로 접근하였다.

접경 경관은 통제의 관점에서 접경(border)과 경관(landscape)의 측면으로 나누어 설명할 수 있다. 첫째, 접경 지역은 주변부라는 이유로 예외적인 통치가 용납되는 예외의 공간이 될 수 있다. 주변부로서의 접경 지역은 권력을 가진 국가 또는 다른 주체가 마음대로 하거나 순간적으로 아주 예외적인 통제와 권력이 부과되는 공간이 될 수 있다. 둘째, 경관의 측면에서 볼 때, 경관이 형성되는 과정에 통제의 속성이 부여된다. 문화경관(cultural landscape)은 한 지역의 자연경관에 인간의 활동이 더해져 나타나는 가시적인 모습이자, 한 지역에서 인간에 의해 형성된 경지, 도로, 건물 등 모든 것의 합이다.6) 문화지리학자인 코스그로브(Denis Cosprove)에 따르면, 이러한 경관은 그 속에서 살아가는 이들이 아닌 누군가에 의해 소유되고 통제되는 자산이다. 이러한 관점에서 보았을 때 경관이 형성되는 과정에서 이미 통제의 속성이 포함됨을 알 수 있다.7)

---

5) 김부성, 2006, "스위스, 독일, 프랑스 접경 지역에서의 월경적(越境的) 상호작용", 대한지리학회지, 41(1), p.25.

6) 이정만, 1993, "칼 사우어의 문화경관론", 현대지리학의 이론가들, 한국지리연구회, 민음사, pp.71-83.

7) Cosgrove, D., 1985, "Prospect, perspective and the evolution of the landscape idea", Transactions of the Institute of British Geographers", p.55.

그렇다면 통제란 무엇인가? 통제란 일정한 방침이나 목적에 따라 행위를 제한하거나 제약하는 일[8]을 말하는데, 접경 지역은 인간의 활동이 제한되는 대표적인 장소이다. 통제의 경관을 보여 주는 국경에는 검문소, 검역소, 세관, 장벽과 같은 인공구조물, 국경표지판 등 사람이나 상품의 이동을 통제하거나 조절하기 위한 독특한 시설들이 있다. 접경 지역 주민들은 접경 경관에 의해 차단 또는 보호와 안전이라는 감정을 느끼는 한편, 이동, 교류와 협력은 제한된다.[9]

접경 지역의 통제의 경관은 통제의 강도에 따라 '강한 통제의 경관'과 '약한 통제의 경관'으로 구분할 수 있다. 강한 통제의 경관은 긴장과 충돌의 가능성이 높고, 다른 지역에 비해 인구가 희박하며, 군사력이 집중되어[10] 그곳에서 살아가는 주민들은 강한 통제를 경험한다. 약한 통제의 경관은 통제가 거의 없어 주민들이 통제력을 거의 느끼지 못하는 지역이다. 강한 통제의 경관을 보이는 지역은 남북한 접경 지역, 약한 통제의 경관으로는 멕시코—미국 접경 지대인 멕시코 티후아나를 들 수 있다.

먼저, 남북한 접경 지역은 수십 년간 정지된 공간[11]이라 할 수 있을 만큼 강력한 통제와 긴장감이 감도는 곳이다. 남북한 접경 지역은 1953년 7월 정전협정에 의하여 남북 방향으로 각각 2㎞씩 설정된 비무장지대(Demilitarized Zone, 이하 DMZ, 〈사진 4.2.1〉)[12]를 포함하여 해상 북방 한계선을 기점으로 남북으로 둘러싸인 남한과 북한의 시·군 지역이다. 아직까지 이곳은 군사적 긴장이 완화되지 않은 채 국내외 정세에 따라 각종 규제를 받으며, 이는 결국 주민들의 일상생활조차 달라지게 하였다. 접경 지역의 주민들이 느끼는 통제는 접경 지역 부근의 생활을 다룬 소설과 관련 연구에서도 살펴볼 수 있다.

---

8) 국립국어원 표준국어대사전.

9) 문남철, 2014, "유럽연합의 국경소멸과 국경기능 변화", 국토지리학회지, 48(2), p.172.

10) 허훈, 2007, "한국 접경 지역의 성격과 접경 지역 정책의 변화방향: 경기도 북부지역을 중심으로", 현대사회와 행정, 17(3), p.133.

11) 박은진, 2013, "DMZ세계평화공원과 접경 지역의 미래", 경기개발연구원(GRI), p.1.

12) 김창환, 2007, "DMZ의 공간적 범위에 관한 연구", 한국지역지리학회지, 13(4), p.454.

사진 4.2.1 | 강한 통제의 경관인 비무장지대
출처: Hohanner Barre, iGEL

　역사적으로 접경 지역 부근의 섬들은 접경과 가깝고 섬이라는 고립성 때문에 주변부로
서 예외적인 통제를 받았다. 예를 들어, 접경 지역 근처에 있는 섬 교동도에서는 한국전쟁
당시 직접적인 전장은 아니었지만 북한 지역에서 후퇴한 남한의 비정규군이 이 섬을 점령
하는 과정에서 수백 명을 학살하는 사건이 발생하였다. 동족마을이 주된 교동도에서 한국
전쟁을 언급하는 것은 지금도 대단히 용기가 필요한 일이다.13) 한편, 강화도 갯벌에서는
양민학살이 일어났다. 1951년 서울이 수복된 뒤, 민간청년반공단체인 치안대와 대한정의
단의 단원들은 부역한 사람이나 월북자의 가족들을 갯벌로 끌고 가 고문을 하였다. 경찰은
부역한 사람과 그 가족들을 한밤중까지 취조하였고 치안대와 단원들에게 소총과 야간통
행증을 지급하여 정문 앞에서 그들을 붙잡아 해안가로 끌고 가서 죽이도록 하였다.14) 교

---

13) 김귀옥, 2006, "지역의 한국전쟁 경험과 지역사회의 변화–강화도 교동 섬 주민의 한국전쟁 기억을 중심으로–", 경제와 사
　　회, 71, pp.40–71.

14) 이시우, 2003, 민통선 평화기행, 창작과비평사, p.106.

동도, 강화도 등 접경에서 가까운 섬들은 전쟁이나 권력자에 의한 예외적인 통제에 취약한 공간으로 존재해 왔다.

접경 지역 주민들은 일상생활 속에서 통제를 경험하며 살아가고 있다. 임동헌의 『민통선 사람들』이라는 소설에서는 민통선 마을의 특수한 실상을 보여 준다. 잠에 들지 못할 정도로 사이렌소리가 울리고 통행금지로 인해 시공간 통제를 받는 휴전선 아래 민통선마을의 모습이 담겨져 있다.

> "다시 말똥말똥한 정신으로 돌아왔을 때 귓가에는 통행금지 사이렌 소리가 팽팽하게 들려오고 있었습니다. … 통행금지 시간을 알리려는 것인지, 잠든 사람을 깨워 통행을 하도록 만들려는 것인지 분간을 못할 정도로 긴 쇠나팔 소리였죠."15)

한편, 미국 샌디에이고와 멕시코 티후아나 사이의 접경 지역은 통제에서 비교적 자유로운 편이다. 다음의 『41인의 여성지리학자, 세계의 틈새를 보다』에 미국 샌디에이고에서 멕시코 티후아나로 국경을 넘는 체험담이 나온다.

> "국경을 상징하는 철조망도, 군인도 없어서 얼핏 보기에는 여느 한적한 버스 터미널 같다. … 출입국 통제소 바로 옆 골목에 서 있는 밴에는 멕시코 연방 경찰이 탑승하고 있다. 가끔 내려서 맨손 체조를 하고 다시 타는 것을 볼 수 있다. 샌이시드로 역을 향해 내려오다 측면으로 꺾인 도로에는 수많은 차들이 내려가고 올라가고 있다. 이들 또한 국경을 건너는 것이다. 특히 미국에서 멕시코로 들어가는 경우, 별다른 제재 없이 들어가게 되므로 샌디에이고에서는 길을 잘못 들면 멕시코까지 가게 된다고 한다. … 사람들의 표정에서는 우리가 국경이라는 단어에서 연상하는 긴장감은 찾아볼 수가 없다.

---

15) 임동헌, 1996, 민통선 사람들, 한뜻, p.72.

일상생활에 필요한 상품이 든 비닐봉지를 들고, 가방을 들고 자연스레 출입국 통제소로 향한다. 그곳을 통과하면 멕시코이다."16)

멕시코 티후아나로 들어가는 길에 출입국 통제소가 있기는 하지만 국경을 넘고 있었는지도 모를 정도로 통제에서 자유롭다. 이 때문에 24㎞ 정도 되는 티후아나와 샌디에이고의 국경을 넘는 사람 수는 연간 5,000만여 명에 이르며, 세계에서 가장 많은 인구가 국경을 넘는 곳이 되었다.17)

1915년 미국의 금주령으로 미국에서는 비싸고 불법이었던 도박, 이국적 취미활동, 성 산업 등이 접경지대인 멕시코 티후아나에서 자유롭게 이루어지면서 이곳에 약한 통제의 경관이 형성되었다.18) 1933년에 이 지역에 자유무역지구가 설치될 정도로 미국과 교류가 활발하였으며, 샌디에이고, 로스앤젤레스 등 캘리포니아 남부 대도시로의 높은 접근성으로 인해 미국으로 이민가기를 원하는 노동자들이 가장 많이 모여드는 도시가 되기도 하였다.19) 그러나 트럼프 정권이 집권한 후 미국 관세국경보호국(CBP)이 불법 이민자 차단을 위해 미국-멕시코 국경장벽 건설사업20)을 추진하게 되면서 멕시코 티후아나에서는 다소 삼엄한 통제의 경관이 재현되고 있기도 하다.

16) 한국여성지리학자회, 2011, 41인의 여성지리학자, 세계의 틈새를 보다, 푸른길, pp.369-371.

17) 세계지명사전 중남미편: 인문지명, http://terms.naver.com/entry.nhn?docId=2074268&cid=43965&categoryId=439 65&expCategoryId=43965

18) Arreola, D. D., 1993, The Mexican border cities: Landscape anatomy and place personality, University of Arizona Press, pp.97-98.

19) 한국여성지리학자회, 앞의 책, p.368.

20) 연합뉴스, 2017.2.26., "미 정부, 멕시코 국경장벽 건설 3월 초 입찰 시작".

III. 두만강 일대의 통제의 경관

1. 대조적인 통제의 경관: 크라스키노와 훈춘

2015년 9월 15일 오전 답사팀은 러시아 블라디보스토크에서 중국 국경을 넘어가기 위해 러시아 접경 지역인 크라스키노(Kraskino, 러시아어로는 Краскино)에 도착하였다. 크라스키노는 블라디보스토크에서 남쪽으로 200km 떨어져 있으며 철도와 도로로 중국 훈춘과 연결된 국경마을이다.21) 역사적으로 크라스키노는 발해의 동경용원부에 속한 중심지로 신라나 일본과 교류하던 해륙 교통의 교차점이었다.22) 구한말에 이 지역은 연추(煙秋)라고 불리면서 연해주로 이주해 오는 한인들의 거점이자23) 항일의병의 근거지가 되기도 하였다.24)

크라스키노 검문소는 다소 강한 통제의 경관의 모습을 보였다. 크라스키노에서 훈춘 세관까지 짧은 거리임에도 불구하고 까다로운 검문 절차로 인해 통과하는 데 2시간이나 걸렸다. 크리스키노 접경 지역은 총 3개의 관문이 있었는데, 첫 번째 검문소는 낙후된 철조망과 여성군인에 의해 다소 삼엄한 분위기를 자아냈다. 제복을 입은 여성군인이 답사팀의 버스에 올라타 신분검사를 하였다〈사진 4.2.2〉.

첫 번째 관문을 통과한 이후, 두 번째 관문은 통제의 경관이라 하기에는 평범하였고 마치 주차장처럼 보였다. 속도가 더딘 검문 시스템으로 인해 이곳에서 우리는 한 시간 정도를 대기해야만 하였다. 세 번째 검문소는 교도소 같은 허름한 컨테이너 박스 건물로 어두운 조명 밑에서 크고 무서운 개가 헥헥거리며 관광객의 큰 캐리어 가방을 검사하고 있었다. 할리우드 영화에서나 나올 법한 사회주의 분위기를 풍기는 러시아 제복을 입은 사람들

---

21) 이옥희, 2011, 북·중 접경 지역, 푸른길, p.180.

22) 이옥희, 앞의 책, p.180.

23) 한우덕, 2012, "중앙일보-포스코경영연구소 공동기획 시리즈:"지금 시베리아에서는"-중, 러 협력의 현장을 가다; 중국-러시아 국경을 넘다", CHINDIA Plus, 74, p.6.

24) 안재섭, 2006, "러시아 연해주 국경도시 하산(Khasan)의 발달과 기능", 국토지리학회지, 40(4), p.545.

사진 4.2.2 | 크라스키노 통제의 경관
출처: 2015. 9. 15. 직접 촬영

의 모습을 볼 수 있었다. 크라스키노 세관은 악취가 나고 청결하지 못했는데 그 안에 있는
면세점 물품을 사고 싶은 마음이 사라질 정도였다. 답사팀은 러시아 국경에서 중국 국경으
로 넘어가기 위해 마치 감옥으로 끌려가는 죄수처럼 큰 캐리어를 직접 끌고 힘겹게 검문을
받았으며 다시 각자의 캐리어를 들고 버스에 올라타 중국 훈춘 세관까지 짧은 거리의 국경
을 이동하였다.

크라스키노는 중국 훈춘과 연결된 도시 마을이다. 러시아 크라스키노와 중국의 훈춘이

사진 4.2.3 | 훈춘 통제의 경관 '훈춘 세관'
출처: 2015.9.15. 직접 촬영

철도와 도로로 연결되면서 수많은 중국 관광객이 이곳을 통해 러시아로 입국하고 있다. 이로 인해 현재 크라스키노에는 중국 관광객을 위한 호텔, 식당과 같은 관광접객시설이 확충되고 있으며, 크라스키노와 블라디보스토크를 연결하는 도로 확장과 포장 공사가 활발하게 진행되고 있다.25)

드디어 러시아 크라스키노에서 중국 국경을 넘어선 답사팀은 중국 훈춘의 장영자 세관에 도착하였다. 훈춘 세관은 크라스키노와는 대조적이었는데, 현대적인 외관과 시스템을 갖추고 있었으며 깔끔한 시설로 조선족 아저씨(소장님)가 우리말로 따뜻하게 답사팀을 맞아주었다. 중국 장영자 세관에서는 러시아 크라스키노와는 다르게 빠른 속도로 입국수속을 밟고 통과하였다〈사진 4.2.3〉.

2. 탈북자, 시공간 장악의 경관: 두만강 유역

중국 장영자 세관을 통과하니 저 멀리 두만강이 바로 보였다. 두만강 너머가 북한이라는

---

25) 안재섭, 앞의 논문, p.545.

생각에 답사팀은 모두 탄성을 질렀다. 한국에서 접경 지역 또는 민간인통제구역(민통선) 근방은 군사적 통제로 인해 굉장히 멀리 있는 장소처럼 느껴지지만, 중국에서 보이는 북한은 주거 지역과 상공업 지역으로 되어 있어 우리가 일상적으로 볼 수 있는 것처럼 가깝게 느껴졌다〈사진 4.2.4〉.

가이드의 말에 따르면 북한 쪽에 북한 군인들이 서 있기는 하지만 중국과 북한 모두 서

사진 4.2.4 | 중국에서 바라본 두만강과 북한
출처: 2015.9.15. 직접 촬영

로를 까다롭게 경계하지는 않는다고 하였다. 남한과 북한의 접경 지역은 엄청난 통제의 압박을 받는 반면, 북한과 중국의 접경은 상대적으로 긴장감이 덜한 분위기였다.

다만 북한과 중국 사이의 접경 지역은 탈북자에 대해서 강한 통제의 경관을 모습을 보였다. 두만강 일대에는 북한에서 탈출하려는 이들을 막기 위해 군인들이 삼엄한 경계를 서고 있었다. 두만강이 주된 탈북통로26)가 되는 이유는 강폭이 좁고 겨울에는 얼어있어 오갈 수 있기 때문이다.27)

즉, 두만강 일대는 탈북자들에게 죽음을 무릅쓰고 국가의 시공간 통제에서 벗어나기 위해 사투를 벌이는 통제의 공간이다. 접경 지역에서는 국가 사이의 권력관계가 가장 민감하게 드러나며 국가 간 정치, 사회, 경제의 상황에 따라 통제가 달라진다. 두만강 접경 지역의 경관은 사적으로 시공간을 장악하려는 탈북자들과 공적으로 이들의 시공간을 통제하려는 국가의 충돌을 보여 준다. 다음의 내셔널지오그래픽에 실린 기사는 두만강 일대에서 북한을 탈출하려는 이들과 이를 통제하려는 국가 간에 벌어지는 시공간 장악의 사투를 대조적

---

26) 오인혜, 2007, "탈북자의 고향의식과 그 변화", 서울대학교 대학원 석사학위 논문, p.73.
27) 채널A, 2017.3.2., "北 무장탈영병 6명 中 탈주…사흘 째 추적 중".

으로 보여 준다.

"두만강 변에 대기하고 있는 군인들은 몰래 북한을 탈출하거나 북한에 잠입하려는 자를 사격하라는 명령을 받았다. 기사에서 '블랙'으로 명명된 이 탈북자는 어둠을 틈타 얼어붙은 두만강을 건넜다. 중국에서 그는 강제 추방될까봐 교회 은신처에 숨어 지냈다."28)

3. 통제성을 활용한 경관: 투먼

답사팀은 훈춘에서 옌지로 가는 길에 투먼시에 들렀다. 투먼시는 두만강 중·하류 지역의 대표적인 국경도시로 북한 남양시와 연결된 철교와 도로교를 중심으로 시가지가 펼쳐져 있다.29) 답사팀은 두만강중조국경지대의 다리를 방문하였다. 이 지역은 다소 통제가 유연한 모습을 보였다. 투먼시는 관광객에게 일정 비용을 받고 중국과 북한 사이의 다리 중간에 그어진 경계선까지 갈 수 있는 국경 관광 사업을 운영하고 있었다. 답사팀 역시 국경변경선 앞에서 북한으로 넘어가지는 못하고 저 멀리 북한 초소에 걸려 있는 김정일, 김정은 사진을 보고 새삼스레 강 건너편이 북한임을 확인하였다〈사진 4.2.5〉.

두만강중조국경지대의 투먼도로세관은 1924년 국가 1류 세관으로 설립되었으며 강 건너 북한 함경북도 온성군 남양에 있는 남양세관과 연결되어 있다. 이 세관은 연간 25만 톤의 화물이 오고 가며, 북한 온성군 1일 관광, 온성군 자전거 관광 코스가 개발되어 있다.30)

답사팀은 강변공원에서 국경 관광 사업의 일환인 두만강 보트를 탈 수 있었다. 두만강에서 보트를 타는 일은 한국 관광객에게는 아주 감회가 새로운 일이다. 두만강 보트를 타면서 몇 번씩이나 국경을 넘나들며 가 보고 싶었던 북한 땅에 잠시나마 머무를 수 있기 때문

---

28) 내셔널지오그래픽, 2009, "북한탈출기".

29) 이옥희, 앞의 책, pp.171–175.

30) 김석주, 2017, "중북 접경 지역 경제개발 및 관광개발 사례," 통일시대 국토공간 심포지움, p.116.

사진 4.2.5 | 두만강중조국경지대의 투먼다차오(图们大桥)
출처: 2015.9.15. 직접 촬영

이다. 두만강 보트를 타는 동안 안내자는 북한 초소의 군인들을 보면 사진을 찍지 말아 달라고 주의를 주기도 하였다.

중국과 북한 사이의 투먼시는 접경 지역의 통제성을 관광 사업에 활용하고 있었다. 중국과 북한 간 통제에서 비교적 자유로운 투먼도로세관 접경 지역은 때에 따라 통제를 강하게 또는 약하게 부여하며 자국의 관광산업을 발전시키고 있었다.

Ⅳ. 나가면서

접경 경관은 넓게는 국경을 마주하는 국가 간의 상황을 간접적으로 보여 주며 좁게는 거시적인 정치·경제체제나 상황의 변화가 접경 지역의 주민들에게 미치는 영향을 보여 준다. 이 글에서는 통제의 경관을 중심으로 두만강 일대의 접경 지역을 관찰하였다.

먼저, 러시아 크라스키노와 중국 훈춘은 대조적인 통제의 경관을 보이고 있었다. 크라스키노 접경 지역은 군복을 입은 여성, 낡고 어두운 분위기의 검문소 등 비교적 강한 통제의 경관을 보이고 있었던 반면, 중국 훈춘은 깔끔한 외관과 잘 갖춰진 시스템, 관광객을 환영하는 분위기 등 통제가 약한 접경 경관의 모습을 보이고 있었다. 둘째, 두만강 일대에서는 탈북자들이 사적으로 시공간을 장악하려는 경관과 국가가 공적으로 이들의 시공간적 자유를 통제하려는 경관이 충돌하는 것을 간접적으로 경험할 수 있었다. 셋째, 투먼시에서는 접경 지역의 통제성을 관광에 활용함으로써 나타나는 경관을 볼 수 있었다.

답사 전 필자는 접경 지역은 통제가 삼엄하고, 사람들이 살아가기에 부적합한 공간이라 생각하였다. 그러나 이곳을 답사한 후에는 접경 지역이 분명 통제의 공간이기는 하나 이러한 통제에서 벗어나려는 사람들이 사투를 벌이는 경관이 나타나기도 하고 때로는 통제의 경관을 이용해 관광프로그램을 개발하기도 한다는 점에서 접경 지역의 다양한 경관특성을 이해할 수 있었다. 통제의 경관으로서 접경 지역을 바라보는 시도는 이 지역의 독특한 문화에 대한 이해를 돕고 예외적인 통제를 받고 있음에도 불구하고 이곳에서도 자신의 삶을 개척해 나가는 접경 지역 주민들을 깊이 있게 이해할 수 있는 계기가 되었다.

References

▷ **논문(학위논문, 학술지)**

- 김귀옥, 2006, "지역의 한국전쟁 경험과 지역사회의 변화: 강화도 교동 섬 주민의 한국전쟁 기억을 중심으로", 경제와 사회, 71, pp.40-71.
- 김부성, 2006, "스위스·독일·프랑스 접경 지역에서의 월경적 상호작용", 대한지리학회지, 41(1), pp.22-38.
- 김상빈, 2002, "지리학에서 경계연구의 동향-중·동부 유럽을 사례로", 지리학논총, 40, pp.1-17.
- 김석주, 2017, "중북 접경 지역 경제개발 및 관광개발 사례", 통일시대 국토공간 심포지움, pp.97-128.
- 김창환, 2007, "DMZ의 공간적 범위에 관한 연구", 한국지역지리학회지, 13(4), pp.454-460.
- 문남철, 2014, "유럽연합의 국경소멸과 국경기능 변화", 국토지리학회지, 48(2), pp.161-175.
- 안재섭, 2006, "러시아 연해주 국경도시 하산(Khasan)의 발달과 기능", 국토지리학회지, 40(4), pp.539-552.
- 오인혜, 2007, "탈북자의 고향의식과 그 변화", 서울대학교 대학원 석사학위 논문.
- 허훈, 2007, "한국 접경 지역의 성격과 접경 지역 정책의 변화방향: 경기도 북부지역을 중심으로", 현대사회와 행정, 17(3), pp.127-150.
- Cosgrove, D., 1985, "Prospect, perspective and the evolution of the landscape idea", Transactions of the Institute of British Geographers, pp.45-62.
- Minca, C., 2005, "The return of the camp", Progress in Human Geography, 29(4), pp.405-412.
- Prescott, V., 1992, "Book reviews: Rumley, D. and Minghi, J. V., editors, 1991: The geography of border landscapes. London: Routledge", Progress in Human Geography, 16(4), pp.652-653.

▷ **보고서**

- 박은진, 2013, "DMZ세계평화공원과 접경 지역의 미래", 경기개발연구원(GRI).

▷ **단행본**

- 박삼옥, 2005, 사회 경제공간으로서 접경 지역 소외성과 낙후성의 형성과 변화, 서울대학교출판부.
- 이시우, 2003, 민통선 평화기행, 창작과비평사.
- 이옥희, 2011, 북·중 접경 지역, 푸른길.
- 이정만, 1993, "칼 사우어의 문화경관론", 현대지리학의 이론가들, 한국지리연구회, 민음사.
- 임동헌, 1996, 민통선 사람들, 한뜻.
- 한국여성지리학자회, 2011, 41인의 여성지리학자, 세계의 틈새를 보다, 푸른길.

• Arreola, D. D., 1993, The Mexican border cities: Landscape anatomy and place personality, University of Arizona Press.

• Rumley, D. and Minghi, J. V., 1991, The geography of border landscapes, London: Routledge.

▷ **언론보도 및 인터넷 자료**

• 국립국어원 표준국어대사전 [2017.3.6.]

• 내셔널지오그래픽, 2009, "북한탈출기", http://www.nationalgeographic.co.kr/feature/photogallery. asp?seq=58&artno=201&pnum=3 [2015.8.28.]

• 두산백과, 공동경비구역 JSA [2015. 8.26.]

• 세계지명사전 중남미편: 인문지명, 국경 도시 티후아나 [2015.8.29.]

• 채널A, 2017.3.2., "北 무장탈영병 6명 中 탈주···사흘 째 추적 중" [2017.3.6.]

3

Cultural meaning of Mt. Baekdu for Chinese and Korean

야스나 클레멘츠(석사과정), 이정만(지리학과 교수)

I. Introduction - Borderland and its cultural landscape

In the past, researchers used strategic, political or economic perspective to research the borderlands.[1] One example of the borderland, which has often been taken under such detailed observation, is the international border between two East Asian countries, China and North Korea. The political border separates the two countries in the west-east direction and corresponds with the flows of the rivers Yalu and Tumen. What makes exactly this border especially interesting is that North Korea regards itself as a socialistic county and continues to isolate itself from the rest of the world. While the border between South and North Korea has been military guarded and kept under strict surveillance, preventing both sides from any contact, the border between China and North Korea provides the borderland with opportunities to trade.

Dr. Farish A. Noor is a political scientist and a historian, who made a documen-

---

1) Bufon, M., 1993, "Cultural and social dimensions of borderlands: The case of the Italo-Slovene Trans-border area", Geojournal, 30(3), pp.235-240.

tary about the borderland between China and North Korea. In his movie he displays how on one side of the Yalu river(압록강), we have a modern Chinese city Dandong and on the other side a town of North Korea called Sinuiju, where people often do not even get electricity. Legal and illegal trades take place on the river between the two countries. China is already profiting from tourism, since there are many curious tourist's faces, who want to take a glimpse into North Korea. Dr. Farish mentions how many North Korean experts suspect North Korea would like that business for themselves as well, because the new regime needs economic growth to deal with the growing dissatisfaction of the North Korean population. Cultural events, trade fairs initiated from the North Korean side are taking place in Dandong. Chinese city of Yanji, located on the eastern side of the border, is another hub for cross-border trade with North Korea. One third of population is considered to be ethnic Korean and still speaks the language.2) Planned or not, economic cooperation on the borderland also enhances the cooperation in cultural, political and ecological fields, which makes the picture of the borderland even more complex.

There are still many open questions about trade, political alliance, territorial dispute, military activity between China and North Korea. Nowadays, researches added new focuses to the topic, such as focus on social and cultural elements, on integration or transformation of the borderland regions.3) The focus in this paper will be on cultural factors.

Political geographer Milan Bufon in his research about Cultural and social dimensions of borderlines states that cultural factors in the context of borderlines become

---

2) Channel NewsAsia, 2015, Across Borders with Dr. Farish - Episode 4: North Korea - China, https://www.you tube.com/watch?v=Tf2SgDmACNI [2017.2.23.]

3) Ibid.

important, when we talk about the development of a region. He found out that an increased role is given to the local and regional communities in the development process and to the micro-transactions that are taking place between the border population. Those transactions can take place for example on a daily level like satisfying the needs of the population on each side such as personal relations, supply, work, free time, education[4] or as a side effect of politics and trade.

Borderland is not a homogeneous region because it is divided by a political border. The differences can be a product of the two(or more) different cultures of both sides of the border.[5]

Since the borderline between China and North Korea occupies a large area, I limited the research area down to the mountain area called Baekdu. In the past, Mt. Baekdu has been worshiped by Manchu people as well as by Koreans. The mountain today is uninhabited and divided between China and North Korea. The two countries do not involve or cooperate in each others business or any exchange in that area, but people on each side created a special meaning of mountain's cultural landscape. What I want to show is, how that meaning has changed from the past to the present through the perspective of Chinese and Koreans.

UNESCO describes cultural landscape as "there exist a great variety of landscapes that are representative of the different regions of the world. Combined works of nature and humankind, they express a long and intimate relationship between peoples and their natural environment".[6] Cultural landscape tells us about the territorial identification of the local community[7] and represents sites of memories for people,

4) Channel NewsAsia, op. cit.

5) Bufon, M., op. cit.

6) UNESCO World Heritage Centre, Cultural landscapes, http://whc.unesco.org/en/culturallandscape/ [2015.8.24.]

which role is to build and preserve collective identity.[8] According to UNESCO some landscapes, such as cultivated terraces on lofty mountains, gardens were used by humans in a specific way that allows sustainable biodiversity. Then another landscapes are associated with beliefs, art, traditional customs that create an "exceptional spiritual relationship of people with nature". UNESCO also adds that a look at a landscape without any thought might reflect a scenic view of the nature such as beautiful mountains, caves, marshes. Looking at the cultural landscape will reveal the important role that nature plays for humans.[9] For example, mountain as a place for offering sacrifice to the spirit of the mountain, caves as a place to survive in winter and marshes as a food source. Landscape is a medium for constructing the identity and politicization of space.[10]

In the present paper I will focus on the borderland between North Korea and China, more concretely on a micro-location "Mt. Baekdu" in order to find out what cultural meaning the landscape of Mt. Baekdu had for Chinese and Koreans in the past and how the cultural meaning changed through the past until today.

II. Mt. Baekdu

Mt. Baekdu is a mountain that lies on the Chinese-North Korean border. Its peak is divided into Chinese and North Korean side. Therefore, the mountain in North Korea is known under the name Mt. Baekdu(Korean: 백두산) and as Changbai mountains(Chinese: 長白山) on the Chinese side. The mountain was named after its

---

7) Bufon, M., op. cit.

8) Moore, N. and Whelan, Y., 2007, Heritage, memory and the politics of identity: new perspectives on the cultural landscape, Hampshire, Ashgate, p.166.

9) UNESCO, op. cit.

10) Moore, N. and Whelan, Y., op. cit.

main peak, which is made of white rocks and is most of the year covered with snow. Mt. Baekdu with its 2,744m is known as the highest peak in Northeast of China and North Korea as well.11)

Pinilla summarized some geographical facts about the borderland in his research paper "Border disputes between China and North Korea", where he states that China and North Korea share a 1,416km long-border, which runs along with the Yalu and Tumen rivers. The border between North Korea and China(Yanbian Korean autonomous region) crosses Mt. Baekdu. Mt. Baekdu is a volcano with a lake called "Heaven lake" at the bottom of the crater, which is also the source of the rivers Yalu and Tumen. The mountain was divided between North Korea and China in 1962, where 60% of the region was given to North Korea and the remaining 40% to China. There are no people living in the direct surroundings of the volcano. The area is inhospitable and uninhabited. In the past, Chinese and Koreans did not have any economic interest in the region and no one ever tried to develop it economically,12) but that is rapidly changing these days.

1. Cultural landscape "Mt. Baekdu" as seen by Chinese

According to the World Heritage Encyclopedia, Mt. Baekdu's first records date back to the Chinese classics of Shan Hai Jing. The encyclopedia says Mt. Baekdu was associated with the name Buxian Shan(不咸山, 即神仙山), which translation would be "The mountain with God". In the Canonical Book of the Eastern Han Dynasty it was called Shanshan Daling(單單大嶺) and means "Big, big, big mountain" in English.

---

11) ForeignerCN, 2015, Changbai Mountains, http://www.foreignercn.com/index.php?option=com_content&view=article&id=8227:changbai-mountains&catid=118:travel-in-jilin&Itemid=271 [2015.8.23.]

12) Pinilla, D. G., 2004, "Border Disputes between China and North Korea", China Perspectives, 52, pp.2-8.

Figure 4.3.1 | The location of Mt. Baekdu
Mt. Baekdu was marked with a red symbol.
Source: Google Maps

Figure 4.3.2 | The uninhabited surroundings of Mt. Baekdu
Source: Klemenc, 2015

Tang Dynasty called it Taibai Shan(太白山) or "The grand old white mountain". The name was found in the Second Canonical Book. The current Chinese name Chang-bai Shan(長白山) is translated as "Perpetually white mountain" and has its origins in Liao Dynasty(907–1125) and Jurchen Jin Dynasty(1115–1234).[13]

The sacred meaning of Mt. Beakdu dates back to Qing dynasty(1644–1911) to the times of Manchu people.[14] Mt. Baekdu was the birthplace of Bukuri Yong-son, founder of the Manchu state and Qing.[15] To celebrate the origins of the ruling dynasty, annual rites were performed on the mountain.[16] The sacredness of the mountain has historically been politicized and contested since the ancient period.[17] To justify the kinship, rulers of Koryo and Joseon Dynasty performed official cer-emonies in the mountain.[18] For the underclass people the mountain represented a "symbolic image of resistance and emancipation".[19]

Mt. Baekdu was first mentioned in Chinese geographical texts, which date back to the third century BC Chinese are trying to promote the idea among their people that Baekdu origins from the Manchu and is therefore Chinese territory. Mt. Baekdu is seen as an important historical heritage but also plays a role in the regional iden-tity and Chinese history. While South Koreans shout "Hurray" when they reach the

---

13) World Heritage Encyclopedia, Paektu Mountain.

14) Roehrig, T., 2010, "History as a strategic weapon: The Korean and Chinese struggle over Koguryo", Journal of Asian and African studies, 45(1), pp.5–28.

15) Ahn, Y. S., 2007, "China and the Two Koreas Clash Over Mount Paekdu/Changbai: Memory Wars Threaten Regional Accommodation", The Asia–Pacific Journal: Japan Focus, 5(7).

16) Ibid.

17) Jin, J., 2005, "The transforming sacredness of Mt. Chirisan from an utopian shelter into a modern national park: focused on the escapist lives of 'mountain men'", Journal of the Korean Geographical Society, 40(2), pp.172–186.

18) Ibid, p.184.

19) Ibid, p.184.

summit of the mountain, Chinese shout "Baekdu is our territory".20)

Prof. Han Zhenquian, a specialist on Korean studies from Peking University, said that Mt. Baekdu is considered as a sacred mountain range for Chinese, but not for all of them. For most of Chinese Mt. Baekdu is just a mountain among many others. To add a few more facts, there are higher, even more majestic and therefore more important mountains located across China. Therefore, people from Northeast provinces, who live(d) in closer contact with the mountain, feel greater significance of the mountain, since it was the homeland of Manchu people, who ruled China in Qing dynasty.21)

2. Cultural landscape "Mt. Baekdu" as seen by Koreans

On the Korean side, Mt. Baekdu was associated with the mythical founder of Korea, called Dangun. He was born in the Mt. Baekdu, which was the reason why the mountain represented the birthplace of the Korean nation. Even in the present times, South Korea's anthem mentions Mt. Baekdu in its lyrics22) saying "Until that day when the waters of the East Sea run dry and Mt. Baekdu is worn away, God protect and preserve our nation".23)

Mt. Baekdu is sacred to Koreans. Mt. Baekdu range is located in the territory that once belonged to Koguryo. The mountain is important to Koreans because it is the highest mountain on the Korean peninsula and ancestral birth place of their people. It is an emblem of the "national spirit".24)

---

20) Ahn, Y. S., op. cit.
21) Ahn, Y. S., op. cit.
22) Roehrig, T., op. cit.
23) national anthems.info, South Korea, http://www.nationalanthems.info/kr.htm [2015.8.25.]
24) Ahn, Y. S., op. cit.

According to the legend, there was a God named Hwanung. He landed on the volcano and had a son Dangun, who founded Choson in 2333 B.C. Choson is regarded as the first Korean state. From the religious point of view, mountains in Korea were often associated with places, where religious activities took place.[25] They practiced Buddhism, Confucianism, Taoism, also folk beliefs, like Shamanism.[26]

III. The changing meaning of Mt. Baekdu

In the 20th century, Mt. Baekdu was added a new meaning. The communist authorities in North Korea saw it as a "sacred mountain of the revolution", while in the media Kim Il-Seong was described as "born with Baekdu's spirit".[27]

The mountain became sacred because Kim Il-Seong led guerrilla exploits in the 1930s.[28] North Koreans worship Mt. Baekdu as the second biggest sacred place, which is right after Mangyongdae that is known as Kim Jeong-Il's birth place. Kim Jeong-Il was originally born in a military camp of Vyatsk(Russia), where his father served as an officer in the Red Army. In order to use the power to manipulate over people, Kim Jeong-Il intentionally registered his official birthplace as a guerrilla camp on the Korean side of Mt. Baekdu. The image of a communist dictator, who was born on a Korean territory, which is a symbol for the birth of Korean nation, certainly strengthened the leader's position and increased his influence on the North Korean population. After the exact spot of the leader's birth place was invented, pilgrimages started to take place.[29] In 2006, two million people made a pilgrimage to Mt. Baek-

25) Jin, J., op. cit.
26) Ahn, Y. S., op. cit.
27) Ahn, Y. S., op. cit.
28) Ahn, Y. S., op. cit.
29) Pinilla, D. G., op. cit.

du, which was now known as the place of Korean nationality and Kim's revolutionary past.30) To North Korean people, Mt. Baekdu is the symbol of nationalism and identity.31)

There is a lot of symbolism about Mt. Baekdu in North Korea as well. One of them is a photography of Kim Jeong-Il and his father at Mt. Baekdu.32) Another image of the mountain can be observed on the main facade of the Korean Museum of the Revolution in Pyeongyang.33) All these pictures deliver a message about the North Korea's power and its preeminence over the territory.

IV. The meaning of Mt. Baekdu today

Today many people visit Mt. Baekdu for touristic purposes because the mountain is known as a natural museum with diverse flora, fauna and scenic places.34) To mention just the three most famous; Heaven lake, Changbai waterfall and hot springs.

With the goal to achieve "conservation and community development through the provision of economic and social incentives to local communities", ecotourism in Mt. Beakdu was developed. Ecotourism became a "boom" and the number of visitors to the parks increased. Ecotourism is defined by the International Ecotourism Society as "responsible travel to natural areas that conserves the environment and improves the well-being of local people". Mt. Baekdu area belongs into Changbaishan Mountain Biosphere Reserve(CMBR), which was established in 1960 and is supposed to be one of the earliest and largest natural reserves in China that protects the rich biodiversity

30) Ahn, Y. S., op. cit.
31) Ahn, Y. S., op. cit.
32) Pinilla, D. G., op. cit.
33) Pinilla, D. G., op. cit.
34) ForeignerCN, op. cit.

Figure 4.3.3 | Mt. Baekdu in autumn
Source: Klemenc, 2015

of plants and animals in that area. The number of tourists in the CMBR has increased from 29,021(1980) to 570,000(2005), among whom the foreign visitors represented more than 100,000(2001) per year.[35] Entrance fees and larger numbers of tourists that visit the place every year contribute to better economy. China wanted to add Mt. Baekdu on the UNSECO World Heritage list and turn it into a top tourist destination in China as well.[36] In addition to that, it plans a construction of a major resort complex on Mt. Baekdu that will include ski resorts, hunting range, golf courses, villas etc.[37]

---

35) Yuan, J., Dai, L. and Wang, Q., 2008, "State-led ecotourism development and nature conservation: a case study of the Changbai Mountain Biosphere Reserve, China", Ecology and Society, 13(2), p.55.

36) Ahn, Y. S., op. cit.

37) The Chosunilbo World, 2009.08.31., "China starts work on massive resort at Mt. Baekdu", http://english.chosun.

North Korea responded negatively to Chinese resort complex development plan.38) Also, they were not satisfied with China, which insisted to subscribe Mt. Baekdu on the UNESCO world heritage list, because of the worries that Chinese might get the sovereignty over the area and power to monopolize the tourism on the mountain.39) China is already improving the economy through tourism.40) Tourists do not have to walk up the slope trails in order to reach the peak of Mt. Baekdu and have a look into the Heaven lake. Organized buses bring the tourists to the foot of the mountain, where they are divided into smaller groups, so they can fit into smaller vans, which would take the tourists on a narrow and winding road to the peak. If in the past, mountain climbing required good fitness and endurance skills, these days good physical condition is not a necessity anymore. Mt. Baekdu is available to everyone, who has money and a wish to experience the mountain personally.

After a very speedy and bumpy van ride, masses of people are waiting in a line to walk around a hundred meters to the peak and take a picture with the Heaven lake in the background. Accessing Mt. Baekdu from China allows the tourists to move only on Chinese territory of the mountain. Crossing the North Korean border is strictly prohibited. Heaven lake is considered to be the most famous scenic spot on Mt. Baekdu, although it is said that the mountain looks even more impressive if accessed from North Korea. The tourism on Mt. Baekdu accessed from the Chinese side can be considered as mass tourism. Crowds of people are waiting in lines for the buses, vans and for taking a photo in front of Heaven lake. Tourists can buy souve-

---

com/site/data/html_dir/2009/08/31/2009083100740.html [2015.8.26.]

38) Ibid.

39) Ahn, Y. S., op. cit.

40) Ahn, Y. S., op. cit.

nirs and food when they arrive to the peak or they can use modern toilet facilities.

The majority of the tourists that visit the mountain are registered as South Koreans.41) Everyone in South Korea knows the highest mountain on the Korean Peninsula. For many of them, Mt. Baekdu might still be number one, while on the other hand Chinese count it under best ten mountains in China.

A conflict on the Mt. Baekdu borderland is escalating from Chinese and North Korean side because of China's interest in protection of the region's natural environment and developing of tourism. Chinese want to justify the control over Mt. Baekdu. But the problem is that mountain is sacred for Manchu people, as well as for North and South Koreans. South Korea sided with North since both of them regard Mt. Baekdu as a symbol of national unity.42)

Since 2013 South Korean company Nongshim invested into bottled water factory that will provide South Korea with water from the Mt. Baekdu.43) The project of selling the mineral rich water is a new source of income for Nongshim in the future.44) Maybe in some decades, South Korean people will start to identify Mt. Baekdu as their water resource as well.

V. CONCLUSION

There are several mountains that have a sacred meaning or play a significant role in the lives of Chinese and Koreans,45) Mt. Baekdu is one of them. Stone claimed "Chi-

---

41) Ahn, Y. S., op. cit.

42) Pinilla, D. G., op. cit.

43) The Korea herald, 2014.06.20., "Nongshim breaks ground for Chinese bottled water factory", http://www. koreaherald.com/view.php?ud=20140620000826 [2015.8.28.]

44) Ibid.

nese and Korean share a love of Changbai Mountain", which is located on the Chinese – North Korean border.[46]

In past, mountains in East Asia vertically connected the God and humanized world. Mountains were associated with sacredness, tradition of religion and folk beliefs. Chinese pictured mountains as home for immortals. This was possible because of the spiritual connection that was established between heaven and humans. Compared to the East, people from Western countries shared a different experience of mountains. For them they became a symbol for desire to climb and conquer.[47]

Contemporary, China attaches no sacred significance to Mt. Baekdu, but Koreans do. Koreans in general feel connected with the mountain because Mt. Baekdu is the place of their national origin. Especially elder generations in South Korea still feel the energy of their ancestral roots and spirit of the mountain. But the meaning of symbolic landscape can be changed and re-interpreted anytime.[48] This happened in case of the younger South Korean generation, who grew up in a different time. Today, mountains like Mt. Baekdu with its scenic view and diversity, can be associated as a spiritual or physical shelter from the modern society.[49] Young people do not feel sacredness, but associate the mountain as a tourist attraction.

North Korea, on the other hand, changed Mt. Baekdu into a projection of an imperial ideal. In the times of Kim Jeong-Il, it was proclaimed as a "sacred mountain of the revolution" and later as a birth place of Kim Il-Sung. Recently North Korea is trying to promote tourism by offering tours especially to foreign tourists, since they are

45) Jin, J., op. cit.

46) Stone, R., 2006, "A threatened nature reserve breaks down Asian borders", Science, 313(5792), pp.1379-1380.

47) Jin, J., op. cit.

48) Jin, J., op. cit.

49) Jin, J., op. cit.

a source of money. For North Koreans, it is a pilgrimage to see the mountain.

The cultural meaning of Mt. Baekdu has changed through history and we can expect it to change in the future as well. Exploiting natural resources such as water could be one of the activities that would swift the cultural meaning of Mt. Baekdu from tourism to an important source of water supply. Baekdu springs are already used for bottled water. But as water demand grows, Mt. Baekdu could become an important water source for China, Korea or other countries.

There are many other factors that could influence the mind of people, who would then generate a new meaning to the mountain. These changes have to be recorded and researched also in the future.

References

▷ **Research papers**

• Ahn, Y. S., 2007, "China and the Two Koreas Clash Over Mount Paekdu/Changbai: Memory Wars Threaten Regional Accommodation", The Asia-Pacific Journal/Japan Focus, 5(7).

• Bufon, M., 1993, "Cultural and social dimensions of borderlands: The case of the Italo-Slovene Trans-border area", Geojournal, 30(3), pp.235-240.

• Jin, J., 2005, "The transforming sacredness of Mt. Chirisan from an utopian shelter into a modern national park: focused on the escapist lives of 'mountain men'", Journal of the Korean Geographical Society, 40(2), pp.172-186.

• Pinilla, D. G., 2004, "Border Disputes between China and North Korea", China Perspectives, 52, pp.2-8.

• Roehrig, T., 2010, "History as a strategic weapon: The Korean and Chinese struggle over Koguryo", Journal of Asian and African studies, 45(1), pp.5-28.

• Stone, R., 2006, "A threatened nature reserve breaks down Asian borders", Science, 313(5792), pp.1379-1380.

• Yuan, J., Dai, L. and Wang Q., 2008, "State-led ecotourism development and nature conservation: a case study of the Changbai Mountain Biosphere Reserve, China", Ecology and Society, 13(2).

▷ **Books**

• International Ecotourism Society(IES), 1993, Ecotourism guidelines for nature tour operators, The International Ecotourism Society, Washington, D.C., USA.

• Moore, N. and Whelan, Y., 2007, Heritage, memory and the politics of identity: new perspectives on the cultural landscape, Hampshire, Ashgate.

▷ **Internet pages**

• Channel NewsAsia, 2015, Across Borders with Dr. Farish – Episode 4: North Korea – China, https://www.youtube.com/watch?v=Tf2SgDmACNI [2017.2.23.]

• ForeignerCN, Changbai Mountains, http://www.foreignercn.com/index.php?option=com_content&view=article&id=8227:changbai-mountains&catid=118:travel-in-jilin&Itemid=271 [2015.8.23.]

• national anthems.info, South Korea, http://www.nationalanthems.info/kr.htm [2015.8.25.]

- The Chosunilbo world, 2009.08.31., "China starts work on massive resort at Mt. Baekdu", http://english.chosun.com/site/data/html_dir/2009/08/31/2009083100740.html [2015.8.26.]
- The Korea herald, 2014.06.20., "Nongshim breaks ground for Chinese bottled water factory", http://www.koreaherald.com/view.php?ud=20140620000826 [2015.8.28.]
- The National, 2014.10.23., "Inside North Korea: From Pyongyang to Mount Paektu", http://www.thenational.ae/world/east-asia/inside-north-korea-from-pyongyang-to-mount-paektu [2015.8.26.]
- UNESCO World Heritage Centre, Cultural landscape, http://whc.unesco.org/en/culturallandscape/ [2015.8.24.]
- World Heritage Encyclopedia, Paektu Mountain, http://www.worldlibrary.org/article/whebn0000182248/paektu%20mountain [2015.8.27.]

공간이 기억하는 체제의 흔적
: 블라디보스토크에 남아 있는
공산주의 경관과 자본주의 경관

소재형 · 이준기 · 이승곤 · 진예린 · 임민주(블라디보스토크 인문지리팀)

Ⅰ. 답사를 시작하기 전에

답사에서 지역에 대한 정보를 얻을 수 있는 대표적인 방법으로 '경관 분석'이 있다. 저명한 지리학자 칼 사우어나 피어스 루이스와 같은 거장들이 문화 경관 개념과 경관을 읽는 방법을 제시하였다. 경관은 해당 지역의 사회적 맥락과 그 이면을 파악할 수 있는 좋은 도구이다. 인간은 자연의 지배를 받기도 하지만 자연을 원하는 방향으로 바꾸며 살아간다. 경관은 이러한 인간과 자연의 상호작용을 보여 주며 경관의 변화는 인간과 자연이 관계를 맺는 방식을 추측해 볼 수 있는 단서가 된다. 서로 다른 시기에 다른 배경을 토대로 만들어진 경관들을 비교하면, 당시의 정치사상과 사회가치를 읽을 수 있다.

우리 팀의 연구 주제는 블라디보스토크의 경관이 중앙정부의 정치적 성향에 따라 어떻게 변화했는가이다. 시기에 따라 소비에트 설립 이전, 공산주의 소비에트 연방 집권기, 그리고 소비에트 연방 해체 이후의 러시아 자본주의 도입 이후의 경관에 주목하였다. 블라디보스토크 답사를 통해 각 시기에 만들어진 경관들을 관찰하고 그 안에 숨겨진 의미를 찾고자 노력하였다. 공산주의적 경관과 자본주의적 경관을 단순히 시대에 따라 구분하지 않고, 각 경관이 체제나 이념의 실현에 영향을 받았는가를 고려하였다. 예를 들어, 소련 시기에 건설된 항만 물류시설은 공산주의 이데올로기를 대변하는 경관요소가 아니기 때문에 공산주의 경관으로 분류하지 않았다.

II. 블라디보스토크의 역사

블라디보스토크의 경관을 본격적으로 살펴보기 전에 블라디보스토크의 역사를 간략하게 살펴보자. 블라디보스토크 개발의 역사는 1859년 동시베리아 총독 무라비요프 아무르스키가 블라디보스토크 군사 초소를 짓고 이 지역이 공식적으로 '항구'로 불리면서 시작된다. 이후 러시아 극동 정책의 일환으로 블라디보스토크는 상업, 외교, 자본의 중심지로 발전하였다. 1890년대에 무역항으로 크게 발전하였으며, 20세기 초반까지 급속하게 성장하여 전 세계의 무역상, 자본가와 외교관이 이곳으로 몰려들었다.[1]

그러나 공산주의를 표방했던 소비에트 연방의 집권으로 블라디보스토크는 상업 중심도시에서 군사 중심지로 변모하게 되었다. 이 시기에 외국인은 물론 내국인의 출입도 철저하게 통제되었다. 구 소비에트 연방이 붕괴된 이후, 1992년에 러시아의 시장개혁이 본격적으로 진행되면서 블라디보스토크는 외부 세계에 다시 개방되었다.[2] 서서히 시장경제체제에 적응해 나가던 블라디보스토크는 2012년 아시아태평양정상회의를 기점으로 다수의 해외 투자를 유치하기 시작하였다. 이와 함께 러시아는 기업 활동에 유리하도록 항만, 공항, 도로 등의 사회간접자본 투자에 힘을 쏟았다.

러시아, 그리고 블라디보스토크라는 도시는 비교적 짧은 기간 동안 다양한 정치체제를 경험해 왔으며 도시 경관 역시 역동적으로 변화해 왔다. 블라디보스토크는 역사가 짧은 도시임에도 불구하고 급변하는 정치·경제적 상황으로 끊임없이 변모해 왔으며 정치권력의 전략적 선택이 도시 발전에 영향을 미쳤다.[3] 소비에트 연방 해체 이후에는 러시아 전역에

---

1) 성원용, 2006, "러시아 극동의 관문, 블라디보스토크", 국토연구원, p.2.

2) 성원용, 앞의 글, p.3.

서 도시화를 동반한 사회변화가 이루어졌으며, 이는 도시 정책의 전면적인 변화를 가져왔다.4) 블라디보스토크 도시 개발의 양상은 크게 소비에트 연방 집권기 이전, 집권기, 해체 이후 세 시기로 구분하는데, 경관의 핵심 요소인 항구의 용도가 시기별로 달랐다.5)

러시아가 정치·경제적으로 빠른 변화를 겪었고 그 시기가 명확히 구분되는 만큼 우리는 이 지역에 체제 변화의 흔적이 남아 있을 것이라고 확신하였다. 답사 전에 문헌연구를 통해 블라디보스토크라는 도시 공간을 공산주의적 경관과 자본주의적 경관으로 분류한 후, 현지답사를 통해 이를 확인하고 보충하였다. 그리고 추가로 문헌을 조사하여 현지답사로 얻은 경관 분석 결과를 뒷받침할 근거를 보완하였다. 답사 지역은 블라디보스토크 항구와 금각교, 혁명광장 등과 같은 단일 구조물뿐만 아니라, 스베틀란스카야 거리(St. Svetlanskaya), 아르바트 거리(St. Arbat)와 같이 비교적 큰 규모의 장소도 포함하였다. 그 밖에 근교 지역의 경관도 둘러보았다.

III. 블라디보스토크 곳곳에 남아 있는 과거 체제의 흔적

1. 블라디보스토크 중심업무지구 내의 혁명광장

중심업무지구란(Central Business District, CBD) 흔히 도심이라 불리며 대체로 도시 중심부에 위치하여 상업과 지식집약산업이 밀집된 곳을 말한다. 이곳은 접근성이 좋고 지대6)가 높아 집약적인 토지이용이 두드러지며 그 결과 고층 건물들이 밀집한 것이 특징이다.7) 블라디보스토크의 중심업무지구는 스베틀란스카야 거리 부근으로, 이곳에는 행정

---

3) Smirnov, S. M. and Barannikova, A. O., 2012, "Vladivostok: From the Fortress City to APEC Summit-2012 Host", 해양도시문화교섭학, 6, pp.255-273.

4) Becker, C., Mendelson, S. J. and Benderskaya, K., 2012, Russian urbanization in the soviet and post-Soviet Eras, International Institute for Environment and Development(IIED).

5) Richardson, W. H., 2011, Planning a model Soviet city: Transforming Vladivostok under Stalin and Brezhnev, ITU Journal of the Faculty of Architecture, 8(1), pp.129-142.

6) 토지사용의 대가

중심지인 연해주 청사와 대규모 상업시설인 굼(GUM) 백화점, 그리고 패션 아웃렛이 위치해 있다. 이 거리에는 4차선 이상의 도로가 깔려 있으며 오랜 기간 도시의 심장부로서 많은 상점이 즐비해 있다.

혁명광장은 소련 시절 정책 선전을 위해 만들어졌으며 관광객이 꼭 들르는 장소이기도 하다. 스베틀란스카야 거리의 중심부에 위치한 혁명광장은 연해주 청사와 바로 맞닿아 있으며 원래 이곳에는 연해주로 이주한 조선인이 수십 년 동안 모여 살았다. 그러나 스탈린은 블라디보스토크에 새로운 사회주의 도시계획을 실현하고자 1937년 조선인들을 중앙아시아로 강제로 이주시키고 그 자리에 혁명광장을 만들었다. 이 시기에, 소비에트 정권을 수립한 레닌을 포함한 다수의 공산주의 혁명가와 제2차 세계대전에서 독일에 대항했던 용사들의 동상을 만들어 공산주의의 유산으로서 혁명의 이상을 표현하였다. 동상의 왼편에는 "노동자·농민의 소비에트 건설을 위하여"라는 문구가 적힌 혁명탑이 현재까지 남아 있다. 〈사진 4.4.1〉과 〈사진 4.4.2〉는 혁명의 이상을 가지고 있던 구소련에 의해 만들어져 현재까지 남아 있는 조각들의 사진이다.

과거 폴란드, 동독 등 몰락한 공산주의 국가들의 체제 붕괴는 상징물 철거에서 시작됐다. 그리고 앞서 설명한 대로 도시의 중심업무지구는 철저히 자본의 흐름에 따라 토지의 용도가 분화되는 양상을 보인다. 하지만 블라디보스토크의 시내 한가운데에는 아직까지도 공산주의 체제 선전을 위해 만들었던 광장이 주위의 집약적인 토지이용과는 대조적으로 넓은 공간을 차지하고 있어 이색적인 경관을 형성한다. 반면에 혁명광장 바로 맞은편에는 체제 변동 이후 들어선 다양한 국적의 상점이 빽빽이 늘어서 있어 대조적인 경관이 독특한 분위기를 자아낸다.

---

7) Carter, H., 1981, The Study of Urban Geography, London: Edward Arnold(노융희 외, 2010, "중심업무지구(中心業務地區)", 지방자치사전, 한국지방자치학회, 보성각에서 재인용).

사진 4.4.1 | 노동자와 농민의 상징인 낫과 망치
출처: 직접 촬영

사진 4.4.2 | 공산주의 혁명을 상징하는 조각상
출처: 직접 촬영

2. 혁명광장 주변부의 모습

혁명광장의 주변부는 자본주의가 도입된 이후에도 각종 부지의 개발이 어려운 상황이다. 소련 시기 때 시가지에 지어진 역사적인 건축물과 유산들로 인해, 뒤늦게 들어선 자본주의적인 도시 개발이 제한되는 것이다. 소련 시절, 광장 근처의 건축물들은 당국의 정책과 필요에 의해 한곳에 집중적으로 지어졌으며 상당한 규모를 자랑한다.8) 이 건물들을 보존하려는 정책과 건물들의 광대한 규모가 도시의 재개발을 어렵게 하고 있다. 이런 상황에서 블라디보스토크에는 새로운 대규모 상업시설을 짓는 것보다 구소련 시절 지어진 대규모의 건축물들을 재활용하는 것이 일반적이다.

소련이 건재할 당시에 지어진 공산당 관련 기관이나 대규모 군중대회 등 공산당의 필요에 의해 사용됐던 건물들이 현재는 극장이나 상가와 같이 자본주의적 상업 공간으로 활용되고 있다. 〈사진 4.4.3〉은 소련 시절 만들어진 대형 건물이 자본주의적 원리에 의해 재탄생된 것을 보여 준다. 건물은 과거 공산주의를 위한 것이었지만, 현재 알맹이는 자본주의

---

8) Carter, H., op. cit..

사진 4.4.3 | 상가로 쓰이는 소련 시절 지어진 건물
출처: 직접 촬영

를 상징하는 상점이 들어섬으로써 혼합된 경관으로 나타난다.

3. 대형 쇼핑몰 Clover House

　체제 변동 이후 거주지 이전과 부동산의 사적 소유를 금지하던 공산주의 정책이 폐지되자, 블라디보스토크의 도시 경관은 과거와 다른 모습을 띠기 시작하였다. 가장 큰 변화는 일반 대중이 부동산을 사적으로 소유하며 상업적으로 이용할 수 있다는 점이었다. 러시아는 1917년 러시아 혁명으로 들어선 최초의 공산주의 정권이 물러간 후, 1990년대에 들어서야 비로소 자본주의 체제를 도입하였다. 서유럽 국가들이 70여 년에 걸쳐 이미 자본주의를 발전시킨 후에야 러시아에서는 자본이 도시 경관을 형성하기 시작한 것이다.

　여러 갈래로 갈라진 시가지에 도요타와 혼다, BMW 등 외제차들이 분주히 지나다니는 모습은 20년 전 블라디보스토크에 자본주의가 도입된 이후에 나타난 모습이다. 24시간 운영되는 쇼핑센터와 외제차로 상징되는 블라디보스토크의 시내 중심부 경관은 자본주의가

사진 4.4.4 | 블라디보스토크 중심부의 대형 쇼핑몰 Clover House
출처: 직접 촬영

진행된 서구의 도시들과 비슷한 모습을 보인다.

소련 붕괴 이후 만들어진 대형 쇼핑몰 Clover House는 시내 중심부에 우뚝 서 있으며 블라디보스토크에 대규모 상업자본을 이식한 느낌을 준다〈사진 4.4.4〉. 쇼핑몰 앞에 대규모 시내버스 정류장이 있을 정도로 이곳은 여러 도로가 만나는 교통의 요지이고, 현지인들의 왕래가 빈번한 곳이다. 최근 이 주위에 미국의 대형 패스트푸드 프랜차이즈 업체인 버거킹이 입점하기도 하였다.

4. 아르바트 거리와 해양공원 일대

블라디보스토크 해안 근처에는 '젊은이들의 거리'로 불리는 아르바트 거리가 있다. 소련의 몰락 이후 한국 기업인 KT는 대규모로 투자 사업을 진행하여 해외자본을 이곳에 유치하였다. 아르바트 거리에는 해외뿐만 아니라 현지 자본도 유입되어 있고 현재는 카페와 레스토랑, 펍, 클럽 등 화려한 경관을 볼 수 있다〈사진 4.4.5〉.

아르바트 거리에서 얼마 떨어지지 않은 곳에 있는 해양공원에는 현대식 대형 멀티플렉스 영화관인 아끼안(Океан) 찌아뜨르의 간판이 휘황찬란하게 빛나고 있다〈사진 4.4.6〉.

사진 4.4.5 | 아르바트 거리의 클럽
출처: 직접 촬영

사진 4.4.6 | IMAX 영화가 상영되는 아끼안 영화관
출처: 직접 촬영

아끼안 찌아뜨르는 블라디보스토크에서 가장 최근에 지어진 영화관이자 상업시설을 겸비한 복합문화시설로 많은 인원을 수용할 수 있으며 극장뿐만 아니라 오락실과 카페테리아도 이용할 수 있다. 근처의 해양공원에는 놀이공원과 호텔 등 현지인과 관광객을 위한 유흥 및 숙박시설도 잘 갖춰져 있다.

해양공원 옆에는 러시아 국적의 블라디보스토크 호텔을 독일 자본이 인수합병하여 새롭게 문을 연 아지무트 호텔 블라디보스토크&아무르베이가 운영 중이다. 그 밖에 미국계 호텔인 힐튼호텔과 한국계 기업인 현대호텔이 진출해 있으며 미국계 하얏트 호텔이 건설 중이다. 이는 러시아의 자본주의와 거대한 외국계 자본의 투자를 보여 준다. 이처럼 블라디보스토크는 대규모 국내외 자본의 유입으로 기존의 공산주의적 경관에 새로운 자본주의적 경관이 더해진 도시라고 볼 수 있다.

5. 블라디보스토크 항만과 영원의 불꽃

블라디보스토크 항구는 1859년 금각만 주변이 해군기지로 사용되면서부터 기능이 확대되었다. 초기에는 도시 안에서 자본을 교환하는 소규모 상업공간이었지만 점차 군사적인 목적을 위한 시설이 설치되었다. 1867년 초기의 블라디보스토크 항구 계획도를 보면, 당시 군사 부문과 민간 부문의 건축 공간이 구분되지 않아 각종 시설이 무질서하고 무계획적으로 배치되어 있었다〈그림 4.4.1〉.

1891년 시베리아 횡단철도가 건설되기 시작하고, 1897년에는 상업용 항구가 건설되면서 항구에는 물류창고 및 공장부지 등의 확충으로 인해 자본주의적 경관이 더욱 두드러지기 시작하였다. 1,500개의 기업이 블라디보스토크에 있었고 그중 2/3 이상이 외국자본이었을 만큼 해외교류가 활발하였다. 항구에 드나드는 선박 중 일본과 영국의 비율이 가장 높았으며 이 나라들과의 교역을 통해 블라디보스토크 항이 국제적인 무역항으로 성장하였다.[9] 한편, 이 시기에 러시아 정부는 토지의 집약적·효율적 이용을 위해 용도지구 정책(Zoning)을 실시하면서 토지를 상업지구와 군사지구로 나누었다.

1900년대 초반까지 자본주의의 초기형태를 띤 항구의 규모를 확대해 나가던 블라디보

1. 교회 2. 장관의 주거지 3. 장교용 주거지 4. 막사 5. 대구간 6. 공장 7. 술집 8. 냉동실
9. 목욕탕 10. 군용창고 11. 조선소와 공장 12. 해군 건물

그림 4.4.1 | 1867년의 블라디보스토크 항구를 표시한 지도
출처: Obertas, V.A., 1976(佐藤 洋一, 2009에서 재인용)

9) Richardson, W. H., op. cit., p.2.

스토크는 1920년대 소비에트 연방의 스탈린의 지배를 받게 되었다. 스탈린은 상업적인 기능을 수행하던 블라디보스토크에 극동함대 사령부를 배치하고 군사보안지대로 만들어 도시 전체에 새로운 사회주의 질서를 입히고자 하였다. 이는 자본주의보다 사회주의 경제체제하에서의 경제 발전이 우월함을 증명하기 위해서였다. 체제의 이상을 선전하기 위해 기존 제정 러시아의 유물들을 파괴하고 신축 건물을 제한하였으며, 그 대신 소비에트를 대표하는 기념물들을 곳곳에 설치하였다.

기존에 무역회사들이 사용한 건물에는 새로운 기관들이 입주하였다. 항구에도 볼셰비키 혁명의 주역들의 동상들이 세워졌으며 블라디보스토크 항을 통한 외국과의 교류는 현저하게 줄어들었다. 이러한 조치는 기존에 블라디보스토크에서 무역을 하고 있던 수많은 기업에 큰 타격을 주었다. 한편, 극동사령부가 있던 블라디보스토크의 군사적 기능을 강화하기 위해 금각만 일대와 도시 중앙부를 중심으로 새로운 버스·전차노선을 신설하고 공항도 들어섰다.10)

1950년대 이후 소비에트 연방은 제2차 세계대전으로 입은 경제적·군사적 피해를 회복하고 경제적 성장을 이루었으며, 저하된 시민들의 삶의 질을 향상시키고자 다양한 정책을 수립하였다. 이를 위해 러시아 정부는 항구를 재건하고 도로도 포장하였다.

한편, 사회주의를 표방하는 기념물들이 꾸준히 설치되었다. 대표적인 예로 블라디보스토크 금각만 근처에 위치한 '영원의 불꽃'이 있다. 영원의 불꽃은 제2차 세계대전에 참전하여 전사한 군인들을 기리기 위해 설치한 것으로 이름 그대로 꺼지지 않고 계속해서 타오르는 것이 특징이다. 소비에트 연방 시절 수많은 도시에 설치된 '영원의 불꽃'은 사실 캐나다 오타와의 국회의사당 광장, 프랑스 파리의 개

사진 4.4.7 | 블라디보스토크 '영원의 불꽃'
출처: 직접 촬영

---

10) Richardson, W. H., op. cit., p.4.

선문 등 사회주의와 관계없는 장소에도 참전용사를 기리기 위해 설치되어 있다. 그럼에도 불구하고 블라디보스토크의 영원의 불꽃을 사회주의적 경관으로 분류한 이유는 그 형태 때문이다.

앞서 언급한 오타와나 파리에 있는 영원의 불꽃은 아래의 사진과 같이 불꽃을 둘러싼 원의 형태이다. 반면, 블라디보스토크에 있는 영원의 불꽃은 불꽃을 둘러싼 별모양의 형태이다. 일반적으로 사회주의 국가에서 붉은색과 별은 사회주의와 사회주의 정당을 상징한다. 블라디보스토크에 있는 영원의 불꽃은 단순히 인류애적인 관점에서만 만들어진 것이 아니라 자연스레 그들을 보듬어 주는 사회주의 체제와 사회주의 정당의 선전을 위한 수단으로도 활용되었던 것이다.

1990년대 소비에트 연방이 해체되던 시기에 블라디보스토크 항은 다시 자본주의적인 움직임으로 활기를 띠었다. MCL 등 글로벌 선사(船社)들의 항로서비스가 개설되면서 물동량은 계속 증가해 왔다. 컨테이너 항만물동량이 1995년 약 2만TEU(컨테이너의 단위)에서 2011년 93만TEU로 급증할 만큼, 개혁개방 이래 국제적인 자본의 이동이 활발해졌다. 이에 따라 중앙정부는 부족한 항만시설을 보충하기 위해 항만인프라를 확충하였다. 컨테이너 부두를 증설하고 12번 부두에 유류기지를 건설하는 등의 계획을 수립하고11) 항구를

사진 4.4.8 | 오타와 국회의사당 '영원의 불꽃'
출처: 직접 촬영

사진 4.4.9 | 파리 개선문 '영원의 불꽃'
출처: 직접 촬영

증축함에 따라 물류창고와 교역항이 늘어나 2011년에는 총 93만TEU를 수용할 수 있는 항구로 발전하였다〈표 4.4.1〉.12)

2014년 푸틴 대통령이 블라디보스토크 항을 자유항으로 선포함에 따라 러시아는 이 일대가 완전한 자유무역지대로 거듭날 것으로 기대하고 있다. 러시아 극동개발부는 연해주 지방 남·서부 전역의 13개 도시·지역을 포괄하는 광범위한 지역을 대상으로 블라디보스토크 자유항(지역)에서 수입 설비의 관세 및 부가세 면제, 연중무휴 24시간 통관업무, 세관, 검역 등을 더 편리하게 이용할 수 있는 원스톱 서비스, 비자 제도 완화 서비스 등을 시행하겠다고 밝혔다.13)

한편, 블라디보스토크에서 아시아태평양정상회담을 개최하면서 도시의 위상이 크게 높아졌다. 회담의 성공적인 개최를 위해 러시아 정부는 약 210억 달러(한화 약 23조 원)의 국가자본을 도시에 투자했으며, 그 결과 블라디보스토크의 주요 관광명소로 떠오른 금각만 일대의 시가지는 국가자본과 외국자본의 집중적인 유입으로 자본주의적인 경관을 더 많이 갖추게 되었다.

〈표 4.4.1〉 블라디보스토크 항만시설 현황

선석	터미널명	운영사
1–2	PortPasService	여객, 일반화물
3–4	자동차 터미널	자동차, 중장비
5–8	UPEC	일반화물
9–10	TET	일반화물
11	Oil Terminal	유류
12–15	UNECO	일반화물, 컨테이너
16	Container Terminal	컨테이너

출처: 한국해양수산개발원, 2009

---

11) 성원용, 앞의 글, p.4.

12) 이성우, 2009, "극동러시아 자루비노항 물동량 분석 및 진출 수요조사 연구", 한국해양수산개발원.

13) 한겨레투코리아, 2015.08.04., "푸틴의 블라디보스토크 방문과 동러시아 경제포럼".

사진 4.4.10 | 독수리 전망대에서 내려다본 금각만
출처: 직접 촬영

사진 4.4.11 | 블라디보스토크 항만 전경
출처: 직접 촬영

6. 블라디보스토크 외곽지역 아르툠과 다차(дáча)

러시아 문학작품을 읽다 보면 러시아 사람들이 다차에서 주말을 보내면서 휴식을 취하고 채소를 지배하는 등의 장면이 자주 등장한다. 다차는 농장이 딸린 주말별장을 칭한다. 18세기 초 표트르 대제가 새로운 수도로 상트페테르부르크를 건설하면서 수도 근교에 신

하들에게 하사하는 주택을 지은 것이 그 기원인데, 중세 시대에는 차르(러시아의 황제)가 하사한 집을 보유한다는 것만으로도 차르에 대한 책임과 의무, 영예와 부가 함축되어 있었다.14) 그러나 19세기에 도시화와 산업화가 본격적으로 진행되면서 다차는 특권 문화의 상징에서 대다수 러시아인이 도시를 벗어나 휴일을 보낼 수 있는 별장으로 성격이 변모하였다. 이후 소비에트 정권은 집권 초기에 사유재산으로서의 다차를 몰수했으나, 제2차 세계대전을 치르면서 식량배급시스템의 운영이 어려워지자 도시 거주자들에게 근교 토지를 나누어 주고 자가소비를 위한 '텃밭농업'을 장려하였다. 1950년대 초반까지 텃밭 경작에 참여하는 노동자와 직장인이 꾸준히 증가하였다고 한다.15) 소비에트 집권 이후 다차는 별장뿐 아니라 그에 딸린 토지를 함께 지칭하는 용어로 자리 잡았고 현재까지도 사용되고 있다.

블라디보스토크 공항에서 도심부로 향하는 길목에 다차 밀집 지역을 볼 수 있었다. 블라디보스토크 공항은 아르툠이라는 작은 근교도시에 위치해 있는데 블라디보스토크가 1800년대 후반부터 도시로 성장한 데 반해 블라디보스토크 중심지에서 북쪽으로 약 45㎞ 정도 떨어진 아르툠은 오랫동안 블라디보스토크의 외곽도시로 기능해 왔으며 다차도 이곳에 계획적으로 들어섰다. 다차가 도로를 따라 균일하게 분포한 것을 보면 국가 주도적으로 건설되었음을 알 수 있다. 아르툠 지역을 찍은 위성사진을 보면 작은 주택과 텃밭이 딸려있는 다차가 쭉 뻗은 도로를 따라 분포하고 있는 것을 볼 수 있다〈사진 4.4.12〉.

〈사진 4.4.13〉에서 붉은색으로 표시한 부분은 하나의 다차가 일정 면적의 텃밭과 별장 한 채로 이루어진 것을 보여 준다. 공항에서 시내로 들어가며 잠시 지나갔을 뿐이지만 텃밭에는 갓 수확하고 남은 채소들이 널려 있는 등 경작의 흔적이 남아 있는 것으로 보아 현재까지도 아르툠 지역의 다차가 유지되고 있다는 것을 알 수 있었다. 소비에트 정권의 몰

---

14) 남영호, 2009, "러시아 다차를 둘러싼 몇 가지 신화들: 경제와 휴식의 의미", 마르크스주의 연구, 경상대학교 사회과학연구원, p.6.
15) Lowell, S., 2003, Summerfolk: A History of the Dacha, 1710-2000, Cornell University Press.

사진 4.4.12 | 아르툠 지역의 위성사진
출처: Google Maps

사진 4.4.13 | 아르툠 지역을 확대한 위성사진
출처: Google Maps

락과 함께 러시아 사회에서 공산주의 체제가 설 자리를 잃었음에도 불구하고 소비에트 연방 집권 당시의 문화적 흔적이 여전히 삶의 공간에 남아 있었다. 이러한 경관을 '화석화된 경관(Fossilized landscape)'이라고 하는데, 실제 답사에서 관찰할 수 있어서 매우 흥미로웠다.

IV. 답사를 마치며

블라디보스토크라는 도시는 러시아 역사와 흐름을 같이해 왔으며, 러시아의 영토로서 정치체제를 공유한다는 점에서 중앙 정치질서와 뗄 수 없는 관계이다. 블라디보스토크의 도시 경관은 러시아 제정, 소비에트 연방, 시장개방 시기에 따른 러시아의 체제 변화와 중앙정부의 정책에 따라 바뀌어 왔다. 이 때문에 블라디보스토크에는 군항과 무역항, 공산주의적 경관과 자본주의적 경관이 혼재한다. 따라서 시기에 따른 정치체제 변화에 영향을 받아 온 경관의 차이를 살펴봐야 블라디보스토크라는 지역을 제대로 이해할 수 있다.

블라디보스토크의 시가지 일대에서는 스탈린 집권 이후 '위대한 블라디보스토크' 정책으로 만들어진 공산주의 구조물들을 발견할 수 있다. 스베틀란스카야 거리 중심부의 혁명광장에 세워진 각종 상징물은 공산주의 혁명의 이상을 간접적으로 보여 준다. 블라디보스토크 역 주변에 세워진 레닌 동상도 마찬가지이다. 과거 공산주의 국가였던 동독, 폴란드의 체제 변화가 공산주의 상징물 철거에서 시작되었다는 점과 극명히 대조된다.

한편, 공산주의의 흔적 옆에는 대규모 자본으로 건설된 여러 상업시설이 즐비해 있다. 교통의 요지에는 상가가 밀집해 있고, 해안가를 따라 내·외국인을 위한 유흥시설이 갖춰져 있다. 외국자본의 유치도 활발해서 시내 중심부에 있는 거리를 한국기업이 주도적으로 정비한 경우도 있다.

항만도 마찬가지이다. 제2차 세계대전 이후, 소비에트 당국은 항구를 비롯한 도시 기반시설을 계획적으로 정비하였고, 이는 블라디보스토크 도시 체계의 근간이 되었다. 소비에트 해체 이후, 블라디보스토크 항은 늘어나는 화물을 감당하기 위해 항만을 확장하고 있으며, 면세, 24시간 통관업무, 간편 서비스, 비자 제도 완화 등 항만 서비스를 개선하고 있다. 이는 블라디보스토크로의 자본 유입을 더욱 용이하게 만들고 있다.

그러나 밀려오는 자본의 파도에도 불구하고, 구소련 공산당의 주요 건축물들은 정책적으로 재개발이 제한된다. 이러한 건물들의 외관은 과거의 모습을 유지한 채 내부 용도만 바뀌면서, 껍데기는 공산주의인데 알맹이는 자본주의인 혼합 경관이 만들어졌다.

이러한 경관 분석은 내가 살고 있는 장소에서도 의미를 갖는다. 만약 북한에 자본주의가 도입된다면, 북한 도시의 경관 변화는 블라디보스토크와 대체로 비슷한 양상을 보일 수 있다. 물론 정책의 차이나, 지리적 차이, 여타 한반도의 특수성에 의해 블라디보스토크와 다를 수도 있을 것이다. 더불어 우리가 무심코 지나치는 주변 경관에도 과거와 미래가 담겨 있다는 점에서 한번쯤은 경관의 의미를 깊이 생각해 보는 시간을 가지는 것도 좋을 듯하다.

References

▷ 논문(학위논문, 학술지)

· 지방자치학회, 2010, "중심업무지구(中心業務地區)편", 지방자치사전, 보성각.

· 佐藤 洋一, 2009, "帝政期のウラジオストク中心市街地における都市空間の形成に関する歴史的研究", 早稲田大学出版部.

· Smirnov, S. M. and Barannikova, A. O., 2012, "Vladivostok: From the Fortress City to APEC Summit-2012 Host", 해양도시문화교섭학, 6, pp.255-273.

· Richardson, W. H., 2011, "Planning a model Soviet city: Transforming Vladivostok under Stalin and Brezhnev", ITU Journal of the Faculty of Architecture, 8(1), pp.129-142.

▷ 단행본

· Becker, C., Mendelsohn, S. J. and Benderskaya, K., 2012, Russian urbanization in the soviet and post-Soviet Eras, International Institute for Environment and Development(IIED).

· Carter, H., 1981, The Study of Urban Geography, London: Edward Arnold.(노융회 외, 2010, "중심업무지구(中心業務地區)", 지방자치사전에서 재인용)

· Lowell, S., 2003, Summerfolk: A History of the Dacha, 1710-2000, Cornell University Press.

▷ 보고서

· 남영호, 2009, "러시아 다차를 둘러싼 몇 가지 신화들", 경상대학교 사회과학연구원 .

· 성원용, 2006, "러시아 극동의 관문, 블라디보스토크", 국토연구원.

· 이성우, 2009, "극동러시아 자루비노항 물동량 분석 및 진출 수요조사 연구", 한국해양수산개발원.

▷ 언론보도 및 홈페이지

· 한겨레투코리아, 2015.08.04., "푸틴의 블라디보스토크 방문과 동러시아 경제포럼".

다롄시의 근대 식민지 문화재 보존과 의의

양재석 · 심정아 · 신재휘 · 홍지민 · 정진우(다롄 인문지리팀)

Ⅰ. 답사를 시작하며

사람은 살면서 흔적을 남긴다. 사람이 자주 가고 머물렀던 곳에는 그 사람의 무언가가 흔적으로 남기 마련이다. 사람들은 그 흔적들을 보면서, 과거 자신 또는 다른 사람들의 삶을 그려 보거나 역사적인 사건을 떠올린다.

그러나 모든 흔적이 보존되는 것은 아니다. 후대 사람들의 선택에 따라 어떤 흔적은 추앙받기도 하지만 파괴되기도 한다. 자랑스러운 역사를 담고 있는 흔적은 과장되어 역사 유적지라는 형태로 보존되는 반면, 어두운 면을 담고 있는 흔적은 사람들의 외면을 받아 없어지거나 기억에서 사라지기도 한다. 근대 동아시아의 식민지 문화재는 후자에 속한다. 식민지 수탈을 위한 건축물과 기록 등을 포함한 많은 흔적은 동아시아 국가들이 식민 지배에서 벗어난 후에 많은 외면을 받았다. 그러한 흔적들은 과거의 고통과 슬픔의 기억을 후대의 사람들에게 전달하기 때문이다. 같은 이유로 대한민국에서도 많은 근대 식민지 시대의 유적이 사라지고 있으며 1995년에 조선총독부 건물을 해체한 것이 대표적이다.

근대 식민지 문화재를 보호해야 하는가에 관한 논의는 오랫동안 계속되었다. 혹자는 슬픈 역사도 기억할 만한 가치가 있기 때문에 보존해야 한다고 하였고, 또 다른 사람들은 역사를 바로잡고 민족의 정기를 확립하기 위해 철거해야 한다고 주장하였다. 후자의 주장을 따르고 있는 대한민국과는 달리, 중국의 다롄시는 다른 결정을 내리고 있다.

다롄시는 청나라 때까지는 조그마한 어촌이었지만, 1898년 러시아의 조차지가 되고 1904년 이후에는 일본의 지배 아래 랴오둥반도의 중심 도시로 탈바꿈하였다. 장기간의 식민지 역사 때문에, 다롄시 곳곳에는 러시아와 일본의 근대 유적지가 남아 있다. 하지만 다롄시는 이 유적들을 보존하여 다롄시만의 경쟁력을 키우고 있다. 다롄시는 도시의 서쪽에 있는 일본 시가지와 동쪽에 있는 러시아 시가지를 보전하여 관광지로 개발하였고 역사 교육의 현장으로 활용하고 있다. 슬픈 역사를 가진 근대 식민지 문화재를 보전하여 새로운 도시경쟁력을 제고하는 다롄시의 사례가 우리나라의 근대 식민지 시대의 유적관리 방향에 대한 시사점을 제공해 줄 것이라고 생각한다.

II. 다롄시 개관

1. 다롄시의 행정구역1)

다롄시는 랴오닝성 제2의 도시로, 랴오둥반도 최남단에 자리 잡고 있는 부동항의 대외무역항이며 둥베이지방의 경제중심지이자 관광도시로 알려져 있다. 행정구획은 6개의 시할구와 3개의 현급시, 1개의 현으로 나뉘며, 면적은 12,574㎢, 인구는 2014년 기준으로 594만 명으로 추산된다.

2. 다롄시의 지리와 기후2)

다롄시의 동쪽은 황해, 서쪽은 발해만에 접해 있다. 다롄시는 랴오둥반도를 종단하는 톈

---

1) 다롄시 공식 홈페이지, http://www.dl.gov.cn [2015.8.18.]
2) 위의 홈페이지.

산산맥의 끝부분에 위치하여 구릉지를 이루고 있다. 이 지역의 기후는 냉대 동계 소우 기후와 습윤 대륙성 기후 사이에 속하며 연평균 기온은 10℃, 연강수량은 602㎜ 정도이다. 사계절이 뚜렷하며 혹한이나 혹서가 없어 생활하기에 알맞은 기후다.

3. 다롄시의 역사

다롄시는 역사적으로 고구려, 당나라 등에 속하였다가, 1880년대 청나라가 다롄만 북쪽 해안에 포대를 쌓아 올리면서 도시로 변모하기 시작하였다. 랴오둥반도의 중심지였던 다롄시는 1898년 러시아의 조차지가 되었다. 1904년 러일전쟁 이후에 일본의 지배에 놓였으며 1945년 식민 통치에서 해방되었다. 도시명은 1960년 뤼다로 바뀌었다가 1981년 다롄으로 회복되었다. 1990년대 중국의 개혁개방이 추진되면서 중국 동북부 내에서 특히 눈부신 경제적 발전을 이루었다.

4. 다롄시의 경제3)

다롄시는 명실상부한 랴오닝성의 경제 중심지라고 할 수 있다. 2011년 기준 랴오닝성의 각 도시 간 총생산량을 비교해 볼 때, 다롄은 6,151억 위안으로 선양, 안산 등을 제치고 1위를 기록하였다. 다롄의 1인당 GDP는 2011년에 9만 위안을 넘었으며 이는 베이징, 상하이, 톈진보다 높다. 2007년에서 2012년까지의 GDP 성장률도 평균 14.7%로, 중국 평균인 10.1%보다 높은 수치이다. 산업구조를 살펴보면, 2012년 경공업 생산은 767.1억 위안, 중공업 생산은 2,055.1억 위안이며 국유 및 집체기업의 생산 증가율이 특히 빠른 편이다.

---

3) 김수한, 2013, "중국 동북지역의 대외창구, 다롄(大連)시 발전현황 분석", INChinaBrief, 251, 인천연구원.

III. 다롄시의 식민지 시대 도시구조의 형성 과정

1. 식민지 시대 이전

1856년도에 발발한 제2차 아편전쟁을 계기로 다롄시는 국제사회에서 중요한 도시로 알려지기 시작했다. 당시 영국 해군 함장인 윌리엄 아서는 다롄의 전략적 중요성을 인지했고, 오늘날의 뤼순항을 '아서 항구'로 명명하였다. 1858년 영국이 다롄을 점령하고 1880년대에는 청나라가 다시 지배권을 행사하였다.

영국의 영향력이 수그러들면서 다롄은 베이징함대의 근거로 군항을 건설하는 등 서서히 근대 항구의 도시구조를 갖추어 나갔다. 청나라는 다롄을 철저하게 요새화하는 전략을 취했으며 1891년 준공한 항구가 지금 다롄항의 모태가 되었다. 1894년 청나라는 청일전쟁에서 패배하고 시모노세키 조약을 체결하면서 다롄을 일본에게 양도하였다. 그러나 프랑스, 독일 그리고 러시아의 개입 때문에 일본은 7개월 만에 다롄을 포함한 랴오둥반도를 중국에 반환하였다.

2. 러시아 조차 시기

태평양에 부동항을 얻으려던 러시아의 목적은 1896년에 체결된 중국과의 밀약을 통해 관철되었다. 1896년에 러시아 제국은 청조로부터 뤼순−다롄을 조차하였으며 1897년에는 독일군을 감시한다는 명목으로 군대를 파견해 사실상 뤼순·다롄을 점령하였다. 1898년에는 중국과의 협상으로 뤼순·다롄을 25년간 조차할 권리를 획득하였다. 다롄만이 러시아 항구도시의 형태를 띠게 된 것은 이때부터 러시아가 다롄을 자신의 영토로 간주하였기 때문이다. 러시아는 이 지역의 항구적인 군사식민 통치를 위해 항구 및 도시 건설에 막대한 자금을 쏟았다. 1899년에 다롄항 축항공사를 시작하였고, 블라디보스토크 항구의 설계자를 책임자로 임명해 다롄 시가지에 대한 본격적인 건설작업을 추진하였다. 1903년에 제1기 건설공사가 완료된 다롄항은 거대한 규모의 근대적 항구도시로 변모하였다.

러시아가 마련한 다롄 시가지 건설계획은 중산광장을 중심으로 방사형의 10개 도로를 건설하여 시 중심가와 항구를 연결하는 것이었다. 다롄시를 외국인 거주지, 행정 및 상업 구역, 중국인 거주지 등 세 구역으로 나누어 개발하고자 하였다. 중산광장을 중심으로 유럽인의 거주 구역이 마련되었고, 행정 구역에는 관공서 등 시정(市政) 기관이 들어섰다.

러시아는 다롄항뿐만 아니라 철도망 확충에도 노력을 기울였다. 뤼순과 다롄을 철도로 연결하여 러시아의 이르쿠츠크까지 화물과 여객을 운송할 수 있었다. 1902년에는 다롄에 가로등이 설치되기 시작했으며 전기 공급을 위한 발전시설도 건설되었다. 철도국의 부속 기관으로 설치된 전보국과 우편국은 방대한 업무를 처리하였다. 그 밖에 초등학교 두 곳과 중학교 두 곳이 설립되었고, 대형병원 두 곳이 진료를 개시하여 다롄은 교육과 보건 부문에서도 두드러지는 발전을 이루었다.

공업, 상업 분야도 빠르게 발전하였는데, 수십 개의 공장과 수백여 곳의 상점은, 인구 4만의 항구도시에 활기를 불어넣었다. 이처럼 뤼순-다롄을 7년간 점령한 러시아는 군사기지뿐만 아니라 공공기관 및 상업시설, 교육·보건시설과 교통인프라를 구축하여 다롄을 근대적 도시로 만들었다.

3. 일본 점령 시기

러시아의 뒤를 이어 일본이 다롄을 점령하면서 다롄은 외부와의 연결이 용이하다는 지리적 이점 덕분에 중국 동북 지방의 핵심 도시로 성장하였다. 1904년 일본은 러일전쟁에서 승리한 뒤 포츠머스 조약을 통해 다롄 지역을 할양받고, 러시아식 이름인 '다르니'를 '다롄'으로 개명하였다. 그 후 1945년까지는 일제의 다롄 점령 시기로, 일본은 다롄을 랴오둥 지배의 전초기지로 삼았다. 일본은 다롄 외에 뤼순과 진저우까지 관할하는 군사·행정 복합 기관인 관동총독부와 정치·경제 복합체인 만주철도주식회사(이하 만철)를 다롄에 설치하였다.

이토록 일본이 다롄 지역의 개발에 적극적이었던 이유는 랴오둥반도 끝에 위치한 다롄이 지정학적으로 중요했기 때문이다. 일본은 다롄을 지배하기 전 청나라, 러시아와 전쟁을 하면서 뤼순항의 군사적 중요성을 일찍이 파악하였고 이를 만주 진출의 교두보로 활용하고자 하였다. 일본 중앙정부가 다롄의 도시계획을 전두지휘한 것도 같은 이유 때문이다. 일본은 만주 지역의 개발을 위해 '만몽개척이민사업(滿蒙開拓移民事業)'을 진행하였고, 1915년 다롄의 일본 인구비율은 무려 45%에 이르렀다.

러일전쟁에서 패한 후 본국으로 귀국한 러시아인을 대신해 도시의 지배층으로 자리 잡은 일본인들은 지배 초기에는 러시아의 도시계획을 그대로 답습하였다. 일본은 도시 구역명을 러시아식에서 일본식으로 바꾸기만 하고 도로망과 광장은 그대로 보존하였다. 광장은 기존의 계획을 기초로 간선도로로 연결되었고 광장 주위에 환형도로를 놓아 방사형 도로와 연결시켰다. 그리고 건축물에는 처마가 높고 대칭적이며 광장 중심을 향하도록 배치하는 유럽식의 광장 건축 양식이 그대로 적용되었다. 기존 러시아 통치 시기의 구 행정 시가 및 유럽 시가지는 일본인 거주 지구와 군용 지구로 활용되었고, 중국인 거주 지구는 러시아 시기의 계획을 따라 현재의 시강취(西崗區)에 만들어졌다. 러일전쟁이 끝난 후 군용지구는 민간 생활부지로 개방되었고, 도시의 서쪽에 만철의 공장과 사택이 건설되었다. 이때까지는 다롄의 도시형태가 러시아 지배 시기와 뚜렷한 차이를 보이지 않았다.

그러나 다롄의 인구가 점차 증가하자 기존 도시구조로는 이를 수용하기 어렵다고 여긴 일본은 1919년부터 본격적으로 도시를 확장하였다. 이때 시구계획과 지구 구분 등이 이루어졌는데 지구는 주택·혼합·공장·상업 지구로 구분되었고 각 지구 사이에는 광장이나 공원 등과 같은 공공을 위한 공간이 배치되었다. 도시는 서쪽으로 확대되었고 기존의 방사형에서 띠형으로 도시계획이 점차 수정되었다. 도시가 확장된 후, 도시구조는 단일 중심에서 다중심 형식으로 변하였다. 도시의 중심도 점차 일본이 새로 개발한 서쪽 지역으로 이동하였고 기존의 방사형 도로에서 격자형 도로에 사선도로를 더하는 도로구조로 개편되었다〈그림 4.5.1〉.

1930년대 세계 경제 불황은 일본에도 영향을 미쳤고 일본의 군국주의자들은 불황에서

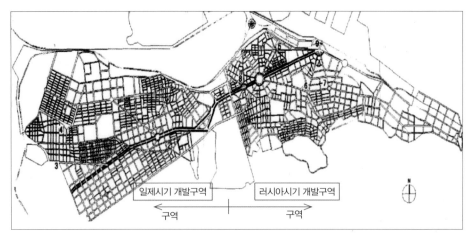

그림 4.5.1 | 일제시기 다롄의 도시 확장 구조
출처: 이상균, 2013

벗어나기 위해 민주사변을 일으키는 등 동북 지방의 물자들을 강점하고자 하였다. 이를 위해 교통의 요지이자 전략적 요충지였던 다롄 역시 물자의 효율적인 운송을 위한 구조로 변했고 교통의 중심지는 시의 번화가가 되었다. 새로 건설된 기차역 주변은 버려진 땅이었으나 교통의 중심지가 되면서 정리사업 후 상업 지역이 되었다. 당시 이 주변의 건축물들은 낮은 창문, 넓은 포치, 원형의 건축모서리와 창문들로 인해 일본미가 농후했으며 이는 일본이 점령할 당시에 지어져 특유의 일본식 경관이 형성된 것이다. 1930년대 다롄 도시구조의 또 다른 특징으로 시구 범위가 교통시간에 의해 결정되었다는 점을 들 수 있다. 일제는 자동차로 50~60분 거리를 시 중심의 업무 반경으로 규정하고 도시규모를 확정하였다.4) 그 결과 시 중심에서 반경 16㎞ 이내 지역이 다롄의 새로운 시구 지역으로 결정되었다.

랴오둥반도 끝에 위치한 다롄은 오랫동안 중국 전통사회의 영향력에서 벗어난 변방에 위치해 있었다. 그러나 일본은 만주로 향하는 관문이라는 지정학적 관점에서 다롄을 바라보았고 제국주의 영토 확장을 위해 많은 자원과 인력을 이곳에 집중시켰다. 그 결과 다롄

---

4) 우영만·장익수·당건·구영민·이동배, 2000, "중국 대련시 도시형성을 통해서 본 연안도시의 근대화 과정에 관한 연구", 대한건축학회 춘계학술대회 논문집, 20(1), p.390.

의 인구는 일본의 지배 아래 1906년 3만 8,000여 명에서 1926년 28만 5,000여 명으로 20년 사이에 7배 이상 급증하였다. 한편, 다롄이 일제강점기에 자유무역항으로 크게 성장하면서 자원과 인구가 집중되자 기존의 랴오둥 지방 토착사회의 중심지였던 진저우와 잉커우는 쇠락하고 다롄이 랴오둥반도의 중심지로 자리 잡게 되었다. 즉, 다롄은 일본 제국주의 전략에 의해 근대적인 중심도시로 성장하였고, 시기별로 일제의 정책과 필요에 따라 도시구조가 변화하면서 일본을 닮은 도시 경관이 형성되었다.

IV. 다롄시의 근대 식민지 시대의 유적 보존현황과 의의

1. 주요 유적 보존현황

1) 러시아 거리

다롄은 중국에서도 아주 번영한 도시이자 둥베이지방 최대의 항구도시이다. 비록 일본, 러시아 등 열강의 침입으로 몸살을 앓았지만 그 시절에 도시가 비약적으로 발전한 것도 사실이다. '니콜라예브스키 광장(오늘날의 중산 광장)'을 중심으로 펼쳐진 다롄의 방사형 도시구조는 여전히 모스크바를 연상시킨다. 제국주의가 도시에 남긴 것은 그뿐만이 아니다. 대표적인 유산인 일본 거리와 러시아 거리는 이국적이고 독특한 관광지로 인기가 많다. 번화한 러시아 거리는 러시아에 온 듯한 느낌을 준다. 제2차 세계대전 이후 중국이 다시 통치권을 되찾을 때까지 다롄에 거주하던 러시아인들은 건물과 거리 곳곳에 흔적을 남겼다. 러시아 거리에는 전통적인 러시아식으로 지어진 가옥들이 30여 동 이상 보존되어 있으며 각종 러시아 관련 상품이 판매되고 있다.

러시아인들이 남긴 문화는 러시아 거리에 많이 남아 있다. 승리교(勝利橋)와 가까운 곳에 위치한 이 거리는 다롄에서 가장 오래되었으며 러시아 조차시기에 행정구에 해당되었다. 원래는 'Engineer Street'라고 불렸으며 이는 다롄시 계획을 총괄했던 러시아 건축가 스

사진 4.5.1 | 러시아 거리 전경
출처: 직접 촬영

콜리오브스키(Skolimovskii)와 그것을 실행에 옮겼던 기술자 사하로프(Sakharov)를 기념하기 위한 것이었다.

1990년대 중반, 다롄시의 시장이었던 보시라이는 남아 있는 러시아 시대의 건축물들을 보존하고 러시아식 건물들을 추가로 신축하여 이를 러시아 거리라고 선전하는 새로운 아이디어를 제안하였다. 이 프로젝트는 1999년에 러시아 건축가들과 관련 전문가들의 도움을 받아 실행에 옮겨졌다. 'Russian Dalniy' 시청을 포함하여 8개의 러시아 시대 건축물이 재건축되었으며, 6개의 새로운 건물이 지어졌고, 6개의 다른 건물들은 러시아 거리의 이름에 맞게 러시아식 외양을 갖추게 되었다. 새롭게 단장한 거리는 2000년부터 일반인에게 개방되었다.

답사팀이 2015년 9월 낮에 방문했던, 개방 16년 차를 맞은 러시아 거리에서는 러시아 건축물과 상품들로 그 분위기를 여실히 느낄 수 있었다. 낮에 본 러시아풍의 극장과 음식점 등 각종 시설은 한산했으나, 밤거리가 더 화려한 중국 대도시들의 특성을 고려해 보면 밤

사진 4.5.2 | 러시아 거리의 모습
출처: 직접 촬영

의 러시아 거리는 어떤 모습일지 상상할 수 있었다. 다만 관광지의 상업화가 지나치게 진행된 탓인지, 러시아 거리라는 이름이 무색할 정도로 관련 없는 중국 상품들이 진열대에 채워진 모습은 거리 조성의 취지를 훼손하는 것 같아 아쉬웠다.

2) 중산광장

다롄시가는 중앙으로부터 10개의 도로를 방사상으로 건설하여 시 중심가와 항구를 연결하도록 계획되었다. 그 방사상의 중심부가 바로 중산광장이다. 다롄시에서도 최고로 손꼽히는 중산광장은 런민로, 중산로와 함께 중심업무지구에 속한다. 중산광장은 처음 러시아에 의해 조성되었을 당시 러시아 황제의 이름을 딴 니콜라예프 광장으로 불렸다.5) 이후 일본이 통치할 때는 일본의 주요 군정 관련 건물들이 광장에 들어서고 중앙광장으로 개칭

---

5) 리웨이·미나미 마코토, 2015, "다롄 도시공원의 탄생과 변천: 식민지 통치시대(1898~1945)를 중심으로", 해양도시문화교섭학, 12, p.56.

되었으나6) 현재는 중산광장이라 불린다.

러시아와 일본, 두 나라의 주도로 개발된 중산광장은 유럽 양식의 근대 건축물로 유명하다. 실제로 광장에 도착하자마자 볼 수 있었던 고전적인 건물들은 서울하고는 완연히 달랐고, 오래된 건물과 그 뒤로 솟아오른 최신식 고층 건물들은 다롄시만의 독특한 경관을 연출하고 있었다.

과거 만주국 시기의 광장은 영국 영사관, 다롄민정서, 조선은행 다롄지점, 관동체신국, 요코하마정금은행 다롄지점, 동양척식 다롄지점, 다롄시청사 등에 의해 시계방향으로 둘러싸여 있었다고 하는데,7) 이 건물들은 일부를 제외하고는 은행으로 이용되고 있었다. 〈사진 4.5.3〉의 중국은행은 과거 요코하마정금은행 다롄지점으로, 2005년 건물 후면을 확장하여 이용하고 있다. 〈사진 4.5.4〉에 보이는 시티은행은 광장에서 가장 오래된 건물로, 1908년에는 다롄경찰서로 이용되었다.

이 외에도 다롄시청으로 이용되었던 중국공상은행과, 프랑스 르네상스 양식의 중국중신은행도 볼 수 있었다. 르네상스 양식과 바로크 양식이 혼합되어 아름답다고 평이 난 다롄호텔은 구 다롄야마토호텔로, 수많은 은행 사이에서 찾아볼 수 있는 유일한 관광시설이었다. 다롄호텔은 지금까지도 명성을 누리고 있다.8)

중산광장의 경관은 다양한 양식의 건물들로 충분히 다채로운 양상을 띠며 다롄시의 대표적 관광지로 손색이 없었다. 광장의 건물들은 낮에는 금융과 상업 목적으로 이용되고 문을 닫은 저녁에는 일부 건축물에 조명을 밝혀 화려한 경관을 조성함으로써 많은 관광객을 유인하고 있다고 한다.9) 낮에는 금융 중심지로, 밤에는 조명이 빛나고 음악이 흘러나오는 관광지로서 이곳은 반전되는 분위기로 매력을 뿜어낸다.

---

6) 박화진, 2002, "동북아시아 해양도시 근대화의 제문제", 동아시아문화학회 국제학술대회 발표집, p.182.

7) 서재길, 2013, "요동반도의 끝에서 바라본 동아시아의 근대", 만주연구, 16, p.278.

8) 김정하, 2014, "탈식민주의담론에 의한 동아시아 근대역사유적 보존과 활용 실태 및 개선방안연구", 동북아 문화연구, 41, p.36.

9) 서재길, 앞의 논문, p.278.

사진 4.5.3 | 만주국 시기 요코하마정금은행 다롄지점(현재 중국은행)
출처: 직접 촬영

사진 4.5.4 | 만주국 시기의 다롄경찰서(현재 시티은행)
출처: 직접 촬영

2. 식민지 시대의 유적 보존의 의의

첫째, 근대문화건축유산을 보존함으로써 식민지 시대를 직간접적으로 경험했던 세대와 경험하지 못한 세대 간의 교류를 이끌어 낼 수 있다.10) 세대 간의 소통은 역사의 흔적을 담고 있는 '장소'에서 더욱 직접적으로 이루어질 수 있다. 식민지 시대를 경험하지 못한 세대는 식민지 흔적이 남아 있는 장소에서 과거의 상처와 고통을 경험할 수 있기 때문이다.

둘째, 다롄시의 근대역사유적은 새로운 문화산업과 도시재생의 자원으로 이용되고 있다. 유적은 과거만을 유지하는 공간이 아니라 현재에도 의미를 끊임없이 창출하는 공간이 될 수 있다. 그렇기 때문에 유적을 복원하고 활용하는 것은 도시의 정체성을 구축하는 과정으로 도시재생의 출발점이 될 수 있다.11) 다롄시의 러시아 거리가 그 예가 될 수 있다. 다롄시는 러시아 거리에 다롄 유적 미술관을 개장하여 러시아와 중국의 문화가 혼합된 문화재들을 전시하고 있다. 답사 때는 다롄의 조각 미술에 관한 전시를 하고 있었다. 이처럼 러시아 거리는 근대역사를 넘어 현재는 지역의 문화자원으로 활용되고 있다.

사진 4.5.5 | 웨딩촬영 중인 중산광장의 신혼 부부
출처: 직접 촬영

셋째, 근대역사유적을 보존하고 유지함으로써 지역민들이 아픈 과거를 마주하고 치유할 수 있는 기회를 제공할 수 있다. 중산광장을 답사할 때 가장 인상적이었던 장면은 과거 식민지 시대의 유산인 건물들 앞에서 중국 신혼부부들이 웨딩 사진을 찍는 모습이었다. 한 쌍만이 아니라 여러 쌍의 신혼부부들이 줄을 서서 기다리며 사진을 찍고 있었다. 이는 아픔을 상징하는 식민지 건물들이 지역민에게는 아름다운 건물로 받아들여지고 있음을 보여 준다. 더 나아가 이 모습은 근대역사유적을 복원하는 것이 지역

---

10) 김선희, 2013, "근대도시문화의 재생과 새로운 커뮤니케이션의 창출", 동북아 문화연구, 36, p.14.

11) 김정하, 앞의 논문, p.39.

민에게 과거의 상처를 계속 환기시키는 것은 아니라는 것을 보여 준다. 이러한 유적을 보존하고 그 위에 새로운 장소성이 더해지면서 지역민들이 과거의 상처를 보듬고 받아들일 수 있게 되는 것은 아닐까?

3. 다롄시 문화재 보전의 시사점

다롄의 오래된 건축물들이 세워졌을 당시의 기능과 모습을 그대로 유지하고 활용되고 있는 것과 달리 우리나라의 근대 식민지의 유적은 일제의 잔재로 인식되어 철거의 대상이 되어 왔다. 이러한 이유로 철거된 대표적인 근대 건축물로 조선총독부 건물이 있다. 이 건축물은 1926년에서 1945년까지 19년 동안 조선총독부 건물로 사용되었으나 해방 이후에는 국회의사당, 국립중앙박물관 등 다른 용도로도 사용되어 대한민국 현대사에서도 매우 의미 있는 건물이기도 했다. 식민지 시기보다 해방 이후에 더 오랫동안 대한민국의 역사와 함께 했음에도 불구하고 결국 식민지의 역사를 상징하는 '부정적 유산(negative heritage)'이라는 이유로 철거되었다. 부정적 유산이란 집단의식 중에 부정적인 기억의 저장소가 되는 갈등의 요소로 규정되며 대표적인 예인 아우슈비츠 강제수용소나 히로시마 평화기념관은 세계문화유산에 등재되었고 교훈을 줄 수 있다는 점에서 학술적으로 개념화되었다.[12]

조선총독부 철거가 시행된 김영삼 정권 당시에는 과거사 청산을 통해 우리 역사를 바로 세운다는 명목 아래 '역사바로세우기' 운동이 이루어졌다. 이 운동의 일환으로 광복 50주년을 맞이하여 씻을 수 없는 과거의 상처를 지우고 우리 민족의 정통성을 되살린다는 명분으로 경복궁 복원과 함께 조선총독부 철거가 이루어졌다. 해방 이후의 용도가 어찌됐든 조선총독부 건물이 여전히 식민 지배의 잔재로서 후대 사람들에게 과거의 어두운 면을 떠올리게 한다는 이유에서였다. 당시에 같은 이유로 전국의 많은 근대유산이 사라졌다.

1995년에 실시된 지방자치제는 재정적인 문제를 지방 스스로 해결해야 한다는 부담을

---

12) 김미진, 2018, "일제강점기의 '부정적 문화유산'에 대한 인식의 변화 −충남금융조합연합회 회관을 사례로−", 공주대학교 석사학위논문, pp.5−6.

안겨 주면서 동시에 지역 살리기 운동을 가속화시켰다.13) 경제를 활성화하기 위해 지역은 보유한 자원에 주목하였고 청산의 대상으로 여겼던 근대문화유산을 보존하면서 활용할 수 있는 방안을 모색하였다.

이와 관련하여 2001년에는 근대문화유산을 적극적으로 보호하기 위해 등록문화재 제도가 실시되었다. 등록문화재 제도는 근대화 과정에서 파생된 산물이 문화유산으로 인식되면서 기존의 지정문화재 제도가 한계에 봉착하게 됨에 따라 근대문화유산을 보호하기 위해 마련한 법적 제도이다.14)

하지만 등록문화재 제도의 운영 과정에서 문제점도 나타나고 있다. 성립시기가 오래되지 않은 근대건축물에 민족적 성격의 문제가 결부되어 근대문화유산에 대한 사회적 합의가 도출되기 어렵기 때문이다. 또한 많은 건축물이 현재 사용되고 있어 무턱대고 규제하기도 어렵다. 이러한 어려움을 극복하고 해결책을 모색하는 데 있어 다롄시의 근대문화유산 보존 사례가 도움이 될 수 있다.

V. 답사를 마치며

다롄은 식민 지배를 거치며 새롭게 형성된 도시이다. 도시의 핵심을 이루는 경관들이 모두 식민 지배를 받는 동안 형성되었다는 점에서 전통적인 중국의 도시들과는 다른 느낌을 받았다. 공항에서 도시를 내려다볼 때나, 도시 곳곳을 돌아다니며 느낀 점은 다롄이 중국이라기보다 오히려 유럽의 도시 같다는 것이다. 다롄이 주는 이국적인 느낌은 도시의 역사에서 그 이유를 찾을 수 있다. 도시의 형성기에는 러시아의 영향을 받았고 본격적으로 도시가 발전했던 시기에는 일본의 식민 지배를 받았다. 일본은 자신이 꿈꿨던 이상적인 도시의 모습을 다롄에 구현하려 하였다.

---

13) 김선희, 앞의 논문, p.7.

14) 김정신, 2004, "근대문화유산의 보존현황과 법제도 개선방안", 건축역사연구, 13(4), p.183.

우리의 답사 목적은 다롄이 식민 시대의 유산으로 남아 있는 건축물과 경관들을 어떻게 인식하고 활용하는가를 알아보는 것이었다. 도시 곳곳을 돌아다니면서 식민 시대의 유산이 지역 발전을 위해 보존되고 활용될 뿐 아니라 다롄의 주요 도시경관으로 사람들에게 영향을 미치고 있다는 것을 확인할 수 있었다. 중산광장에서는 러시아 시기의 도시경관과 함께, 일제 시기의 주요 기관으로 사용되었던 건축물들을 볼 수 있었다. 중산광장은 여전히 다롄에서 중심적인 역할을 하고 있었고, 식민 시대에 지어진 주변의 건물들도 현재는 은행이나 호텔로 사용되고 있었다.

흥미로운 점은 다롄이 다른 도시에 비해 식민 지배에 대한 부정적인 인식이 크지 않고 그 문화유산들을 적극적으로 활용하고 있다는 것이다. 당대 건축물들을 재활용할 뿐만 아니라, 식민 시대 유산들의 보전을 통해 도시의 정체성을 형성하고 있다는 점도 놀라웠다. 러시아풍의 건축물들을 복원해 러시아 거리를 조성함으로써 도시의 정체성을 만들어 가는 적극적인 자세도 돋보였다. 이렇게 러시아인과 일본인이 만들어 낸 경관을 보존하고 활용하는 태도는 다롄이라는 도시가 다른 도시에 비해 개방성을 가지고 있다는 것을 보여 주며 이는 우리나라의 근대유산 보전에 많은 시사점을 제공한다.

References

▷ **논문(학위논문, 학술지)**
- 김미진, 2018, "일제강점기의 '부정적 문화유산'에 대한 인식의 변화 -충남금융조합연합회 회관을 사례로-", 공주대학교 석사학위논문.
- 김선희, 2013, "근대도시문화의 재생과 새로운 커뮤니케이션의 창출", 동북아 문화연구, 36, pp.5-19.
- 김정신, 2004, "근대문화유산의 보존현황과 법제도 개선방안", 건축역사연구, 13(4), pp.181-188.
- 김정하, 2012, "한·일 개항도시의 역사유적 보존에 대한 탈식민주의적 고찰", 일본문화연구, 41, pp.83-99.
- 김정하, 2014, "탈식민주의담론에 의한 동아시아 근대역사유적 보존과 활용 실태 및 개선방안 연구", 동북아 문화연구, 41, pp.21-44.
- 도면회, 2001, "식민주의가 누락된 식민지 근대성", 역사문제연구, 7, pp.251-272.
- 리웨이·미나미 마코토, 2015, "다롄 도시공원의 탄생과 변천: 식민지 통치시대(1898~1945)를 중심으로", 해양도시문화교섭학, 12, pp.49-81.
- 박화진, 2002, "동북아시아 해양도시 근대화의 제문제", 동아시아문화학회 국제학술대회 발표집, pp.178-187.
- 서재길, 2013, "요동반도의 끝에서 바라본 동아시아의 근대", 만주연구, 16, pp.275-307.
- 우영만·장익수·당건·구영민·이동배, 2000, "중국 대련시 도시형성을 통해서 본 연안도시의 근대화과정에 관한 연구", 대한건축학회 학술발표대회 논문집, 20(1), pp.387-390.
- 이상균, 2013, "일제 식민지 해항도시의 근대적 재편성 연구: 한국 부산과 중국 대련의 비교연구", 해항도시문화교섭학, 9, pp.95-140.

▷ **보고서**
- 김수한, 2013, "중국 동북지역의 대외창구, 다롄(大連)시 발전현황 분석", INChinaBrief, 251, 인천연구원.

▷ **단행본**
- 유지원·김영신·김주용·김태국·이경찬, 2007, 근대 만주 도시 역사지리 연구, 동북아역사재단.
- 이경찬, 2007, "청대 이후 근대 만주 도시체계와 도시구조 변화과정", pp.200-282, 유지원 외, 2007, 근대 만주 도시 역사지리 연구, 동북아역사재단 연구총서, 26.

▷ **언론보도 및 홈페이지**
- 다롄시 공식 홈페이지, http://www.dl.gov.cn [2015.8.18.]

특별테마

19~20세기 지도를 통해 본 '만주'와 '둥베이지방' 명칭 간의 긴장관계

송인상 · 진찬우(석사과정)

I. 머리말

만주는 자주 쓰이는 지역명이지만, 이것이 지칭하는 공간적 범위는 다소 모호하다. 역사서부터 노랫말에 이르기까지 한국에서 만주는 옛 고구려부터 발해에 이르는 강역을 연상시키는 지역 범위로 이해된다. 대관절 만주는 어디인가? 이 글에서는 만주가 하나의 지역 범위로 개념화되고 공간적으로 실체화되는 과정과 그 지역을 지칭하는 또 다른 개념인 둥베이지방이 만주와 형성하는 긴장관계를 당대 공간정보의 집약체라 할 수 있는 지도를 통하여 살펴보고자 한다.

이 글에서 중점적으로 검토하는 시기는 20세기 전후이다. 20세기 전후는 역사적으로 이 지역의 지정학적 의미가 중요해진 시기이다. 정치사적으로 청(이후 중화민국 및 중화인민공화국)과 일본, 러시아 등 접경한 나라들이 각축했고, 지도학사적으로는 현대적 측량이 가능해져 이 지역에 대한 포괄적인 공간정보가 수집되었다. 만주 또는 둥베이지방 명칭과 의미는 두 사건을 거치면서 크게 변화하였다. 첫째, 1931년 일제에 의해 만주국이 건국되어 이전의 역사지명이었던 '만주'가 근대적 의미의 국가 영역으로 구체화되었다. 1945년 일본의 패망 이후, 원래 지배세력인 중화민국이 해당 지역을 수복하고 이전의 공간 구획인 '둥베이지방'으로 명명함으로써 '만주연운'라는 명칭은 공식적으로는 사라졌다. 이러한 과정에서 만주와 둥베이지방 두 용어는 비슷한 영역을 지칭하면서도, 각 명칭의 연원에서 나온 미묘한 의도를 부각시키는 데 이용되었다. 각 명칭의 의도와 역할을 살펴보기 위해 2절에서 만주와 둥베이지방의 언어적 근원을 살펴보고, 3절과 4절에서는 실제 지도상에 표현된 지역을 시기별로 고찰하였다.

II. 만주와 둥베이지방

이 글에서 제시한 문제를 본격적으로 살펴보기에 앞서, 만주라는 지명의 어원을 추적하고, 오늘날의 둥베이지방의 연원을 살펴보면서 연구의 공간 범위를 한정하고자 한다.

1. 만주

만주의 어원은 그 일대 지역에 살았던 부족의 이름에서 나온 것이다. 청 태종 홍타이지(皇太極)는 이전까지 여진(女眞, Jurchen)으로 통칭되었던 부족들이 자신의 뿌리와 상관 없다고 천명하고 자신들을 '만주(manju)'로 칭하였다. 이 만주라는 명칭 자체는 크고 강한 활이라는 만주어에서 나온 것이다.1) 이 고유 명칭을 한자로 음차하는 과정에서 그들이 신봉하는 문수보살을 따라서 '滿珠'라 표기하였으나, 잘못 옮겨진 '滿洲'라는 표기가 일반화 되었다.2) 청 왕조 건륭제 때 만주족의 시원을 밝히고자 저술된 『흠정만주원류고(欽定滿洲源流考)』에서는 '滿洲'의 연원을 다음과 같이 기술하고 있다.

"滿洲라는 이름을 살펴보건대, 청(淸)자는 본래 滿珠라고 썼다. … 현재에 이르러서 한자로 滿洲라고 쓰고 있는데, 무릇 주(洲)자의 의미가 지명에 가깝기 때문에, 빌려서 쓴 것인데 마침내는 통속적으로 쓰게 되었다."3)

위의 말처럼 만주는 본래 부족명을 일컬었지만, 부족의 영역을 나타내고자 넓은 땅을 의미하는 큰 땅 주(洲)라는 한자가 쓰이면서 하나의 지역을 나타내는 단어로 의미가 확장된 것이다.

2. 둥베이지방

둥베이지방은 중국어로 둥베이디취(东北地区)라 불리는 곳인데, 행정적, 경제적으로 그

---

1) 長山·宋康鎬, 2010, "manju "滿洲" 명칭 어원 분석", 만주연구, 10, p.212.

2) 徐中約, 2001, 中國近代史 上冊, 香港: 香港中文大學, p.24.

3) 한림원 저, 남주성 역, 2010, 흠정만루원류고 上권, 글모아, p.53.

의미가 다소 다르다. 행정적으로는 중화인민공화국 정부 수립 당시 설정된 6대행정구(六大行政區)의 하나로 헤이룽장성, 지린성, 랴오닝성을 의미한다. 지명에 방위가 나타나 있듯이, 중국의 중심부로부터 동북쪽에 있음을 강조하고 있다.4) 한편, 경제적 측면에서 둥베이지방은 중국 국무원이 지정한 4대 경제분구의 하나로, 지리분구로서의 둥베이지방보다 내륙 방향으로 네이멍구자치구의 동부 지역 일부, 몽골과 러시아, 북한과의 접경지대를 포함한다. 본 연구에서는 지배세력에 따른 지역 구획 변화를 살펴보기 위해 행정적 의미의 둥베이지방을 활용하고자 한다.

III. 20세기 이전의 지도에서 나타나는 만주

1. 18세기(1701~1800년)

앞서 살펴본 것처럼 만주는 만주족에 의해서 18세기 말 이후 점차 개념화되었다. 하지만 만주족의 세력권이 정확히 어디까지였는가는 알기 어려운데, 이는 청 왕조가 강력한 봉금령5)을 내렸기 때문이다. 청 제국은 선양(瀋陽) 동쪽 지역에 장군을 파견하여 군사적으로 통치하였으며, 본래 살고 있던 부족 각각에 대해서도 별도의 지방조직을 편성하였다.6) 이에 따라 만주 지역은 정치적으로는 매우 중요하게 다루어졌지만, 역설적으로 공간 인식 측면에서는 이러한 중요성이 반영되지 못하였다. 봉금령 시기의 지도의 맨 상단부에 동서방향으로 길게 만들어진 만리장성을 기준으로 이러한 점을 확인할 수 있다. 전통적인 의미의 중국이라고 할 수 있는 만리장성 이남 지역은 자세히 기록된 반면, 만리장성 이북 지역은 매우 간략하게 묘사된 것을 알 수 있다〈그림 5.1〉. 이후 지도인 대청일통천하전도(大淸一

---

4) 范曉春, 2009, "新中国成立初期设立大行政区的历史原因", 当代中国史研究, 16(4), pp.4-9.

5) 17세기 중엽 만주족 왕조 후금[後金, 이후 청(淸) 왕조로 개칭]이 명 왕조를 멸망시킨 후, 만주족의 발원지인 만주 지역으로의 출입이 1881년까지 엄격하게 통제되었다. 이는 만주족의 발원지를 한족 또는 이민족으로부터 보호하기 위해서였다.

6) 구범진, 2006, "淸代 '滿洲' 지역 행정체제의 변화", 동북아역사논총, 14, pp.77-107.

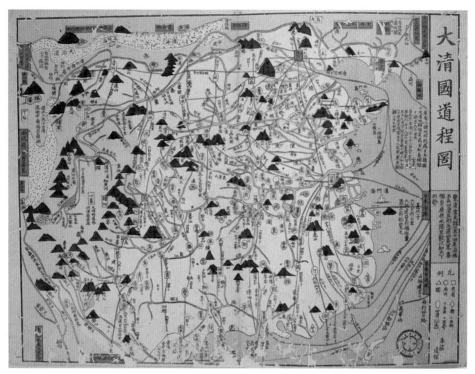

그림 5.1 | 대청국도정도(1789년)
출처: 대영도서관 소장

統天下全圖, 1818년)는 이전 지도에 비해 만리장성 동북 방향에 대해 보다 많은 정보를 담고 있다. 〈그림 5.2〉의 노란색 원으로 표시된 지역은 이 지도에서 새롭게 표현된 지역으로, 이전 지도에서 볼 수 없었던 쑹화강(松花江)이 표기되었고, 유조변(柳條邊)7) 너머의 지역도 간략하게 묘사되었다. 그러나 이 지역은 지도에서 실제 면적보다 축소·왜곡되어 있다. 이 사료는 만주 지역의 지리적인 범위에 대한 인식이 구체화되지 않았고 지도로 상세히 표현할 만큼 중요성이 크지 않았다는 것을 보여 준다.

　서양의 선교사들에 의해 작성된 지도를 보면 이 지역이 만주로 불리던 정황을 확인

---

7) 청이 이민족 출입을 금하고자 설치한 버드나무 울타리이다.

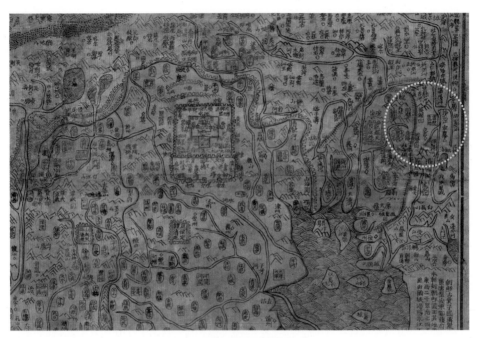

그림 5.2 | 대청일통천하전도(부분, 1818년)
출처: 홍콩과학기술대학 소장

할 수 있다. 1734년 예수회 선교사들에 의해 제작된 지도인 〈그림 5.3〉에서 이 지역은
'Mantcheoux'라는 명칭으로 구획되어 있다. 이 지도는 청에서 만들어진 지도에 비해 만주
지역이 비교적 정확하게 표현되어 있으며, 수계와 산맥을 표시하여 만주 지역 지형에 대한
개괄적인 이해를 돕고 있다. 이 지도에서 나타나는 대략적인 만주의 범위는 랴오둥반도,
선양의 동쪽부터 쑹화강, 아무르강8)의 사이에 펼쳐진 평원지대이다. 그러나 전체 지도를
살펴보면, 청 왕조 강역은 행정 편제에 따라 행정 구역 경계가 표시된 반면, 강역 바깥 지역
에는 경계가 표시되지 않았다〈그림 5.4〉. 이러한 표기 방식을 통해서 서양인들이 만주 지
역을 청 왕조의 영토로 인식했음을 알 수 있다. 이를 종합하면, 당시 청 왕조는 만주 지역을

---

8) 〈그림 5.3〉과 〈그림 5.4〉에서는 청왕조시대 만주어로 쑹화강은 songari oula로 아무르강은 saghalien oula로 표기되었다.

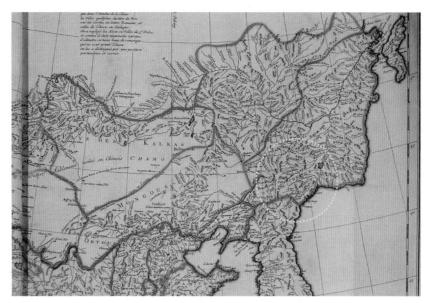

그림 5.3 | China, Chinese Tartary and Tibet(부분, 1734년)
출처: 홍콩과학기술대학 소장

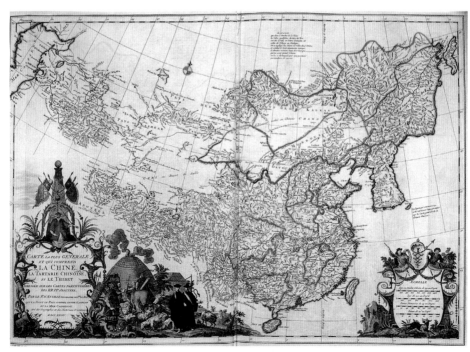

그림 5.4 | China, Chinese Tartary and Tibet(전체, 1734년)
출처: 홍콩과학기술대학 소장

독자적 행정 구역으로 편성하였으나, 이에 대한 공간 활용성(거주 등)은 낮게 평가하였다.

2. 19세기(1801~1900년)

19세기에 발행된 서양의 지도에서는 만주가 하나의 지역범위로 일관되게 표현되었다. 1837년 프랑스의 콘라드 말테-브룅(Conrad Malte-Brun)이 제작한 중국제국 및 일본 지도(Carte de L'Empire Chinois de Du Japon, 1837)에서는 산해관 동쪽의 지역 전체를 만주족의 땅(Mandchourie)이라 표기하였다〈그림 5.5〉. 이는 1734년에 제작된 〈그림 5.3, 그림 5.4〉의 지도에 표시된 만주의 경계와 유사한 한편, 만주 이북 지역은 또 다른 지역으로 표현되었다. 그러나 이후 존 탤리스(John Tallis)의 지도(1851년)에서는 이 두 지역이 통합되어 만주(Mandchouria)로 표시되었다〈그림 5.6〉.

지도는 제목에서도 알 수 있듯이, 중국 제국 외곽의 지역들이 비교적 상세히 표현되어 있다. 또한 앞서 제작된 지도들에 비해 도시 이름을 더 상세하게 표기하고 있어 지역에 대한 이해가 더 높아졌음을 보여 준다. 그러나 이 지도에서는 티베트와 몽골, 만주 간의 경계가 구분되지 않고 하나의 지역으로 합쳐져 있기 때문에 구체적으로 만주의 경계를 확인할 수는 없다. 다만 중국의 동북 지방 일대를 만주(Mandchouria)로 지칭하고 있으며, 지도 중앙부에 '중국 제국(Chinese Empire)'을 표기하여 이 지역이 청 제국의 영토임을 나타냈다.

이 시기의 서양 지도를 종합해 보면, 1734년에 제작된 지도에서 추측할 수 있는 것처럼 만주 지역이 정치적으로 독립된 지역은 아니지만 다른 지역과는 구분되는 지역이라는 인식이 형성되었다고 할 수 있다. 하지만 여전히 그 공간적 범위는 불명확한 상태였다고 볼 수 있다.

Ⅳ. 20세기 초 만주와 둥베이지방의 개념적 긴장

중국은 제1차 아편전쟁(1840~1842년) 이후 열강의 각축장이 되었다. 특히 만주는 북방

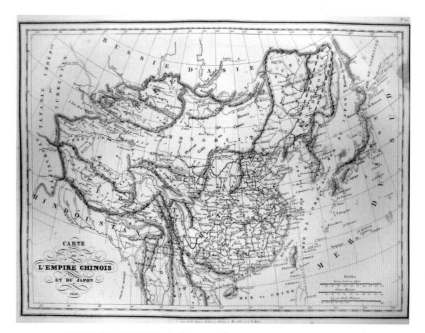

그림 5.5 | 중국제국 및 일본 지도(Carte de L'Empire Chinois de Du Japon, 1837)
출처: Geographicus Rare Antique Maps

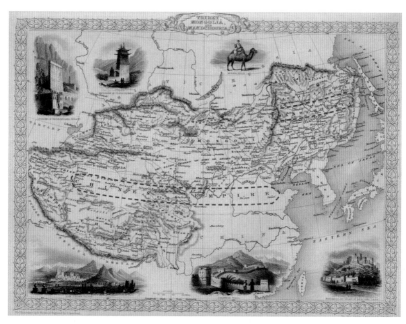

그림 5.6 | Tibet Mongolia and Manchuria(1851)
출처: John Tallis atlas of the world

의 러시아와 접한 지정학적 특성 때문에 혼란의 주요한 배경이 되었다. 러시아의 세력 확장으로 인해 중국에서 만주에 대한 인식이 새로이 바뀌게 된다. 러시아는 1858년과 1860년에 각각 조인된 아이훈 조약과 베이징 조약으로 사할린섬 연해까지의 광범한 지역, 소위 외만주라 불리는 지역을 할양받았다.9) 러시아와 더 긴 국경을 접하게 되면서 동북 지방의 경계가 위태로워지자, 청 왕조는 봉금령을 점차 해제하여 1880년대 이후에는 만주족 혈통이 아닌 사람들도 봉금 지역에 자유롭게 출입할 수 있게 되었다. 이로써 이전에는 중국인들은 주목하지 못하도록 강제되어 관심을 두지 않았던 변경의 땅을 둥베이지방이라는 구체적 공간 범위로 인식하게 되었다. 20세기 전반기가 만주 일대의 지배세력이 빈번하게 교체된 시기였다는 점에서, 이 시기에 각 세력이 펴낸 지도를 통해 만주와 그 대체개념으로서의 둥베이지방을 비교할 수 있다.

1. 중화민국기(1911~1931년, 1945~1949년): 동삼성 개념의 견고화

중화민국기에 제작된 지도들은 만주 일대가 새로운 행정구역으로 편성되었음을 보여 준다. 이는 이전 왕조 시대와 근본적으로 다른 근대적 통치 체계로 보이지만, 실상은 청조 말기에 형성된 체계에 약간의 변화만 가한 것이다. 청 제국은 만주 각지에 퍼져 있는 여러 부족들을 군사적 체계에 의해 통치하는 방식을 취하였으나 한족 이주민이 급증하면서 19세기 말 청 황제 직속 행정기구인 직성(直省)을 설치하였고, 이는 1907년 동삼성총독(東三省總督)직을 신설함으로써 완성되었다.10) 청조 말에 이미 만주족의 동의어와 다름없었던 만주 지역은 동삼성이라는 지역 단위로 재편되었고, 이때 동삼성 또는 둥베이 삼성이라는 명칭이 공고화된 것이다.

중화민국기에 제작된 지도는 청조 말 만주 일대에 실시된 직성제가 연속적으로 시행되고, 청 제국의 발상지이자 특정 부족의 공간이었던 만주가 제도 내로 편입되었음을 보여

---

9) 이동률, 2008, 중국의 영토분쟁, 동북아역사재단.

10) 张博泉·苏金源·董玉瑛, 1981, 东北历代疆域史, 長春: 吉林人民出版社; 구범진, 앞의 논문, pp.77-107.

준다. 중화민국은 청 말의 지역 편제를 세분화하여 지방을 관리하였다. 일본 관동군에 의해 이 지역이 만주국에 속하게 되기 전까지 동삼성(봉천, 길림, 흑룡강-당시 행정구역명)은 만주 일대를 의미하는 실질적 지역 단위로 존속하였다. 1911년 중화민국 성립 직후 제작된 지린성 지도는 지린성 및 연접한 헤이룽장성을 표시하고 있으며〈그림 5.7〉, 1926년 지도에서도 동삼성이 여전히 건재하였다는 점을 알 수 있다〈그림 5.8〉. 또한 1926년 지도에서 산해관을 봉천성의 서쪽 경계로 표시한 데서 동삼성이 본토 바깥의 동부 변경 지역을 지칭하는 말로 자리 잡은 것을 볼 수 있다. 동삼성의 서쪽 끝인 산해관이 예로부터 장성의 동쪽 끝으로서 중국의 내륙으로 진출하는 교두보였다는 점이 이를 뒷받침한다.

　1949년의 지도에서는 동삼성이 동북구성(東北九省)으로 세분되었다. 이 변화는 1947년 중화민국이 제2차 세계대전 종전으로 옛 만주국 지역을 재편한 점을 반영한다. 동북구성의 경계는 행정 구역 세분화와 무관하게 일본 침략 이전의 동삼성 지역의 경계와 거의 일

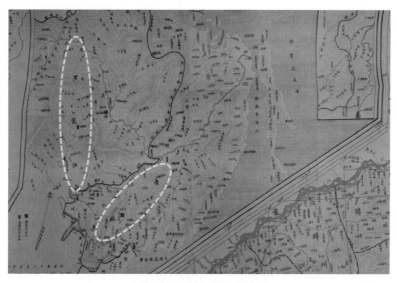

그림 5.7 | 지린성전도(부분, 1911년)
출처: 서울대학교 중앙도서관 소장

치한다. 만주라는 명칭은 새로운 공화국으로서 중화민국이 극복하였던 청 왕조를 떠올리

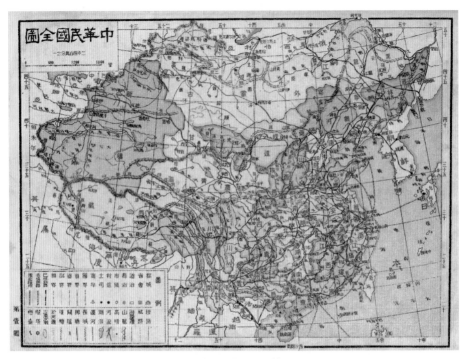

그림 5.8 | 중학교용 중화신형세일람도(中華新形勢式覽圖, 1926년) 중 중화민국전도

게 할 뿐 아니라 오족공화11) 사상에 맞지 않는 '민족단위의 자치공간'의 뉘앙스를 주는 까닭에 지도상에서 찾아보기 어렵다.

2. 만주국기(1933~1945년): 만주 개념의 재림

직성제와 동삼성 개념의 등장으로 사라지는 듯했던 만주 개념은 만주국이 세워지면서 다시 출현하였다. 만주국은 옛 만주족의 영역에 청 왕조의 후손을 명목상 왕으로 두고 일본인을 위시로 한 다섯 민족이 함께 공존하자는 기치(오족협화)를 내걸었다. 이 시기는 만주 또는 둥베이지방의 범위를 획정하는 데 중요한 시기였다. 옛 만주 땅에 만주라는 이름

---

11) 중국을 이루는 주요 5개 민족(한, 만주, 몽골, 회, 티베트)이 함께 번영하자는 것으로, 쑨원(孫文)의 건국사상의 핵심을 이루었다.

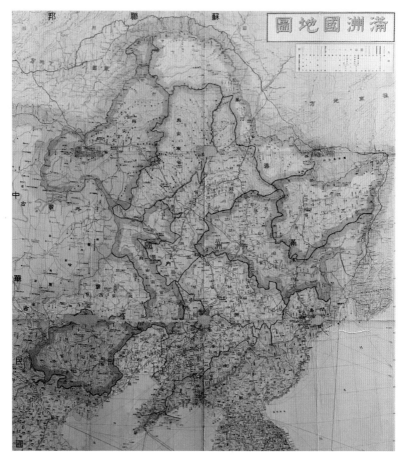

그림 5.9 | 만주국지도(1934년)
출처: 서울대학교 중앙도서관 소장

의 국가가 세워졌다는 점에서 만주가 '만주국의 영토'라는 명확한 공간 범위로 획정되었기

때문이다. 만주국의 영토는 중화민국의 동삼성에 내륙 방향으로 러허성을 병합한 범위로

이루어졌다〈그림 5.9, 그림 5.10〉.

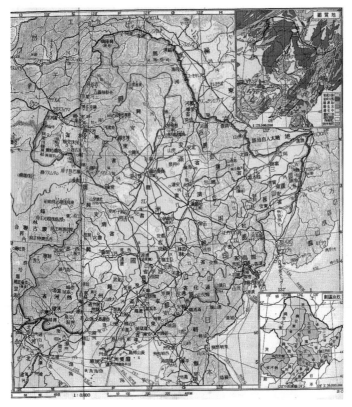

그림 5.10 | 만주국지도(1942년)

3. 러시아의 지도에서 나타나는 만주 개념

　동해 연안에서 청(중화민국) 및 조선과 접경하게 된 러시아(1922~1991년 소련)는 목적에 따라 지도에서 만주(Маньчжурия)와 북동부 중국(Северо-Восточный Китай)이라는 두 표현을 혼용하였다. 1924년 소련이 발행한 세계지도(атлас)에서 아시아태평양 지역 개관도를 보면 만주는 러시아 접경의 지역 범위를 일반적으로 지칭할 때 사용되었다〈그림 5.11〉. 한편, 소련이 작성한 또 다른 중국 행정 구역도에서는 만주라는 명칭은 쓰이지 않고 둥베이지방의 5개 성(헤이룽장, 지린, 랴오시, 랴오둥, 쑹장)이 각기 다른 색으로 채색되어 동북부 중국으로 표현되었다〈그림 5.12〉. 그러나 1940년에 발행된 지도 〈그림 5.13〉에서

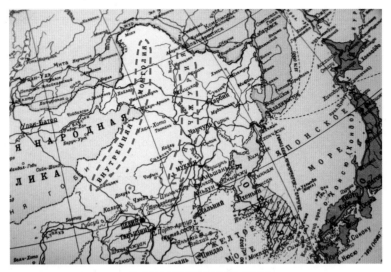

그림 5.11 │ 소련 아틀라스(부분, 1924년)

주: 만주(МАНЬЧЖУРИЯ)는 태평양 연안 동부 내륙 국경 지역을 통칭하는 영역명으로 표기되어 있다. 다만 표기 방식만을 놓고 볼 때 진한 글꼴로 표기된 내몽골(ВНУТРЕННЯЯ МОНГОЛИЯ)에 비해 그 중요성이 낮게 인식되었다고 추측할 수 있다.

출처: 러시아 모스크바 국립대학 도서관 소장

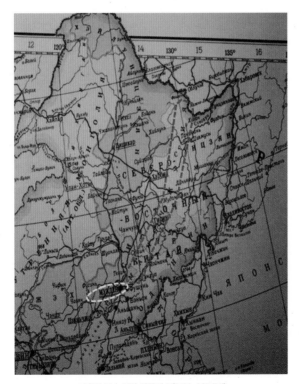

그림 5.12 │ 소련 아틀라스(부분, 1924년)

주: 선양(沈阳)을 가리키는 '묵덴(МУКДЕН)'에서 북동 방향으로 만주를 의미하는
'МАНЬЧЖУРИЯ'가 표기되어 있다(노란색 원: МУКДЕН, 붉은색 원: МАНЬЧЖУРИЯ)

출처: 러시아 모스크바 국립대학 도서관 소장

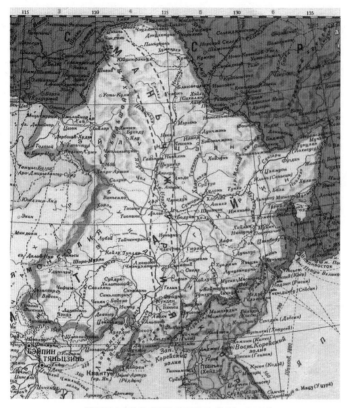

그림 5.13 | 소련이 제작한 만주국 지도(부분, 1940년)
주: 1924년 지도에서 작은 글씨로 표기되었던 만주가 국가명이 되면서 이 지도에서는 굵고 진하게 표기되었다.
출처: 러시아 모스크바 국립대학 도서관 소장

는 1933년 건국된 만주국을 독립적인 국가로 구획하고 그 지역을 '만주'로 칭하고 있다.

V. 중화인민공화국 성립 이후(1949년~현재)
: 둥베이지방의 개념 확립과 지역 범위의 변화

만주 또는 둥베이지방은 일제 패망과 국공내전 끝에 수립된 중화인민공화국의 영향 아래 놓여 오늘에 이르렀다. 중국에서 알려진 지명 가운데 만주라는 명칭이 직접적으로 남아 있는 곳은 국경도시인 만저우리(滿洲里)시 정도이다. 중국 공산당은 국민당 정부를 타이완으로 몰아낸 후 본토의 지배를 확실히 하면서 1956년까지 전국을 6곳의 대구역(大區域)으로 나누어 관리하였다.12) 둥베이지방은 그중 하나이며, 둥베이지방의 범위는 옛 '동삼성' 범위와 일치한다.

서두에서도 언급하였듯이 '둥베이지방'은 이미 중화민국 건국 이후 만주 지역을 지칭하는 대체 개념으로 자리 잡기는 하였으나, 중화인민공화국하에서도 둥베이지방의 범위는 안정되지 않았다. 1974년과 1984년 각각 발행된 중국국가지도집에서 이 판단의 실마리를 찾을 수 있다. 1974년 둥베이 삼성의 범위는 1949년 중화민국 지도에서 나타난 범위와 달리 북서쪽으로 크게 확장되어 나타난다. 이러한 범위 확장은 문화대혁명 시기에 있었던 네이멍구자치구의 대숙청에서 비롯된 것이다.

1950년대 말부터 격화되었던 중소 분쟁과 문화대혁명으로 중국 지도부는 소련의 도움으로 세워진 몽골인민공화국과 네이멍구자치구가 연합할 수 있다는 두려움을 느꼈고, 그로 인해 네이멍구자치구의 주요 인사를 숙청하고 군정을 실시하는 한편 둥베이 삼성의 영역이 크게 줄어들었다.13) 그 결과 네이멍구자치구의 동부 지역이 둥베이 삼성으로 편입되어 지리 대구역 중 하나인 '둥베이지방'이 '둥베이 삼성'과 거의 일치하게 되었다〈그림 5.14〉.

---

12) 范晓春, 2009, "新中国成立初期设立大行政区的历史原因", 当代中国史研究, 16(4), p.4.

13) 존 킹 페어뱅크·멀 골드만 저, 김형종·신성곤 역, 2005, 新中國史, 까치; Brown, K., 2007, "The Cultural Revolution in Inner Mongolia 1967-1969", Asian Affairs, 38(2), pp.173-187.

그림 5.14 | 중국정치구획도(부분, 1974년)
출처: 中国地图出版社, 1974, pp.5-6

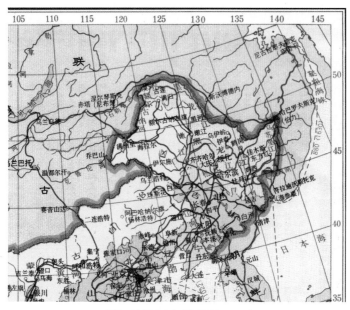

그림 5.15 | 중국정치구획도(부분, 1984년)
출처: 中国地图出版社, 1984, pp.5-6

그러나 1979년 네이멍구자치구가 원래의 영역을 회복하였고 둥베이 삼성이 각각 나누어 관리한 영역은 다시금 축소되었다. 이후 현재까지 유지되고 있는 중국 둥베이 삼성의 범위는 중화민국 시기에 처음 둥베이지방의 개념이 나타날 때의 범위와 비교해서는 물론, 이전까지 여러 주체로부터 만주로 불렸던 지역의 범위보다 더 좁아졌다〈그림 5.15〉.

중국이 비슷한 공간적 범위를 지칭하는 데 만주 대신 둥베이 삼성을 강조하는 데는 세 가지 이유를 찾을 수 있을 것이다. 첫째로 만주라는 명칭이 중국의 통합 정책에 반할 수 있기 때문이다. 만주가 그 명칭의 연원에서 찾아볼 수 있듯 만주족 고유의 땅을 의미하기 때문에, 만주족의 독립 시도와 연관될 수 있다. 둘째로는 만주라는 명칭이 중국의 역사적 치욕을 상기시키기 때문이다. 만주가 구체적인 영역으로 획정된 때가 만주국 시기였다는 점을 그 근거로 들 수 있다. 마지막으로 '둥베이지방'은 중국이 수도 베이징을 기준으로 설정한 지역 구분으로, 이 지역이 중국의 일부라는 정당성을 주장하면서도 중국 본토에 대한 '변방'의 이미지를 만들어 내는 데 유리한 개념이기 때문이다.

VI. 맺음말

만주와 둥베이지방은 각각 비슷한 지역 범위를 지칭하는 용어로, 각 용어를 사용하는 주체의 의도에 따라 의미의 긴장관계를 형성한다. 18세기 이후 여러 주체에 의해 제작된 시도를 통해 다음의 두 가지 의미를 도출할 수 있다. 첫째, 만주와 둥베이지방은 영역의 크기는 차이가 다소 있으나 지리적 위치와 범위는 거의 일치한다. 둘째, 각 용어는 국가별로 달리 사용되었는데, 이 구도는 중국과 중국 외 세력 관계로 압축된다. 이 두 가지 사실은 만주 혹은 둥베이지방 표현에 내재된 이해관계가 그만큼 첨예한 긴장 속에 있다는 것을 보여 준다.

이 글에서는 비교적 넓은 스케일에서 만주 영역의 차이를 다뤘지만, 더 작은 스케일에서 만주 또는 둥베이지방의 지배세력이 변화함에 따라 개별 지역의 지명이 어떻게 변화하였는가를 파악하는 것도 의미 있는 연구가 될 것이다.

References

▷ 논문(학위논문, 학술지)

• 구범진, 2006, "淸代 '滿洲' 지역 행정체제의 변화", 동북아역사논총, 14, pp.77-107.

• 范曉春, 2009, "新中国成立初期设立大行政区的历史原因", 当代中国史研究, 16(4), pp.4-9.

• 長山·宋康鎬, 2010, "manju "滿洲" 명칭 어원 분석", 만주연구, 10, pp.205-218.

• Brown, K., 2007, "The Cultural Revolution in Inner Mongolia 1967-1969: The Purge of the Heirs of Genghis Khan", Asian Affairs, 38(2), pp.173-187.

▷ 단행본

• 구범진, 2008, 청나라, 키메라의 제국, 민음사.

• 이동률, 2008, 중국의 영토분쟁, 동북아아역사재단.

• 존 킹 페어뱅크·멀 골드만 저, 김형종·신성곤 역, 2005, 新中國史, 까치.

• 한림원 저, 남주성 역, 2010, 흠정만주원류고 上권, 글모아.

• 徐中約, 2001, 中國近代史 上冊, 香港: 香港中文大學.

• 张博泉·苏金源·董玉瑛, 1981, 东北历代疆域史, 長春: 吉林人民出版社.

• 中国地图出版社, 1974, 中华人民共和国分省地图集, 上海: 中国地图出版社.

• 中国地图出版社, 1984, 中华人民共和国分省地图集, 上海: 中国地图出版社.

▷ 언론보도 및 인터넷 자료

• 중국 헤이룽장성 인민정부, http://www.hlj.gov.cn [접속: 2017.02.24]

• 홍콩과학기술대학 지도도서관, http://lbezone.ust.hk/bib/b626740 [접속: 2017.02.24]

Album
- 풍경
- 인물

백두산 천지 삼대가 덕을 쌓아야 볼 수 있다는 맑은 천지의 모습이다. 천지를 카메라에 담기에 최고의 날씨였고, 유일한 어려움은 사람들이 나오지 않게 사진을 찍는 것이었다.

2015 지리학과 사진전 대상_ Mark Constantine 作

백두산 천문봉 백두산 천문봉(2,691m)의 전형적인 화산 분출물로 이루어진 지층의 모습이다. 중국에서는 '천문봉조'라는 표준 지층이름으로 백두산 지층 구성을 설명한다. 사진에서 볼 수 있듯이 주로 부석으로 되어 있으며 화산탄이 중간중간 박혀 있다.

2015 지리학과 사진전 최우수상_ 김추홍 作

백두산 계곡 전경 백두산 정상을 향해 올라가는 길에 촬영한 계곡 전경이다. 정상에 거의 다다랐을 때 찍은 사진으로 기암절벽 전경이 인상적이다.

2015 지리학과 사진전_ Mark Constantine 作

백두산 정상을 향하여 백두산 정상, 천지로 향하는 사람들의 모습을 반대편 등산로에서 찍은 사진이다. 열을 맞춰서 오르는 사람들의 모습과 가파른 정상이 흑백 사진의 분위기와 잘 어울린다.

2015 지리학과 사진전_ 박수진 교수님 作

백두산 설식와지 백두산 정상 북사면. 응달이 진 곳에 얼어 있던 눈이 날씨가 따뜻해진 봄, 여름에 녹아내리면서 밑의 흙과 돌을 침식시켜 만든 지형이다. 백두산을 등반하면서 학생들에게 설식와지의 형성 원인에 대해서 퀴즈를 냈던 기억이 함께한다.

2015 지리학과 사진전_ 박수진 교수님 作

흐름(장백폭포 물줄기) 다른 관광객들과 마찬가지로 장백폭포를 찍고 있던 중, 그 물줄기를 따라가다 이곳에 시선이 멈췄다. 경쾌한 물 흐름이 나무다리, 돌, 식물과 어울려 향토적인 분위기를 자아내고 있었다. 이 물줄기는 쑹화강으로 흘러들어 간다고 한다.

2015 지리학과 사진전 우수상_ 홍정우 作

둔화시 재개발 지역 지린성 둔화시 재개발 지역의 모습이다. 새로 짓는 아파트와 그 앞에 위치한 허름한 원거주민 건물이 대비된다. 보상 문제를 두고 버티는 원거주민과 재개발업자 사이의 갈등을 짐작할 수 있다. 중국 내 부동산 개발로 인해 파생되는 문제점을 보여 준다.
2015 지리학과 사진전_ 김용창 교수님 作

단둥의 국경무역 단둥 압록강에서 유람선을 탔을 때, 나룻배에 짐을 실은 북한 상인이 유람선에 탑승한 관광객들에게 물건을 판매하고 있었다. 북한과 중국 사이의 국경지대에서만 볼 수 있는 독특한 상업활동으로, 답사대원들이 북한을 가장 가까이에서 경험할 수 있는 시간이었다.
2015 지리학과 사진전_ 박수진 교수님 作

모아산 국립공원 전망대 전경 옌지에 위치한 모아산 국립공원 전망대에서 찍은 사진이다. 기상관측탑과 연룡로, 옌지 시가지를 한눈에 볼 수 있었다. 가벼운 산책 정도로 생각했다가 호되게 당한 기억이 난다.   2015 지리학과 사진전_ 임민주 作

명동촌 열사 추모비 중국 지린성 옌볜조선족자치주 룽징시 명동촌 윤동주 생가 주변의 풍경이다. 완만한 구릉지 지형에 넓게 펼쳐진 옥수수밭, 그리고 항일전쟁을 위해 헌신한 열사들을 위한 추모비가 있다. 옌볜조선족자치주 곳곳에서 이러한 열사 추모 비를 볼 수 있다.   2015 지리학과 사진전 우수상_ 김추홍 作

군무 길거리에서 열을 맞춰 춤을 추는 사람들의 모습이다. 중국에서는 거리와 공원에 나와 단체로 춤을 추는 사람들을 자주 볼 수 있다.

2015 지리학과 사진전_ 박수진 교수님 作

옌벤 디스코 팡팡 중국 옌지시 옌벤조선족자치주의 야외 오락시설이다. 한국 가수의 노래가 들리고 옌벤대학교의 조선족 학생들이 오락을 즐기는 모습을 볼 수 있다.

2015 지리학과 사진전_ 박은영 作

블라디보스토크 대교 블라디보스토크 대교(금각만 대교)는 2012년 블라디보스토크 아시아태평양경제협력체(AFEC)를 준비하면서 건설한 다리이다. 대륙과 루스키섬을 잇는 다리로 현재는 블라이보스토크를 상징하는 랜드마크가 되었다.

2015 지리학과 사진전_ Mark Constantine 作

혁명광장 동상 블라디보스토크 혁명광장에 위치한 러시아 혁명군 동상이다. 혁명 동상 뒤로는 쇼핑 건물들이 번화하게 늘어서 있다. 공산주의 경관과 자본주의 경관이 상반되는 장면을 프레임에 담아 보고자 하였다.　　2015 지리학과 사진전_ 진예린 作

블라디보스토크팀

블라디보스토크 공항 앞에서 답사 첫날, 블라디보스토크 공항에 내려 찍은 블라디보스토크팀의 단체사진이다. 블라디보스토크에 하루밖에 머무르지 못한 것이 지금도 아쉬움으로 남아 있다.

2015 지리학과 사진전

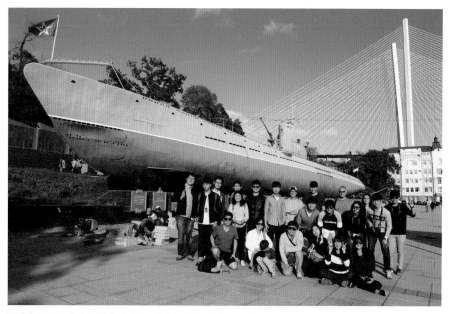

블라디보스토크의 과거, 현재, 미래를 보여 주는 해군 잠수함 박물관에서 블라디보스토크 금각만 연안에 있는 해군 잠수함 박물관 앞에서 촬영한 단체사진이다. 뒤에 보이는 잠수함은 실제 제2차 세계대전에서 사용하였던 퇴역 잠수함이다. 이는 과거 소련 극동해군의 중심지였던 블라디보스토크의 모습을 상징한다.

2015 지리학과 사진전

창춘팀

옌벤대학교에서 옌벤대학교 지리학과 교수님, 학생 들로부터 옌벤 지역의 지리, 옌벤대학교 지리학과에 대한 설명을 듣고 나오는 길에 찍은 창춘 답사팀의 단체사진이다.
2015 지리학과 사진전

투먼다차오(도문대교) 한가운데서 중국 지린성 옌벤조선족자치주 투먼시에 있는 투먼다차오이다. 약 100m 길이의 다리로 북한 함경북도 남양시와 연결되어 있다. 우리와는 달리, 중국인 관광객은 공식적인 절차를 통해 이 다리를 건너서 북한에 입국할 수 있다. 실제로 무역도 이 다리를 통해 이루어지고 있다. 중국 측 다리의 절반까지밖에 가지 못하는, 다소 웃기면서도 슬픈 분단의 현실을 느끼며 사진을 촬영하였다.
2015 지리학과 사진전

다롄팀

조중우의교 앞에서 평안북도 신의주와 중국 단둥을 잇는 조중우의교. 일명 압록강 철교 앞에서 찍은 다롄팀의 단체사진이다. 하류 쪽에 먼저 가설된 다리는 6.25 한국전쟁 때 파괴되어 중국 쪽에 연결된 절반만 남아 있고 상류 쪽 다리는 1990년도에 조중우의교라고 개칭되었다.

2015 지리학과 사진전

졸본산성에 올라 5명의 선녀가 이곳을 지켰다고 하여 오녀산성이라고도 불리며 중국 랴오닝성의 환런현에 있다. 이곳은 고구려를 세운 주몽이 처음 수도를 정한 곳이다. 가파른 계단을 올라 도착한 이곳에 우리 답사팀의 흔적을 남겼다.

2015 지리학과 사진전

백두산에서

백두산 가는 길, 차 안에서 백두산 정상에 오르기 위해 탄 버스에서 찍은 사진이다. 좋은 날씨 덕분에 답사대원들의 표정
이 밝다.
2015 지리학과 사진전

백두산 천지에서 백두산 천지를 바라보며 학부생끼리 찍은 사진이다. 맑은 하늘과 파란 천지의 물 그리고 한껏 들뜬 학
생들의 표정이 잘 어울린다.
2015 지리학과 사진전

백두산에서 다시 만난 답사대원들 백두산 정상에서 3개의 답사팀이 함께 촬영한 단체사진이다. 비록 짧은 일정 동안 3개의 팀으로 나뉘어 답사를 진행했지만, 백두산에 다시 만났을 때는 이산가족이 상봉한 것처럼 반갑기 그지없었다.

2015 지리학과 사진전